LA

QUESTION PHYLLOXÉRIQUE

LE GREFFAGE

ET

LA CRISE VITICOLE

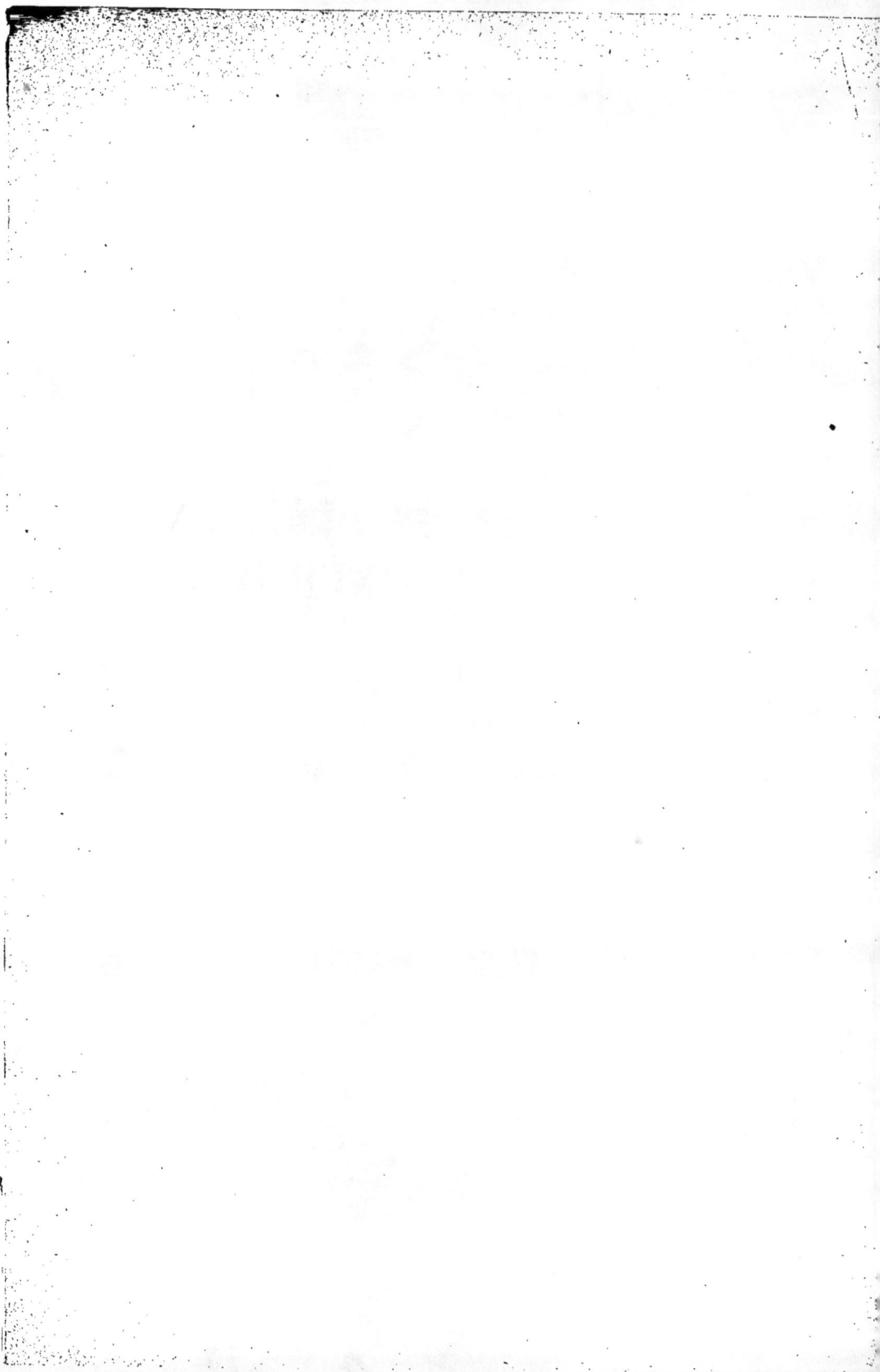

LA

QUESTION PHYLLOXÉRIQUE

LE GREFFAGE

ET

LA CRISE VITICOLE

PAR

Lucien DANIEL

PROFESSEUR DE BOTANIQUE APPLIQUÉE A LA FACULTÉ DES SCIENCES DE RENNES
CHARGÉ PAR LE MINISTRE DE L'AGRICULTURE
D'ÉTUDIER LES EFFETS DU GREFFAGE DANS LE VIGNOBLE FRANÇAIS

Préface de M. Gaston BONNIER, Membre de l'Institut

ORNÉ DE DESSINS EN NOIR ET D'UNE PLANCHE HORS TEXTE EN COULEURS

BORDEAUX

IMPRIMERIE G. GOUNOUILHOU

9-11, RUE GUIRAUDE, 9-11

1908

PRÉFACE

Voici une bien grave question et un auteur fort audacieux! En tout cas, ce n'est pas la conviction qui manque à M. Lucien Daniel! Ce n'est pas non plus la conscience ; il a été mon élève, et je sais mieux que personne quelle est la valeur de sa probité scientifique.

Quelle est cette question? Elle est malheureusement trop connue, c'est la *question phylloxérique*.

On n'a pas voulu détruire les vignes américaines lorsqu'il en était encore temps, alors que bien peu de vignerons, il est vrai, croyaient à la réalité des ravages du phylloxéra, apporté en France par ces vignes. On ne s'est pas coalisé contre le fléau alors qu'il n'avait envahi qu'une partie du territoire. C'est à ce moment que vint le grand remède, le greffage. On répandit le phylloxéra dans toute la France ; mais peu importait puisque les porte-greffes américains pouvaient le supporter et que les greffons devaient conserver toutes les qualités du vieux vin français.

Il y eut alors des gens assez naïfs pour croire qu'en greffant du plant de Château-Yquem sur du Riparia, on aurait un excellent vin de Château-Yquem! Cela ne devait-il pas être, puisqu'en greffant telle variété de rose sur un églantier sauvage, on maintient intégralement cette variété délicate?

Après la crise d'enthousiasme vint celle du désenchantement, et, en définitive, une autre crise, la crise viticole.

Alors, faut-il continuer à greffer? Faut-il essayer d'autres procédés et lesquels? Comment espérer revenir aux plants directs dans un sol infecté de phylloxéra?

C'est ce terrible problème qu'ose aborder M. Daniel, et il soutient sa manière de voir avec une chaleur, une ardeur, un zèle sans limites.

L'opinion du savant professeur de la Faculté de Rennes à propos du greffage est fondée sur de nombreux faits expérimentaux, sur la mise en évidence des caprices de la greffe non seulement pour la vigne, mais pour beaucoup d'autres plantes cultivées, ligneuses ou herbacées.

« Mais, dira-t-on, des expérimentateurs ont reproduit les greffes de M. Daniel et n'ont pas obtenu les mêmes résultats. » Cela ne veut pas dire que ceux obtenus par M. Daniel soient inexacts. Ce sont là encore les caprices de la greffe, et d'autres expérimentateurs obtiennent des greffages analogues à ceux de M. Daniel.

« Mais, dira-t-on encore, un pépiniériste qui fait des boutures d'un même arbre, trouve parfois certaines de ces boutures qui, contrairement à la théorie classique, présentent des caractères tout spéciaux, différents de ceux de l'arbre initial; cela ne veut pas dire que le bouturage soit un mauvais procédé de multiplication. Ces boutures à caractères modifiés sont des exceptions, et les résultats obtenus par M. Daniel au sujet de la greffe, ce sont aussi des exceptions. Voilà tout. »

Admettons, pour un instant, qu'au point de vue des caractères purement spécifiques, il y ait là une objection; admettons qu'on rejette l'idée des hybrides de greffe; admettons même avec les adversaires de M. Daniel que le greffon conserve, sauf de rares exceptions, ses conditions essentielles botaniques. Qu'importe, si les caractères physiologiques ne sont pas conservés ! Et c'est principalement cette partie des recherches de M. Daniel qui est intéressante pour les viticulteurs. C'est là surtout que l'auteur a mis en relief d'une manière frappante et démonstrative les défauts du greffage de la vigne.

Si l'on concédait aux partisans de la greffe sur pieds américains tous les principes qu'ils énoncent, il n'en résulterait pas moins qu'un chasselas sur vigne greffée est moins bon que le même chasselas franc de pied et que le vin des vignes reconstituées est tellement inférieur à nos vieux vins français que la comparaison ne peut même jamais s'établir.

Quelle que soit d'ailleurs son opinion, le lecteur de cet ouvrage tirera grand profit de sa lecture. L'histoire de l'invasion phylloxérique, la reconstitution du vignoble par le greffage, l'examen des hybrides producteurs directs, enfin la crise viticole, autant de questions qui l'intéresseront au plus haut point, écrites par la plume alerte, virulente et savante de M. Daniel.

GASTON BONNIER,
Membre de l'Institut.

LA

QUESTION PHYLLOXÉRIQUE, LE GREFFAGE

ET LA CRISE VITICOLE

INTRODUCTION

La question phylloxérique, qui depuis bientôt quarante ans agite et passionne la viticulture, est plus que jamais maintenant à l'ordre du jour. Elle a passé par diverses phases avant d'arriver à la période actuelle où la crise viticole, qui en est la conséquence, menace à la fois les intérêts de la viticulture et la source principale du crédit de notre pays. Comment se fait-il que tant d'années se soient écoulées sans que l'on n'ait encore trouvé le moyen certain d'éviter de redoutables désastres, sans que l'on soit sûr de pouvoir sauver les vieilles variétés de vignes françaises, obtenues de temps immémorial et jalousement conservées dans les crus dignes de ce nom, par une sélection plus de mille fois séculaire?

Lorsque, il y a une quarantaine d'années, le phylloxéra menaça d'engloutir la production viticole, une des formes de la lutte contre ce puceron fut le greffage de la vigne française sur les vignes américaines plus résistantes.

Le greffage eut, dès le début, ses partisans et ses détracteurs; il faut bien le dire, américanistes et antiaméricanistes ne pouvaient alors se combattre que par des *a priori*, car l'expérience n'ayant pas été faite, ils ignoraient les uns comme les autres ce qui pouvait sortir des nouvelles méthodes. Mais on ne s'arrêta pas pour si peu, et la fièvre du greffage fut contagieuse, d'autant plus qu'alors on espérait combiner la *qualité* et la *quantité,* utopie qui coûte cher aujourd'hui.

« Je ne crois pas, disait récemment un chaud partisan du greffage, qu'il y ait dans l'histoire agricole de l'humanité rien de comparable au grand mouvement qui s'empara des populations méridionales le jour où apparut la possibilité de la réfection du vignoble par les cépages américains : ce fut comme une traînée de poudre, comme une émulation générale dans cette œuvre de rénovation, de relèvement, de salut. Sous l'impulsion d'une pléiade d'hommes d'élite : Planchon, Gaston Bazille, Sahut, Saint-Pierre, Louis Vialla, Lichtenstein, Leenhardt, le pays tout entier se redressa galvanisé; les coffres-forts s'ouvrirent tout grands, les bas de laine se vidèrent, et, dans un sentiment de solidarité que rendait plus intense encore l'instinct de la conservation mutuelle, tout le monde, sans distinction de classe ou de condition, tout le monde s'unit dans une action commune d'une telle grandeur qu'à distance on se demande ce qu'il faut le plus admirer ou de l'*audace* de ceux qui ouvrirent la voie et prêchèrent le nouvel évangile ou de la *folle confiance* de ceux qui les écoutèrent et les suivirent!

» Mais ce qu'il faut dire, c'est que ce magnifique résultat ne fut obtenu que grâce à la collaboration étroite de la grande, de la moyenne et de la petite propriété ; par dessus tout peut-être, par les vertus dont celle-ci fit preuve. Nos vignerons, nos petits propriétaires de village furent véritablement admirables de résignation, d'endurance, de *foi robuste* et d'énergique volonté(¹). »

L'auteur de ce panégyrique s'est préoccupé de faire ressortir la reconstitution comme « une merveilleuse manifestation du génie de *« notre race méridionale »*, mais il est sous ce rapport trop exclusif. La reconstitution ne se fit pas seulement dans le Midi ; les vignerons de nombre de départements le savent par expérience, et eux aussi eurent de bonne heure la confiance et la foi robuste des néophytes ; eux aussi purent croire un moment que la reconstitution était une *grande œuvre* quand en réalité c'est plutôt une *œuvre grande* par l'étendue des vignobles sur lesquels elle a porté et par l'étendue des désastres qu'elle a finalement causés et causera encore si l'on n'y prend garde.

Il s'en faut d'ailleurs que tous les viticulteurs cités plus haut aient eux-mêmes eu la foi ardente qu'ils « communiquaient » aux autres. Un d'entre eux, au moins, M. Sahut, était d'accord avec la plupart des membres compétents de l'Académie des Sciences et ne partageait pas l'*engouement irraisonné* que veulent glorifier aujourd'hui les partisans du greffage.

En 1885, il écrivait un ouvrage intitulé : *Les vignes américaines, leur greffage et leur taille*. Ce livre(²), qui a eu plusieurs éditions, a joui longtemps de la faveur du public viticole sensé, non par la nouveauté et l'originalité des faits rapportés, bien connus des horticulteurs, mais plutôt parce qu'il était écrit « sans parti pris d'aucune sorte », car l'auteur faisait très justement remarquer que « ne possédant point de vignes », il était « absolument désintéressé dans la question ».

A ce moment, la reconstitution sur pieds américains était déjà très avancée dans divers points du vignoble. « Dans la campagne, disait M. Sahut, la plupart des cultivateurs n'ayant pas suivi de près les phases de cette étude fort complexe du greffage s'étaient habitués petit à petit à cette idée que *la question était maintenant résolue d'une manière complète, définitive,* et que par conséquent elle ne devait pas comporter d'exceptions. »

Cet optimisme des vignerons était d'autant plus compréhensible que l'on croit facilement ce que l'on désire et que, à ce moment, par suite de conditions économiques momentanées, la vente des vins se faisait facilement à des prix rémunérateurs. L'enthousiasme était à son comble, et Champin(³) n'avait pas craint d'écrire des aphorismes du dogmatisme le plus intransigeant relativement au nouveau procédé de culture. « Le greffage des vignes, disait-il, n'est pas une hypothèse en l'air, une théorie creuse, une expérience hasardeuse, un essai aventuré ; c'est une certitude acquise, un système complet qui est largement entré dans la pratique viticole et qui donne des résultats rapides, féconds et évidents. Sur ces résultats, nous ne pouvons plus avoir ni doutes ni inquiétudes ; les opérations pour les obtenir ne nous offrent plus aucune difficulté. »

Et ce qu'il y a de plus grave, c'est que ce livre n'est plus une simple « manifestation du génie de la race méridionale » : il est revêtu d'une approbation officielle ; le greffage était déjà presque devenu une religion d'État.

Pourtant, dès les débuts de la reconstitution, des déceptions étaient survenues. On les cachait avec soin ou bien on les attribuait à des causes variées, jamais au greffage. Cette tactique, qui se continue toujours, fut à un certain moment déroutée par le nombre des insuccès. En 1884, des dépérissements inexplicables furent

---

(¹) P. GERVAIS. — *Toast porté le 13 mars 1903 au banquet Viala.* Paris 1903.
(²) Félix SAHUT. — *Les vignes américaines.* Montpellier, 1885.
(3) CHAMPIN. — *Traité théorique et pratique du greffage de la vigne.* Paris, 1880.

constatés, dit M. Sahut, « sur des Riparias greffés depuis un an, qui s'étaient d'abord développés très vigoureusement et qui fléchissaient sur plusieurs points du vignoble. »

Ces dépérissements firent réfléchir les viticulteurs qui, comme M. Sahut, n'avaient « aucune idée préconçue » et qui estimèrent alors que, vu l'importance primordiale de la question, « au moment où des intérêts considérables allaient être mis en jeu, on ne pouvait apporter trop de prudence dans ses affirmations ni se prémunir trop soigneusement contre tout *entraînement irréfléchi*. »

M. Sahut était donc loin, comme on le voit, de sacrifier au nouveau dieu. Il constatait même que, « en voulant aller trop vite, on avait retardé plus qu'on ne croit la solution de la question, » et il critiquait avec juste raison la *quiétude* dans laquelle semblaient s'endormir les viticulteurs et « qu'on aurait été mal venu de troubler en soulevant la moindre objection ».

Pour lui, la reconstitution, telle qu'elle avait été faite jusqu'alors, était loin d'être rationnelle et il montrait qu'on avait opéré « à la façon d'un architecte qui ferait édifier une maison sans plan arrêté d'avance, sans même avoir songé à l'alignement et qui s'apercevrait après coup avec stupéfaction qu'il est obligé de remanier son ouvrage, peut-être même de le reconstituer entièrement ».

Aussi réclamait-il avec énergie le secours de l'expérimentation méthodique faite non par des rhéteurs égarés sur un terrain qui n'est pas le leur, mais par des hommes « présentant toutes les garanties désirables comme science et comme pratique », car la question était moins simple qu'elle n'en avait l'air et « pleine de complications auxquelles on n'avait pas songé et dont l'on ne se doutait même pas ». Et il ajoutait que le greffage de la vigne « laissait encore beaucoup de points importants à élucider et ménageait peut-être par la suite quelques autres surprises désagréables ».

Il semblait qu'après de telles critiques formulées par un praticien de valeur, vivant au milieu même du berceau de la reconstitution, à deux pas de l'École de Montpellier, l'on eût dû faire immédiatement des études sérieuses et *complètes* en vue d'élucider d'une façon définitive cette question complexe des *effets du greffage de la vigne*, afin de pouvoir renseigner utilement les viticulteurs. Ce n'est un mystère pour personne que des études comparatives, portant à la fois sur les greffes et sur les témoins francs de pied, n'ont point été faites à l'aide des méthodes scientifiques rigoureuses que l'on applique aujourd'hui à la solution de tout problème économique moins irritant.

Pour expliquer les faits déconcertants comme la mort du Riparia greffé, la chlorose de certaines vignes américaines et les variations de résistance au phylloxéra qui inquiétaient les viticulteurs, on eut recours à la tactique habituelle, qui consiste à essayer de donner le change à l'aide de solutions nominales : les échecs furent attribués à des causes variées, mais non au greffage. Parmi ces causes l'adaptation et l'affinité ont eu leur heure de célébrité. Evidemment la nature des sols et celle des soudures plus ou moins parfaites sont de première importance, et certains effets du greffage peuvent leur être attribués. Mais en les étudiant, on n'envisageait qu'un des côtés de la question. Et il est entièrement paradoxal d'admettre que l'adaptation aux sols, aux climats, ou l'adaptation du sujet au greffon et *vice versa*, entraînent des variations utilitaires prononcées, sans que varient par contre-coup la résistance aux parasites ou la qualité des vins, par exemple.

Sans se préoccuper des contradictions et des déceptions, l'on a donc continué à greffer, comme si le greffage était vraiment la solution idéale, la *panacée* devant guérir tous les maux de la viticulture; comme si les dogmes de la reconstitution (maintien des résistances phylloxérique et cryptogamique; maintien de la qualité des vins) étaient intangibles. Pourtant la *crise viticole*, conséquence plus ou moins directe du greffage et de la révolution économique qu'il a engendrée, est arrivée aujourd'hui à un tel degré d'acuité que l'on ne peut plus s'en désintéresser. La diminution de la qualité des vins de vignes greffées ou souffrantes pour d'autres causes, le nombre de plus en plus élevé et l'intensité croissante des maladies cryptogamiques, la dégénérescence de certaines variétés sous l'influence de greffages répétés, etc., sont des sujets d'inquiétudes sérieuses pour ceux qui ont le courage de regarder l'avenir en face. Les vins ne se conservent plus et ne se vendent plus ; c'est là le fait brutal, le cri presque unanime de nos populations viticoles. Mais beaucoup de gens ne veulent pas faire leur *mea culpa* et remonter à la cause première de cette mévente et de leurs déboires. Au contraire, ils s'efforcent de faire miroiter les quelques avantages immédiats du greffage et d'en cacher les inconvénients multiples, quand bien même ceux-ci sauteraient aux yeux des plus prévenus. *Nier ces inconvénients*, refuser d'*avouer* qu'on s'est trompé, semble pour certains être toujours le *mot d'ordre* qu'on ne peut enfreindre sans s'exposer à des représailles, devant lesquelles recule infailliblement celui qui a des intérêts personnels en jeu.

« Nous connaissons aussi bien que vous les inconvénients du greffage et nous ne sommes pas sans craintes au sujet de l'avenir de nos vignes greffées, me disait en 1901 un personnage bien placé pour être renseigné. Mais il ne faut pas en parler, car ce serait effrayer et décourager les viticulteurs déjà si éprouvés. »

Pour un peu, il aurait invoqué la raison d'État ou fait appel à mon patriotisme. Chacun appréciera comme il voudra cette méthode de cacher le danger pour mieux le conjurer. C'est, dit-on, celle de l'autruche ; ce n'est pas la mienne. On perpétue le mal au lieu de le couper dans la racine quand il est temps encore.

Lorsque, au Congrès de l'hybridation tenu à Lyon en 1901, je présentai un mémoire sur les effets généraux du greffage, effets bons ou mauvais suivant le but utilitaire poursuivi, et que j'appliquai à la vigne diverses conclusions de mes études antérieures sur la greffe des plantes herbacées, je ne fus pas surpris, dans ces conditions, de soulever un *tolle* presque général chez les congressistes, dont la plupart se rendaient compte que je touchais juste, mais craignaient l'*effet* d'une semblable divulgation, comme si bien des conséquences désastreuses du greffage de la vigne n'étaient pas déjà, même à l'étranger, le secret de Polichinelle !

Je n'en fus pas autrement ému, sachant que, comme l'a dit mon compatriote Ambroise Paré, celui qui émet des idées nouvelles est comme la chouette sortant en plein jour : tous les autres oiseaux crient et courent dessus pour lui faire payer son audace et la faire rentrer dans son trou si elle n'est pas de taille à se défendre.

Depuis ce Congrès de 1901, les idées nouvelles ont fait passablement du chemin. L'on peut aujourd'hui à peu près librement discuter ces questions fondamentales s'il en fut. Des études ont été entreprises de divers côtés par des particuliers en vue de résoudre divers problèmes soulevés par la reconstitution ; les pouvoirs publics ont suivi le mouvement, et le ministère de l'agriculture m'a chargé à plusieurs reprises d'étudier les effets du greffage dans le vignoble français. Ce sont les premiers résultats de ces études que j'expose dans ce mémoire.

En les soumettant au lecteur, je ferai remarquer, à l'imitation de M. Sahut, que, étranger à la région viticole et ne possédant quoi que ce soit se rapportant à la vigne, je suis d'autant plus dépourvu de parti pris et d'autant plus désintéressé dans la question que je ne fais, en outre, partie d'aucune coterie viticole ou autre. N'écoutant que ma conscience, mon unique préoccupation est la recherche de la vérité quelle qu'elle soit, car quiconque bâtit sur l'erreur et le parti pris en est la première victime. J'estime qu'en signalant les points noirs que je vois s'accumuler à l'horizon du greffage de la vigne, je ne peux nuire à mon pays ; je dirai plus : je remplis un devoir et je serais coupable si je laissais s'accréditer de plus en plus des conceptions fausses et qui auraient pour résultat d'inspirer aux viticul-teurs une sécurité trompeuse pendant que s'achèverait leur ruine.

Homme de science, je n'ai aucun goût pour la polémique. S'il m'arrive dans cet ouvrage d'émettre des critiques parfois sévères, c'est que j'ai la conviction absolue qu'elles sont justes et nécessaires. Quelques-unes, pour ne pas dire toutes, sont une réponse aux attaques passionnées dont mes travaux ont été l'objet de la part d'auteurs dont j'ai dû relever les contradictions ou les interprétations erronées de mes conclusions. Habitué à combattre des idées, mais à respecter les personnes que je suppose de bonne foi, je n'ai pas relevé les attaques personnelles dont j'ai été l'objet, car elles ne peuvent en rien contribuer à la solution des problèmes soulevés par la reconstitution.

Mais je tiens à déclarer, en terminant cette introduction, que, *quoi qu'il arrive*, pourvu que j'aie vie et santé, je continuerai la recherche de la vérité pour elle-même, certain qu'en cela *je rends service à la viticulture* qui a tout intérêt à savoir enfin à quoi s'en tenir.

L'étude que je vais faire ici comprendra plusieurs parties. Dans la première, je passerai rapidement en revue l'origine de la question phylloxérique, la biologie du phylloxéra et les procédés de lutte directe contre l'insecte. Dans la seconde, j'étudierai longuement la reconstitution du vignoble par le greffage sur les vignes américaines. Une troisième sera consacrée aux hybrides producteurs directs, qui prennent aujourd'hui une certaine place dans le vignoble. Enfin, la quatrième sera réservée à la crise viticole et aux conclusions générales qui se dégagent natu-rellement des faits exposés dans les chapitres précédents.

L. DANIEL.

PREMIÈRE PARTIE

LA CRISE PHYLLOXÉRIQUE ET LES INSECTICIDES

Pour mieux faire comprendre ce qui va suivre, je crois devoir dire quelques mots du phylloxéra et de sa marche dans le vignoble français depuis l'origine du mal jusqu'à la période actuelle.

§ I. LA PÉRIODE D'INVASION PHYLLOXÉRIQUE

Vers la fin de l'été 1862, une vigne située sur le plateau de Pujault, près de Roquemaure, dans le Gard, fut atteinte d'une maladie inconnue. Le point de départ était une collection de vignes américaines. Les viticulteurs ne purent que constater les effets de cette maladie : ils remarquèrent bien qu'elle s'étendait en formant tache d'huile, mais ils ne surent pas en déterminer la cause.

Quatre ans plus tard, en 1866, un second point d'invasion de la maladie fut signalé, comme le précédent, au voisinage d'une collection de vignes américaines, dans les paluds de Floirac (Gironde).

Les effets désastreux de ce fléau inconnu préoccupèrent vivement les viticulteurs des régions atteintes et des contrées voisines. La Société d'agriculture de l'Hérault s'émut du danger qui menaçait de s'étendre à son département ; elle désigna une Commission, formée de MM. Gaston Bazille, Planchon et Sahut, pour étudier le mal et en déterminer les causes. Tous les trois se rendirent sur le terrain et cherchèrent simultanément.

M. Sahut, horticulteur de mérite et esprit cultivé, avait comme ses concitoyens remarqué le développement en tache d'huile du fléau inconnu. Il pensa de suite qu'il s'agissait d'une maladie parasitaire, puisque les parasites progressent en général ainsi sur leurs hôtes. Ne voyant rien sur l'appareil végétatif aérien, il eut l'heureuse idée d'examiner les racines des pieds malades. A la loupe, il vit sur elles des *traînées de petits points jaunes qu'il reconnut tout de suite pour être des pucerons* (¹).

Pour être bien certain que l'insecte était la cause du mal, il examina les racines de nombreux pieds de vignes malades, dans les régions contaminées. Partout il trouva les mêmes pucerons, quand, dans les parties saines, les racines ne portaient pas d'insectes.

C'est donc à M. Sahut que revient la priorité de la découverte du puceron qui

(¹) F. SAHUT. — *Un épisode rétrospectif à propos de la découverte du phylloxéra.* Montpellier, 1900.

attaquait la vigne. Cependant, ainsi parfois s'écrit l'histoire, cette découverte a été attribuée à M. Planchon seul. Celui-ci était simplement présent à la découverte. Plus tard, il désigna le parasite sous le nom de *Rhizaphis vastatrix*, croyant être en présence d'une espèce et d'un genre nouveau d'Hémiptères. Or, des études plus complètes firent voir que l'insecte avait été déjà décrit aux Etats-Unis, en 1854, par Asa Fitsch, et qu'il rentrait dans le genre *Phylloxéra*. Laissant de côté les réclamations de priorité et les discussions qui eurent lieu à cette époque à propos de puceron de la vigne, je constaterai purement et simplement qu'il est désigné aujourd'hui sous le nom de *Phylloxera vastatrix* (¹).

L'on admet généralement aujourd'hui, sans toutefois en avoir la certitude absolue, que cet insecte est originaire d'Amérique. Il aurait été importé avec les vignes américaines qui furent introduites en France de 1854 à 1860, au moment où les viticulteurs, craignant de voir disparaître leurs *Vitis vinifera* indigènes par les ravages de l'oïdium, autre importation d'outre-mer, eurent recours aux vignes des Etats-Unis en vue de continuer à cultiver la vigne. L'on pense, en outre, que le phylloxéra, bien avant d'être signalé en France, existait déjà dans les serres anglaises sur des pieds de vignes américaines.

A la suite de la découverte de M. Sahut, les viticulteurs se partagèrent en deux camps. Les uns virent dans le phylloxera la *cause* de la maladie ; les autres prétendirent qu'il en était l'*effet*, mais non la cause.

Pourtant l'hésitation n'était guère permise : l'invasion phylloxérique se comportait d'une façon suffisamment caractéristique pour lever tous les doutes. Dans chaque vignoble atteint, on ne trouvait que peu ou point de phylloxéras sur les pieds morts ou mourants. Mais on en trouvait facilement sur les pieds encore vivants ; ils étaient très nombreux sur les ceps suffisamment vigoureux qui formaient les bords extérieurs de la tache. L'insecte ne se portait donc point sur les ceps souffrants à la suite d'une maladie inconnue, mais il abandonnait les pieds qu'il avait précédemment épuisés pour envahir les pieds sains. C'était donc bien lui la cause unique de leur dépérissement. Ainsi s'expliquait tout naturellement l'agrandissement, en forme de tache d'huile, de la maladie nouvelle et se justifiait le nom de *taches phylloxériques* qui fut donné dès le début aux points envahis.

On se demanda aussi, à ce moment, si le phylloxéra, cause évidente du mal, disparaîtrait de lui-même ou bien s'il serait nécessaire de le combattre pour arriver à le supprimer. On ne tarda pas à être fixé sur ce point : l'invasion phylloxérique fut, dit-on, si rapide et si intense que l'on sentit bientôt l'impérieuse nécessité de prendre contre l'ennemi des mesures énergiques de défense.

Pour lutter contre un ennemi, la première chose à faire c'est de chercher à connaître sa vie et ses habitudes. Il faut rendre aux viticulteurs d'alors cette justice qu'ils eurent recours pour étudier le phylloxera au corps de savants tout naturellement désigné pour cela, c'est-à-dire à l'Académie des sciences, composée de *spécialistes* de premier ordre dans diverses questions scientifiques, souvent ignorées du grand public et même de nombreux esprits cultivés.

L'Académie choisit elle-même les membres scientifiques d'une Commission chargée d'étudier le phylloxéra. L'État adjoignit aux savants ainsi désignés par leur compétence même des viticulteurs choisis parmi ceux qui parurent alors les plus aptes à *seconder* par leurs connaissances pratiques les efforts de ces spécialistes et à les aider dans leurs travaux. C'est ainsi que fut constituée, par décret du 6 septembre 1878, la fameuse Commission supérieure du phylloxéra. Bien

_____

(¹) L'épithète de *vastatrix* faisait allusion à son action rapide sur les vignobles au début : elle paraît aujourd'hui moins méritée dans beaucoup de régions du vignoble, où, d'après certains viticulteurs, le phylloxéra n'est plus un danger ou du moins est un danger très relatif dont on peut se garer.

qu'on ait plus tard, dans certains milieux, critiqué ses travaux et sa composition, *et même parlé du mal que les savants ont fait à la viticulture;* bien qu'on ait trop souvent cherché même à tromper les délégués scientifiques et suscité à quelques-uns d'entre eux des ennuis de toute sorte au lieu, comme c'était un devoir, de faciliter leur tâche hérissée de difficultés, il n'en reste pas moins vrai que la Commission supérieure du phylloxéra, tant qu'elle a été guidée par des savants désintéressés (¹), a fait une besogne utile. Elle a laissé une œuvre scientifique durable, dont la viticulture a tiré un excellent parti à un moment donné, et qui l'eût peut-être sauvée de la crise viticole actuelle si cette œuvre avait été continuée dans l'esprit du début, c'est-à-dire si l'on avait suivi les méthodes scientifiques au lieu de marcher parfois à l'aventure, sous l'impulsion de conseils trop souvent intéressés.

« C'est une justice, » dit l'entomologiste Maurice Girard (²), l'un des membres de cette Commission, « que la postérité rendra aux savants véritables qui s'occupèrent dès le début du phylloxéra, surtout aux membres de l'Académie des sciences et à ses délégués, que jamais ils n'ont dévié de ce principe, que le phylloxéra est le seul ennemi : *sublata causa, tollitur effectus.* »

Aussi n'hésitèrent-ils pas à conseiller le moyen classique que l'on emploie en pareille occurrence et qu'avait indiqué M. Bouley : *l'arrachage des vignes contaminées.*

« L'arrachage des vignes, » ajoute M. Maurice Girard, « est un moyen héroïque, mais très efficace dans un pays où la contagion phylloxérique est absolument à son début. Combien ne doit-on pas regretter aujourd'hui que les préjugés des soi-disant praticiens et leur funeste théorie du *phylloxéra-effet* aient empêché, à l'origine du mal, de mettre en pratique légale et obligatoire les conclusions énergiques du rapport de M. Bouley, assimilant le phylloxéra à la peste bovine et obligeant à le détruire par le fer et par le feu. »

L'on eut recours à tous les moyens pour empêcher l'État d'employer ce procédé radical, car il fallait sacrifier les intérêts particuliers à l'intérêt général. Pourtant il semble que les mesures proposées, eussent pu supprimer le fléau. Dans le même ordre d'idées, n'a-t-on pas, à l'aide des moyens énergiques utilisés par la prophylaxie moderne, réussi à empêcher l'introduction en France du terrible Pou de San-José, qui ravage les cultures américaines?

Donc, les mesures ne furent pas prises ou elles ne furent pas prises avec la rigueur nécessaire, tant par la faute des intéressés eux-mêmes que par un manque d'énergie d'une partie de l'administration d'alors. Le phylloxéra put donc s'étendre avec rapidité sur une étendue du vignoble telle qu'il devint impossible de le supprimer. Il ne pouvait plus être question que de réduire ses ravages.

« Si l'on n'a pu s'opposer à l'introduction du mal, » dit encore M. Maurice Girard, « il faut du moins chercher à le guérir quand il existe. »

Vaincue dès le début sur le terrain de l'arrachage, la Commission supérieure du phylloxéra chercha les moyens d'atténuer les ravages de l'insecte et, dans ce but, elle étudia simultanément la *biologie du phylloxéra* et l'*action des insecticides.*

Mais en commençant ces études, elle faisait des déclarations de principe qu'il est utile de rappeler; elle indiquait (³), en effet, qu'« elle s'était proposé, *comme but précis et primordial, la conservation des vignes françaises;* leurs principaux types étant les produits d'une pratique séculaire, il importait surtout de les sauver. »

C'étaient là de sages paroles que l'on devait trop oublier depuis.

(¹) Plus tard, sa composition subit des modifications sous l'influence de causes que je n'ai pas à apprécier ici.
(²) Maurice GIRARD. — *Le phylloxéra.* Paris, 1880.
(³) *Instruction pratique sur les moyens à employer pour combattre le phylloxéra et spécialement pendant l'hiver.* (séance du 17 janvier 1876).

FIG. 1.

ŒUF D'HIVER

FIG. 2.

ÉCLOSION DE L'APTÈRE

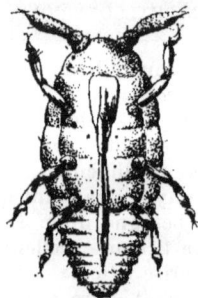

FIG. 4.

JEUNE APTÈRE GALLICOLE
vu par la face ventrale.

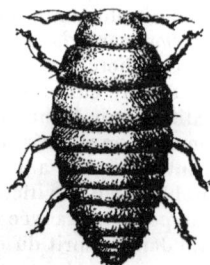

FIG. 3.

JEUNE APTÈRE GALLICOLE
vu de dos.

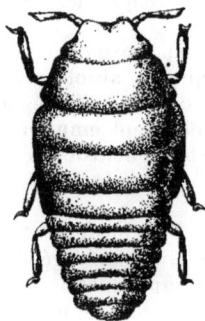

FIG. 7.

NYMPHE

FIG. 8.

AILÉ

FIG. 5.

APTÈRE RADICICOLE
vu de dos.

FIG. 6.

APTÈRE RADICICOLE
vu de face.

FIG. 9.

SEXUÉ MALE

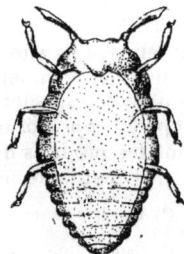

FIG. 10.

SEXUÉ FEMELLE

§ II. Biologie du phylloxéra.

Les connaissances relatives à la biologie du phylloxéra sont dues, pour la plus grande part, à deux savants, MM. Maxime Cornu et Balbiani, tous deux membres de la Commission supérieure du phylloxéra. C'est là un point qu'ont oublié quelques personnes qui écrivent volontiers avec les travaux des autres en évitant de citer les sources. Il est bon de le dire en passant.

D'après les remarquables travaux de ces deux savants, l'insecte se présente sous trois formes : l'*aptère*, l'*ailé* et le *sexué*.

Le cycle évolutif de l'espèce a pour point de départ l'œuf d'hiver. Celui-ci est pondu par la femelle sexuée qui le dépose de préférence sur le bois de deux ans, surtout dans les fissures de la base, au voisinage de la plaie de taille du printemps. Il porte à sa surface des ornements réticulés et est fixé par un pédoncule (*fig. 1*).

Déposé à la fin de l'automne sur les ceps, il y passe l'hiver et éclôt au printemps, sous la forme aptère (*fig. 2*). C'est le phylloxéra printanier ou gallicole (*fig. 3 et 4*) que l'on trouve sur la vigne au début de l'entrée en végétation. Vers le mois de mai, celui-ci monte sur les rameaux et arrive aux feuilles pour y déterminer les galles. Là, il pond 5 à 600 œufs d'où sortent de nouveaux aptères *gallicoles*, qui donnent à leur tour naissance à d'autres gallicoles, et ainsi de suite. La faculté génératrice de cette forme va en diminuant. Aux premiers froids, ils ne pondent plus que 200 œufs environ. Les gallicoles qui restent sur les feuilles sont tués par le froid. Mais un certain nombre descendent dans le sol, en suivent les fissures pour pénétrer aux racines; leur forme se modifie, bien qu'ils restent aptères, ce sont les *radicicoles* (*fig. 5 et 6*). Moins féconds que les précédents, ils ne pondent jamais plus de 100 œufs, mais en général 40 à 50.

Lors des grandes chaleurs de juillet et d'août, certains radicicoles sortent du sol, montent sur les ceps et se transforment en nymphes (*fig. 7*). De celles-ci sortent les *ailés* (*fig. 8*), qui s'envolent quand des courants d'air facilitent leur dissémination. Ils peuvent ainsi être parfois transportés fort loin, à 15 ou 20 kilomètres de leur point de départ.

Dans les vignes où ils arrivent, ils se logent à la face inférieure des feuilles, entre les nervures principales et y pondent 1 à 8 œufs de deux sortes : de petits œufs donnant des mâles (*fig. 9*), de gros œufs donnant des femelles (*fig. 10*). Mâles et femelles sont les *sexués* qui, par fécondation, donneront un œuf d'hiver (*fig. 1*) par femelle.

En résumé, de l'œuf d'hiver naît le *gallicole* ou *forme multiplicatrice;* celui-ci produit le *radicicole* ou *forme dévastatrice;* le radicicole se transforme en *ailé* ou forme *colonisatrice*, et celui-ci donne les *sexués* ou forme *régénératrice* qui pondent l'œuf d'hiver.

D'après M. Balbiani, le seul agent de continuité de l'espèce, c'est le sexué, car les formes asexuées finissent par devenir stériles. S'il en est vraiment ainsi, ce serait là un fait d'une importance capitale dans la lutte directe contre l'insecte, et je reviendrai plus loin sur ce point.

§ III. Rapports du phylloxéra avec la vigne.

Le phylloxéra et la vigne doivent naturellement présenter, au moins dans les grandes lignes, les phénomènes généraux que l'on observe dans le parasitisme. Il doit, de suite et à la longue, se produire des modifications tant dans l'hôte que dans le parasite lui-même, l'attaque étant fatalement suivie d'une réaction.

Ces questions, au point de vue général, sont aujourd'hui bien connues, grâce aux travaux de nombreux auteurs, parmi lesquels M. Giard (1).

A. Effets produits sur l'hôte.

Le phylloxéra produit sur la vigne deux catégories d'effets tout particulièrement importants à connaître au point de vue que j'aurai à envisager dans ce travail :

1° Les effets d'ordre anatomique et organographique, qui sont une conséquence mécanique de la perforation ou une conséquence chimique des sécrétions de l'insecte ;

2° Les effets d'ordre physiologique, qui sont en étroite relation avec les premiers.

L'on a étudié d'une façon très inégale ces deux catégories différentes. Tandis que les conséquences anatomiques et organographiques ont été longuement étudiées par M. Maxime Cornu et M. Millardet, qui ont élucidé en grande partie la question, la physiologie reste encore obscure et nécessiterait de nouvelles études.

1. Changements anatomiques produits par le phylloxéra dans la vigne.

La réaction varie suivant qu'il s'agit du phylloxéra gallicole ou du phylloxéra radicicole.

A. *Gallicole*. — Le gallicole s'attaque à tous les tissus aériens en voie de croissance (feuilles, pétioles, rameaux, vrilles, grappes). Ses lésions sont en général peu importantes et se bornent à la formation de galles variées.

Les galles sont abondantes sur les feuilles de certaines vignes américaines et présentent une forme particulière. L'insecte pique la face supérieure de la feuille, en enfonçant son rostre dans le tissu parenchymateux de cet organe. Celui-ci se renfle à la partie opposée en une sorte de sac qui est la galle.

La galle est lisse à l'intérieur, mamelonnée à l'extérieur. L'intérieur est vert jaunâtre au début, puis jaune et enfin brun. A la partie supérieure, la galle est protégée par des poils en forme de toit. Quand le gallicole pique la feuille du *Vitis vinifera*, ce qui est rare, la galle formée est différente ou rudimentaire.

Un gallicole peut pondre sur les feuilles de 3 à 5,000 œufs dans le cours de la végétation, ce qui fournit autant d'insectes.

Sur les rameaux en voie de croissance, les gallicoles peuvent aussi faire des piqûres, mais les galles, plus petites, prennent la forme de boutonnières garnies de poils. Quelquefois les rameaux subissent une torsion curieuse, à la suite de la blessure.

Quand l'insecte pique le pétiole, c'est au niveau du canalicule de la face supérieure. La réaction est insignifiante à cet endroit, vu le peu d'activité de la couche génératrice qui en alimente la croissance.

B. *Radicicole*. — Les lésions qui ont le plus d'importance pour la santé et la vie même de l'hôte sont celles de la racine.

Le radicicole se porte de préférence sur les jeunes racines en voie de dévelop-

---

(1) Voir en particulier ses remarquables travaux sur le parasitisme, le commensalisme, la castration parasitaire, les galles, etc.

pement, dans les régions les plus tendres et les plus gorgées de sucs nutritifs, c'est-à-dire dans ce que j'ai appelé les points d'appel radiculaires.

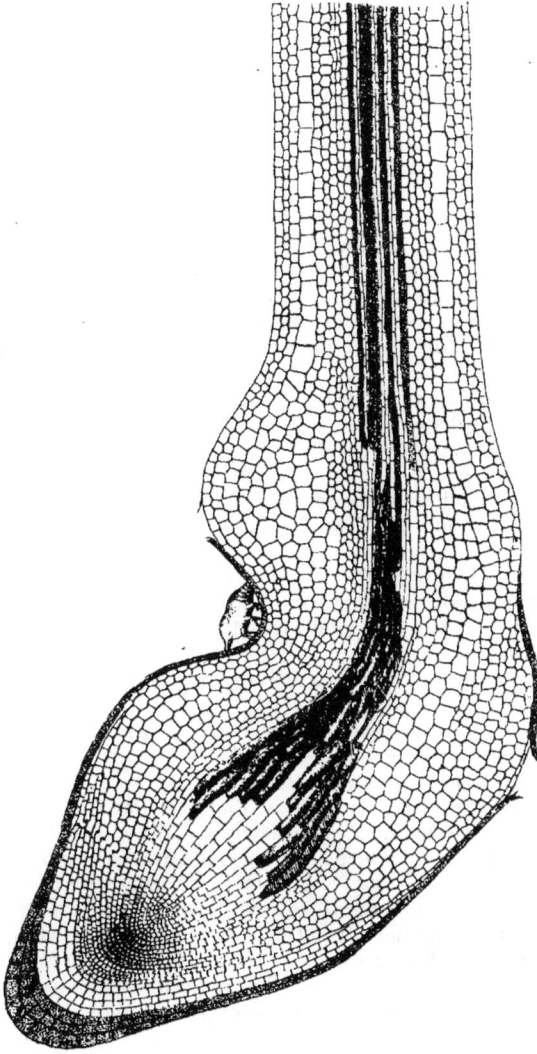

FIG. 11.

COUPE LONGITUDINALE D'UNE RACINE DE VIGNE
DANS LA RÉGION EN FORME DE BEC D'OISEAU
(D'après M. Millardet.)

FIG. 12.

RACINE DE FOLLE BLANCHE
DE L'ANNÉE
Elle est couverte de tubérosités
(D'après M. Millardet.)

Il enfonce sa trompe dans les tissus, il y déverse un liquide acide et aspire le suc cellulaire.

Ce forage a pour premier résultat (comme d'ailleurs cela se passait pour le gallicole) de supprimer dans la cellule atteinte l'une des forces qui assuraient l'équilibre de la tension interne dans la cellule intacte.

La force opposée n'étant plus contre-balancée par la force supprimée fait sortir du liquide à l'extérieur et cette action se répercute naturellement vers l'intérieur.

Quelque petite que puisse être cette perte, vu le diamètre de l'entaille, elle n'en existe pas moins obligatoirement. Cependant M. Foëx a prétendu qu'il n'y a aucune perte de liquide à la suite de la piqûre du phylloxéra sur la vigne française. C'est admettre qu'une blessure de tissus vivants pourrait se faire sans changer l'équilibre de la tension cellulaire, ce qui est impossible.

Le gallicole amène dans l'hôte la formation de galles. Le radicicole, grâce à l'irritation mécanique due au forage et à l'irritation chimique causée par le liquide acide déversé dans la plaie, produit un arrêt de croissance en longueur au point piqué. Sur la partie opposée, on voit apparaître une abondante prolifération cellulaire, amenant une déviation et un grossissement caractéristiques. L'extrémité de la racine prend la forme en bec d'oiseau et l'insecte est logé dans la cavité opposée à la partie renflée.

Si l'on fait une coupe longitudinale de la partie hyperplasiée (*fig. 11*), on constate que le cylindre central n'a pas disparu. Les vaisseaux de la région piquée forment un ensemble assez voisin comme épaisseur du système vasculaire de la région normale, mais les vaisseaux sont courts et ponctués comme ceux qui prennent naissance dans les parties cicatricielles intéressant les tissus conducteurs. L'hyperplasie est donc surtout produite par les tissus de l'assise génératrice et reste surtout cellulaire.

L'on constate en outre que l'amidon s'accumule dans la région concave, quand, au contraire, les matières azotées se trouvent dans la région convexe. Ces deux régions ne sont donc pas dans le même état biologique et ont à ce moment des capacités fonctionnelles différentes.

A ces renflements, qui se produisent à partir d'avril, on donne le nom de *nodosités*.

Lorsque plusieurs insectes piquent la région de croissance, la forme en tête d'oiseau fait place à des courbures de formes variées.

Les nodosités ont un sort variable suivant les cas.

Il peut arriver que le sommet végétatif soit *tué* par l'insecte. Dans ce cas, la nodosité, d'abord blanc jaunâtre et rebondie, voit éclater sa coiffe sous l'effet de l'hyperplasie; l'amidon se transforme en glucosides, ce qui favorise le développement des bactéries et des champignons. Ces organismes inférieurs déterminent en ce point la pourriture et, au bout de deux ou trois mois, *la radicelle est tuée.*

Quelquefois, malgré la mort du sommet végétatif, la pourriture se développe plus lentement que dans le cas précédent. La couche génératrice se remet à fonctionner dans la partie riche en substances azotées; des radicelles adventives se forment nombreuses en ce point, et l'action du phylloxéra peut se comparer alors à celle d'un *serfouissage.*

Enfin, si la piqûre est faible, le sommet végétatif *conserve sa vitalité*. Il est simplement arrêté momentanément dans sa croissance en longueur. Au bout d'un temps variable, il s'allonge à nouveau.

Mais le radicicole ne s'attaque pas seulement aux parties de la racine en voie de croissance. Il s'attaque aussi aux parties plus âgées et il y produit les graves désordres que M. Millardet a désignés sous le nom de *tubérosités (fig. 12)*.

Lorsque le radicicole pique une racine dans les parties susceptibles de s'accroître seulement en épaisseur, les tissus voisins de la piqûre repassent à l'état de méristème et, concurremment avec la couche génératrice interne normale, prolifèrent en formant une sorte de cupule, au centre de laquelle se loge l'insecte et où il pond ses œufs.

La surface de la tubérosité est jaune blanchâtre et tranche sur le reste de la racine, qui est brun foncé. La piqûre n'intéresse que le liber et l'écorce; le cylindre central n'est pas atteint. Sur une coupe, on voit à l'intérieur de la tubérosité des cellules étroites et gorgées d'amidon. Plus tard, l'amidon est remplacé par du sucre, et c'est alors que commence la décomposition. L'altération se mani-

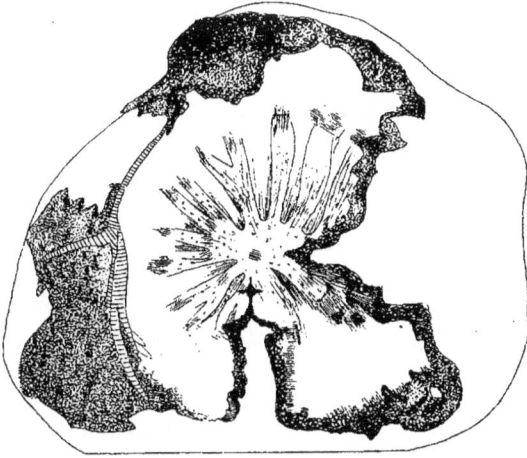

Fig. 13.

COUPE TRANSVERSALE D'UNE RACINE DE VIGNE FRANÇAISE, AGÉE DE DEUX ANS,
AU NIVEAU D'UNE TUBÉROSITÉ

(D'après M. Millardet.)

feste par une teinte brune des tissus, qui débute à l'intérieur de la tubérosité. Il arrive parfois que cette teinte brune s'étend au tissu ligneux, gagne le centre de la racine, et une partie de celle-ci se nécrose (fig. 13). Quelquefois la racine entière pourrit à ce niveau. Dans ce dernier cas, un seul phylloxéra suffit à faire périr de nombreuses radicelles, et, suivant l'importance de la racine ainsi détruite, cause plus de mal à lui tout seul que des milliers de radicicoles se contentant de produire des nodosités.

Presque toujours, très souvent du moins, des parasites secondaires favorisent l'action du phylloxéra. Les tubérosités se décomposent plus facilement, croit-on, grâce à un acarien, le *Cœophagus echinopus*, qui vit dans toutes les tubérosités en voie de décomposition et y recherche l'amidon. Pour recueillir cette substance, il perce des galeries dans les tissus et facilite ainsi l'arrivée des agents de la putréfaction.

Les tubérosités sont de deux sortes :

1° Les tubérosités superficielles, abondantes sur les vignes américaines;

2° Les tubérosités pénétrantes, abondantes sur les vignes françaises.

Dans le premier cas, les lésions sont toujours isolées et superficielles. Il y a bien prolifération cellulaire et accumulation d'amidon, mais bientôt on voit la couche phellogène émettre des prolongements de chaque côté. En s'accroissant, ces prolongements finissent par se rencontrer et ils isolent ainsi la tubérosité des tissus sains. Dans ce cas, la couche de liège formée empêche la pourriture d'atteindre les tissus conducteurs, ce qui, comme on le verra, a des conséquences importantes au point de vue physiologique.

L'isolement est complet, paraît-il, dans les Riparia et les Rupestris. Pour le Solonis, il n'est complet que dans les terrains humides, peu calcaires. Lorsque cette vigne est cultivée dans les terrains secs et très calcaires, les deux bandes de liège ne parviennent pas à se rejoindre et la décomposition se fait par la partie non protégée. Enfin dans l'Isabelle, la couche de liège reste constamment à l'état de début, de telle sorte que la décomposition est aussi rapide que dans les vignes françaises.

Le nombre, la nature des tubérosités et leur manière de se comporter par rapport à la décomposition ont servi de base pour juger de la résistance relative des différents cépages américains. L'on a cultivé côte à côte pendant huit à dix ans ces cépages et l'on a examiné la manière dont ils se comportaient par rapport à la décomposition. C'est ainsi qu'ont été établies les *échelles de résistance*, en cotant de 0 ou résistance nulle à 20 ou résistance absolue.

Je me bornerai à donner ici l'une de ces échelles, choisie parmi les plus récentes :

20. Pas de tubérosités. — N'existe pas dans le genre Vitis.
19. *Vitis rotundifolia.* — Très peu d'insectes.
18. *V. Riparia, V. Rupestris, V. Cordifolia* et hybrides de ces espèces entre elles.
17. *V. Monticola, V. Berlandieri* et hybrides entre ces espèces et les espèces précédentes.
16. *Rupestris du Lot.*
15. *V. Caudicano.*
14. *Vialla.*
12. *Jacquez.*

Pratiquement, l'on admet qu'il ne faut pas employer de cépages dont la cote est inférieure à 16, à moins que le terrain ne soit très favorable à la vigne et très défavorable à l'insecte.

L'établissement de ces échelles *dans lesquelles la cote maxima n'est jamais atteinte,* suffit à montrer que, dans le genre *Vitis,* la résistance phylloxérique ne saurait être absolue. Les variations de ces échelles sont déjà une preuve de la variation de cette résistance pour un même cépage. Mais avant d'aborder ces questions, il est nécessaire d'étudier les effets physiologiques produits sur la vigne par le phylloxéra.

2. *Effets physiologiques résultant de l'attaque du phylloxéra.*

Les blessures faites par le phylloxéra ont une répercussion immédiate et une action plus ou moins prolongée sur l'état biologique de la vigne. Avant l'attaque, celle-ci réalisait l'équilibre de végétation caractérisé par l'équation $Cv = Ca$, dans laquelle Cv représente la capacité fonctionnelle de consommation totale et Ca la capacité fonctionnelle d'absorption [1].

Une fois atteinte, la même vigne va fatalement se trouver en déséquilibre de nutrition caractérisé par l'inégalité $Cv > Ca$, puisque rien ne change par ailleurs dans l'exercice de l'aliment.

[1] L. Daniel. — *Théorie des capacités fonctionnelles.* Rennes, 1902.

Voici ce qui se passe :

1° Les gallicoles, dans toutes les vignes à galles, enlèvent une partie de la sève élaborée ; soit a cette quantité perdue pour l'appareil végétatif.

Cette quantité a peut se décomposer ainsi :

La quantité α de sève perdue par la suppression de la tension cellulaire après la piqûre ;

La quantité α' pompée par l'insecte ;

La quantité α'' utilisée par la plante pour l'hyperplasie des tissus.

2° Les radicicoles enlèvent plus encore de sève élaborée dans les racines. Soit b cette quantité ; elle se décompose de la même manière que la précédente en trois portions β, β' et β'', correspondant à α, α' et α''.

En supposant que l'absorption Ca ne soit pas modifiée, on voit que l'état biologique de la vigne devient $Cv + (a + b) > Ca$, la consommation étant augmentée de $a + b$ quand l'absorption reste la même.

Mais l'accroissement des radicelles cessant complètement ou momentanément, les poils absorbants tombent au fur et à mesure de l'usure et ne sont pas remplacés. L'absorption Ca est alors diminuée d'une quantité c, très variable avec la nature de la vigne considérée et les conditions extérieures.

Cette diminution ne sera compensée qu'en partie ultérieurement dans le cas de la reprise de la croissance en longueur, parce que les vaisseaux subissent au niveau de la nodosité une courbure irrégulière et une transformation réduisant la quantité de sève passant par la racine blessée.

Elle sera compensée, et même dépassée, suivant la valeur du racinage adventif, quand la reprise de végétation amène un résultat analogue au serfouissage.

Dans le cas le plus grave où la racine meurt pourrie à la suite de ses nodosités, l'inégalité suivante $Cv + (a + b) > Ca - c$ représente l'état biologique du moment (dans toute vigne franche de pied, bien entendu).

Quand il y a des tubérosités, il est facile de voir que l'insecte détermine par sa piqûre une nouvelle perte b', qui peut être égale à la piqûre de la nodosité, mais plutôt différente, étant donnée la valeur inégale des appels cicatriciels dans des points différents de la plante ; l'état biologique est alors représenté par l'inégalité $Cv + (a + b + b') > Ca$.

Ce sera la seule perte si, comme dans les *Vitis Riparia*, etc., la plante peut isoler la tubérosité de ses tissus conducteurs par une plaque complète de liège, et l'on conçoit que la plante ainsi parasitée puisse vivre pendant longtemps avec son parasite, qui ne lui cause que peu d'ennuis.

Mais si la pourriture se met de la partie et pénètre dans les couches profondes, comme cela a lieu pour d'autres vignes, les tissus conducteurs meurent en partie ou en totalité. L'absorption Ca subit une perte considérable d, variable avec le nombre des phylloxéras et les résultats plus ou moins graves de leur attaque.

Le déséquilibre alors produit est représenté par l'inégalité : $Cv + (a + b + b') > Ca - (c + d)$, en tenant compte des tubérosités et des nodosités à la fois. C'est en somme l'inégalité $Cv > Ca$, caractérisant la vie en milieu plus sec, telle que je l'ai décrite. Il est tout naturel alors que la vigne, passant du milieu normal au milieu de plus en plus sec, présente les phénomènes consécutifs à cet état, c'est-à-dire que ses feuilles inférieures jaunissent, se fanent et tombent, que ses pousses se rabougrissent et que la mort arrive quand la limite L de dessiccation est atteinte.

On conçoit même que la rapidité de cette mort soit variable suivant la valeur relative de l'inégalité $Cv > Ca$, quelle que soit la cause de l'inégalité de résistance à l'insecte.

Ainsi, soient deux vignes d'espèces différentes, de résistance inégale à l'insecte.

Supposons que le phylloxéra produise des déséquilibres $Cv > Ca$ d'une valeur v sur la première et d'une valeur v' sur la seconde. Si l'on a $v < v'$, la première vigne résistera mieux que la seconde, toutes conditions égales d'ailleurs, abstraction faite de la greffe en particulier.

De même, si l'on prend deux vignes également résistantes à l'insecte, en admettant qu'elles existent d'une façon absolue, mais dont l'une renferme une quantité totale Q de sève et la seconde une quantité Q' telle que l'on ait $Q > Q'$, il est clair que, toutes conditions égales d'ailleurs, la première résistera mieux que la seconde, puisque le déséquilibre de nutrition sera moins élevé en valeur absolue. Ne serait-ce pas à cette cause fort simple que le Colombard et certains autres cépages vigoureux doivent de succomber plus lentement que d'autres ?

Quoi qu'il en soit, c'est la question de *durée relative* des vignes phylloxérées qui sert de base à ce que l'on a empiriquement appelé la *résistance pratique*, et qui, comme on le voit, est sous la dépendance d'un nombre très considérable de facteurs.

L'on est d'ailleurs bien loin de s'entendre au sujet des facteurs de la résistance. L'on a émis à ce sujet plusieurs hypothèses plus ou moins plausibles et qui toutes prêtent prise à la critique.

La première en date est celle de la *vigueur relative*, dont je viens de parler tout à l'heure. On comprend très bien que, à résistance égale, deux vignes inégalement vigoureuses doivent résister différemment. Mais cela n'expliquerait plus pourquoi certaines vignes de faible vigueur résistent mieux que d'autres vignes plus vigoureuses. C'est que d'autres facteurs entrent alors en jeu, et M. Foëx a eu raison de le faire remarquer. L'exemple qu'il a choisi, en comparant l'York-Madeira à l'Aramon, n'est cependant pas heureux, vu que l'York-Madeira, qui occupait le haut de l'échelle de résistance à ses débuts, est tombé depuis aux derniers échelons.

L'hypothèse d'une composition chimique spéciale a été émise, en 1876, par M. Boutin. Il y aurait donc dans la racine américaine des *substances résinoïdes* qui s'opposeraient à l'extravasion de la sève par les blessures. Or, à la suite d'expériences précises, on a trouvé plus de ces substances résinoïdes dans le *Vitis vinifera* que dans les espèces américaines. Il n'y a donc pas lieu de s'arrêter à cette conception.

On a dit ensuite que la résistance était due à une *différence de densité des racines*. Les vignes américaines ont en effet des racines plus dures que les vignes françaises ; leurs tissus parenchymateux sont moins étendus, et à membranes plus épaisses. Si cette hypothèse était exacte, on verrait sur une même vigne les lésions aller en s'atténuant au fur et à mesure que la racine avancerait en âge et durcirait par conséquent. Or, c'est loin d'être le cas, puisque, si les phylloxéras attaquent les points d'appel des racines, ils attaquent tout aussi bien les grosses racines, même quand elles ont la taille du pouce et sont par conséquent fort dures. Ils utilisent, en somme, à la fois les points d'appel normaux et les points d'appel cicatriciels qu'ils établissent eux-mêmes.

D'autres personnes ont considéré la formation de *plaques de liège isolantes* comme la cause véritable de la résistance phylloxérique. Or, si l'on trouve bien, en effet, ces plaques dans des vignes résistantes comme les *Riparia* et les *Rupestris*, il y a d'autres vignes américaines qui, la première année, se comportent comme des vignes françaises et qui pourtant sont résistantes. C'est cependant sur la présence de ces plaques et sur le nombre des phylloxéras constaté sur les racines que sont basées les échelles de résistance. La première base se trouve être fausse dans certains cas. Quant à compter les nodosités et le nombre des phylloxéras, c'est une opération particulièrement délicate et sujette à erreurs, car rien n'est plus variable suivant les pieds dans un vignoble et suivant les racines considérées dans un même cep.

L'on a risqué, d'autre part, non plus une hypothèse mais une *explication*. On ne sait pas ce que c'est que la résistance phylloxérique; sa véritable cause est inconnue. *Mais c'est un fait qu'il faut admettre* (comme si les dogmes pouvaient avoir cours dans la Science!): c'est une *propriété spécifique* de la plante, *caractère immuable comme les autres caractères spécifiques*. On peut en chercher une explication dans le fait de la *sélection naturelle*. Les vignes américaines vivent au contact de l'insecte depuis des milliers de siècles. Il s'est fait progressivement une sélection qui a éliminé les formes les moins résistantes, mais la résistance s'est fixée dans les espèces les plus résistantes qui sont précisément celles qui vivent actuellement à l'état sauvage dans les terrains les plus phylloxérés.

On conçoit difficilement un caractère qui se sélectionne ainsi progressivement et qui devient ensuite *immuable* lorsque le maximum de la résistance n'est pas atteint. Si l'explication était juste, les vignes américaines seraient toutes résistantes, puisque les formes de résistance insuffisante auraient disparu. Or, les vignes américaines offrent, dans les fameuses échelles de résistance, des cotes variant de 0 à 19. La sélection naturelle ne nous donne pas encore la clef du mystère.

D'autre part, si la résistance est vraiment une sélection, elle en a tous les avantages et tous les défauts. L'on sait que la généralité des sélections ne se conservent qu'en entretenant autant que possible les conditions dans lesquelles elles ont été obtenues. Il est d'expérience courante que beaucoup, sans cela, se remettent à varier avec une déplorable facilité. Il paraît difficile, pour cette nouvelle raison, que la résistance phylloxérique, résultat d'une sélection en Amérique, reste immuable quand les vignes qui l'ont acquise sont transportées en Europe, dans des conditions différentes de sol, de climat et de culture. L'on verra, d'ailleurs, par la suite de ce mémoire, ce qu'il en est en réalité, bien que l'on ait essayé de mettre le boisseau sur les faits qui auraient été de nature à éclairer les indécis ou à décourager les viticulteurs partisans du greffage *for ever*.

Enfin, il y a une dernière hypothèse, indiquée par M. P. de Laffitte, et qui est jusqu'ici restée dans l'ombre malgré sa vraisemblance : c'est celle de la *qualité des sèves*, ou affinité entre la plante et l'insecte, pour employer les expressions de ce viticulteur distingué. « Toute théorie qui veut rendre compte de la résistance de la vigne au phylloxéra en n'étudiant que la vigne et faisant abstraction de l'insecte manque de base et est à rejeter sans examen [1], » disait-il en 1881.

L'on sait que la qualité des sèves varie suivant les espèces et même les variétés, parfois suivant les individus dans les plantes sauvages; elle varie encore plus dans les plantes cultivées. Il paraît évident que si l'on analysait les contenus cellulaires des diverses variétés ou des espèces de vignes sauvages, on leur trouverait une composition chimique différente. Et il est infiniment probable que si on les goûtait comparativement, on ressentirait des impressions différentes, notre sens du goût décelant parfois des différences légères qui, chimiquement, ne sont pas appréciables.

Or, les pucerons sont, comme tous les êtres vivants, des organismes adaptés à une nourriture déterminée en rapport avec leurs besoins, et leur goût est tel qu'ils savent la trouver dans les conditions ordinaires. Leur instinct ne les trompe pas.

Ils s'accommodent très difficilement de certains jus cellulaires quand ils sont friands de quelques autres. C'est ainsi que nous-mêmes nous préférons telle viande ou tel fruit, quand nous ne saurions nous accommoder des autres.

L'on conçoit fort bien que la qualité des sèves, jugée par l'insecte d'après ses

[1] *Revue des Deux-Mondes*, 1er mars 1881, p. 199.

goûts propres, goûts que nous ne pouvons apprécier que par son attaque relative sur les vignes, joue le rôle le plus considérable dans les préférences du parasite. La facilité de la récolte, l'abondance relative de la nourriture ne peuvent avoir qu'un rôle plutôt secondaire par rapport au premier.

C'est donc dans les *préférences* et les *antipathies* de l'insecte pour telle ou telle sève qu'il faut chercher plutôt la cause véritable de la résistance phylloxérique relative des diverses espèces du genre *Vitis*.

Telle vigne résiste mieux parce que ses contenus cellulaires sont un mets moins agréable pour le phylloxéra, qui la respecte tant qu'il trouve quelque chose de meilleur à sa portée. Telle autre, au contraire, ne résiste pas, parce que sa sève répond absolument aux goûts et aux besoins de l'insecte qui l'exploite, au point parfois de la tuer, quand sa capacité fonctionnelle Ca est trop faible pour alimenter à la fois l'insecte et les parties aériennes de l'appareil végétatif.

Cette conception permet de mieux définir la résistance phylloxérique. La quantité Q de sève disparue sous l'action du phylloxéra sera, dans une vigne donnée, fonction de la préférence relative de l'insecte pour cette plante. La résistance est elle-même fonction de cette préférence relative puisqu'elle a pour mesure le déséquilibre $Cv > Ca - Q$ produit par l'insecte dans la vigne suivant ce qui a été dit précédemment.

On voit de suite que la vigne à *résistance absolue* ne peut exister que si $Q = 0$, c'est-à-dire que si l'insecte n'y touche pas. Et l'on sait qu'aucune espèce du genre *Vitis* ne rentre dans ce cas.

Toutes les vignes ont donc une *résistance relative*, en rapport avec la quantité Q. Or, cette quantité dépend des facteurs précédemment étudiés, et l'on comprend qu'elle soit éminemment variable avec les espèces, les variétés et même les types, et que par conséquent il soit impossible de la *mesurer avec précision*. D'une façon générale, une espèce sauvage n'est pas résistante si l'inégalité $Cv > Ca - Q$ vient à dépasser la limite de dessiccation L en un temps assez court pour empêcher sa culture d'être pratiquement rémunératrice. Dans le cas contraire, on dit que la vigne possède la *résistance pratique*.

L'on conçoit que les conditions extérieures, comme l'a remarqué M. Millardet, jouent leur rôle dans le résultat, et qu'une même plante puisse, suivant ces conditions ou son état biologique interne, présenter à des âges différents des résistances différentes, comme l'indiquait M. Couderc au Congrès de Lyon. Rien n'est d'ailleurs plus délicat que de fixer la valeur de la résistance, même pratique. Voici un fait très intéressant qui le prouve bien, et que j'emprunte à la *Viticoltura moderna* de Palerme : « Il y a huit ans, dit M. Ruggeri, examinant avec notre ami et collègue le Dr Paulsen, dans la province de Catane, les premiers pieds d'Aramon-Rupestris Ganzin qu'il avait introduits en Sicile, nous fûmes impressionnés par l'énorme quantité de phylloxéras trouvés sur ses racines et, chose qui nous semble plus grave, par le nombre et le volume des tubérosités produites. Si nous avions jeté alors parmi les viticulteurs un cri d'alarme, qui aurait pu paraître complètement justifié, peut-être l'Aramon-Rupestris Ganzin eût-il été abandonné ou tout au moins sa propagation eût été retardée. Mais il nous sembla prudent, et nous n'avons aucun motif de le regretter, d'attendre et de recueillir de nouveaux éléments avant de prononcer notre jugement. *Affirmer ou nier la résistance au phylloxéra n'est pas chose que l'on puisse faire avec un sûr critérium dès les premières observations et par voie de simple induction.* Deux années après, visitant les mêmes pieds, nous les trouvâmes toujours très phylloxérés, mais plus résistants qu'avant : la résistance pratique existait donc et ne s'est jamais démentie. »

Combien de vignes françaises pouvaient avoir ainsi une résistance pratique et qui ont cependant été sacrifiées sans autre forme de procès ! Certains faits le prou vent d'ailleurs. En Gironde, chez M. Ferdinand Régis, il s'est produit un fait curieux dont je dois la communication à M. Dubourg, de Pomerol, et qui rappelle celui que signale M. Ruggeri. Le phylloxéra était abondant sur les racines de sa vigne française sans que la vigueur et la production en souffrissent énormément. La qualité et la quantité ne s'étaient guère modifiées, malgré cette attaque.

M. Marcel Ricard cultive à Haut-Gardère une vigne française résistante, la Carmenère, sur laquelle il a même fait des greffes de ses cépages fins.

Enfin, dans la *Revue des Hybrides* de mars 1905, M. Alazard, de Montauban, signale un *Vinifera* de haute résistance phylloxérique, l'Oudenc noir ou Auvergnat noir. En Tarn-et-Garonne, dit-il, dans les vignes mortes depuis dix ans, on rencontre encore quelques vieux pieds d'Oudenc noir en assez bon état et chargés de fruits.

On pourrait sans doute en trouver d'autres exemples.

B. Action de l'hôte sur le parasite.

Le phylloxéra, au moment de son introduction en France, était exclusivement adapté à la vigne américaine et n'était nullement préparé à un changement de sève. Il eût été d'un grand intérêt théorique et pratique de suivre les modifications qui se sont fatalement produites dans ses organes à la suite de l'ingestion permanente d'un mets nouveau pour lui. On a dit qu'il préfère la sève du *Vitis vinifera* à celle des vignes américaines. Rien ne prouve que cette préférence, fût-elle bien certaine et absolue, ce qui n'est pas toujours le cas, comme on vient de le voir, servît les intérêts de la conservation de l'espèce. L'eau de feu a presque tué la race rouge, celle-ci l'ayant préférée à l'eau des sources de son pays. Il paraît donc probable que la sève de la vigne française devait à la longue modifier le phylloxéra, surtout si l'on avait eu soin de ne pas mettre à sa portée la vigne américaine pour lui permettre de mieux rétablir l'équilibre compromis de ses fonctions physiologiques. La réaction ainsi produite devait être proportionnelle au déséquilibre physiologique réalisé par la différence de nourriture.

Les modifications des insectes, leurs variations de résistance sous l'influence d'un changement de nourriture et de climat sont bien connues et il est inutile d'en citer des exemples. Ce sont les modifications du phylloxéra qui peuvent seules intéresser ici.

Or, l'on m'a affirmé, cette année, en plusieurs régions, que le phylloxéra semble moins actif dans ses attaques, et il paraît en voie de régression dans divers points du vignoble.

« Oserai-je, » disait le Dr Michon en 1902 dans son rapport à la Société des Agriculteurs de France, « appeler l'attention sur un fait qui a besoin d'être encore plus sérieusement contrôlé? N'y a-t-il pas un certain ralentissement dans la prolifération du phylloxéra? Ce fait m'a été signalé en Anjou, en Nivernais, en Bourgogne, où de vieilles vignes ont, ces dernières années, malgré la chaleur et la sécheresse des étés cependant favorables au développement de l'insecte, repris un regain de vitalité. M. Tessonnière nous disait l'autre jour que chez lui, dans l'Hérault, de vieilles vignes, autrefois traitées au sulfure de carbone, avaient repris quoique sans traitement depuis cinq à six ans.

» J'ai moi-même constaté en Corse que le phylloxéra qui, il y a vingt ans, détruisait en une ou deux années les vignobles qu'il attaquait, met aujourd'hui huit à dix ans pour accomplir son œuvre. Cette atténuation du fléau serait la confirmation de la théorie de Balbiani. »

D'après les observations de M. Bellot des Minières, observations qui ont été corroborées par d'autres viticulteurs, l'on n'aurait plus besoin, dans les graves de Léognan, de sulfurer autant et aussi souvent. M. Bellot des Minières n'a pas sulfuré depuis quatre ans son vignoble, qui était, en mai comme en septembre, resplendissant de santé. Les pontes seraient moins nombreuses et réduites à deux quand elles étaient par an de six au moins.

M. Bussier, propriétaire du célèbre Canon-Fronsac, m'a affirmé que dans son vignoble le nombre des œufs pondus a diminué de moitié environ, ainsi qu'il est facile de s'en assurer en examinant les ovaires avant la ponte.

En Poitou, la rumeur publique signale, en divers points, un grossissement anormal de l'insecte, qui manifesterait ainsi des signes de dégénérescence.

Ce sont là des faits que je n'ai pas vérifiés ni étudiés moi-même ayant été dans l'impossibilité matérielle de le faire, vu les crédits plus que modestes mis à ma disposition. Je me borne à les signaler à titre de documents. Mais il y en a d'autres que j'ai pu constater *de visu*, en 1904. L'on sait que 1904 a été chaud et sec. C'étaient là des conditions exceptionnelles pour amener une recrudescence dans l'activité du phylloxéra et augmenter le malaise des vignes. Or, en Périgord, du côté de Bergerac, en Poitou, en Anjou, dans la Vendée, dans la Loire-Inférieure, etc., on a remarqué avec une certaine surprise que les vieilles vignes françaises avaient repris une vigueur surprenante. La vigueur était remarquable pour les vignes qui avaient reçu des soins et des fumures. Mais les vignes même abandonnées ont aussi repris vigueur. C'est bien là un indice d'un ralentissement dans la vitalité de l'insecte. Ce ralentissement sera-t-il momentané ou définitif? Le phylloxéra se conduit-il comme tous les parasites qui passent, dans leur évolution, par un maximum pour revenir sensiblement au point de départ? Ce sont là des questions que le temps seul pouvait résoudre, que l'on eût dû envisager dès le début, mais qu'il faut poser aujourd'hui à cause de leur importance fondamentale.

Il vient de suite à l'esprit de quiconque est sans parti pris qu'il serait plus logique de seconder la réaction de la vigne française contre son hôte que de venir en aide à ce dernier pour atténuer la crise qu'il subit. Or, c'est pourtant cette dernière méthode que l'on applique en beaucoup de points quand on multiplie le mal par la culture des vignes américaines ou par celle de quelques hybrides producteurs directs qui se couvrent de galles comme les plants américains; quand on fournit ainsi à l'insecte les éléments d'une régénération qui lui redonne une vitalité nouvelle et le fait durer au delà des limites ordinaires que la nature lui aurait assignées dans la lutte pour l'existence.

Ne semble-t-il pas utile de faire des études nouvelles sous ce rapport? Poser la question, c'est la résoudre. L'intérêt général l'exige, car, personne ne l'ignore et les faits que j'exposerai dans ce mémoire le démontreront surabondamment, le greffage, tel du moins qu'on l'a compris jusqu'ici dans trop de régions, a engagé la viticulture dans une voie pleine de périls.

En demandant de nouvelles études sur le phylloxéra et sa vitalité, en demandant que ces études soient confiées à des entomologistes, à des spécialistes, seuls capables de résoudre la question, serai-je entendu?

J'espère l'être, au moins de tous ceux qui songent à l'avenir, et sont capables de sacrifier leurs intérêts particuliers à l'intérêt général de la viticulture.

C. Action de la culture sur les rapports réciproques du parasite et de son hôte.

L'on sait que l'homme, par divers procédés de culture, a su domestiquer les animaux et les plantes sauvages et les a rendus pour lui plus savoureux ou plus riches en principes nutritifs.

Mais ce changement ne s'est pas produit sans inconvénients pour l'animal ou pour la plante. L'oie, qui, sous le prétexte de fournir des pâtés de foie gras chers au gourmet, se voit infliger une maladie de foie, pourrait se plaindre au même titre que nos plantes alimentaires, devenues la proie plus facile de leurs ennemis. « Une plante soumise à la culture, dit Stahl (¹), perd progressivement ses moyens de défense; elle semble s'en remettre à l'homme du soin de la protéger. L'exemple classique est celui de la Laitue, mets favori des mollusques de nos jardins. Elle descend du *Lactuca Scariola*, qui pousse dans les haies et qui n'est jamais attaqué par les mollusques même affamés, à cause des principes chimiques qu'il contient. » Il faut retenir de ce fait (et l'on pourrait en citer beaucoup d'autres analogues) que, par la culture, l'homme abaisse souvent la résistance naturelle R de la plante, en la rendant plus agréable pour lui (²). Mais il peut aussi la rendre plus agréable aux ennemis naturels de cette plante, qui s'en remet à son bourreau du soin de la protéger.

Nombre de vignes choisies pour la reconstitution sont précisément des vignes sauvages, adaptées à un climat et à un sol déterminés, dans lesquels elles ont une résistance R au phylloxéra. Transportées en France, elles ont été soumises à un changement de sol et de climat, à l'action d'engrais variés, aux divers déséquilibres de nutrition produits par la greffe et autres opérations d'horticulture. Sous l'influence de ces moyens classiques d'amélioration et de détérioration, un changement fatal devait se produire dans la quantité de la sève, dans la nature des produits cellulaires et par suite dans le degré de préférence relatif du phylloxéra pour les diverses vignes américaines introduites dans notre pays, autrement dit dans la résistance R de ces vignes. Les exemples ne sont pas rares. Parmi eux, on peut citer les variations des échelles de résistance, et le cas aujourd'hui classique de l'York-Madeira, qui, classé au sommet de l'échelle au début, est rejeté aujourd'hui comme insuffisamment résistant : pour les plantes comme pour l'homme, *la Roche Tarpéienne est parfois voisine du Capitole*.

Ce serait aussi le cas de la collection de vignes américaines de l'École de Montpellier, si ce que m'ont affirmé diverses personnes bien placées pour être renseignées est exact. Cette collection, dont je regrettais la disparition dans mon rapport, l'an dernier, aurait été supprimée, après le Congrès de Lyon, parce que le phylloxéra était en train de la détruire et que certaines vignes dites à haute résistance y faisaient si triste figure qu'on avait dû les greffer pour les conserver. L'arrachage, en supprimant le document, autorise toutes les suppositions. Ce n'est d'ailleurs pas le premier exemple de vignes américaines dites résistantes que l'on ne peut maintenir dans certains points (la Gironde en particulier) qu'à l'aide de sulfurages, comme s'il s'agissait de véritables *Vinifera*.

Inversement, l'inculture peut amener une augmentation de résistance. Le cas s'est produit dans l'Anjou. Des vignes françaises soumises à la culture ont péri sous l'action du phylloxéra, quand des ceps de la même variété, abandonnés à eux-mêmes dans les haies ont parfaitement résisté jusqu'ici. Les divers procédés de taille ont eux-mêmes de l'influence à cet égard.

Mais le procédé qui a peut-être le plus d'action sur les résistances de la plante aux divers parasites est le greffage. Pour comprendre son action, il faut connaître les rôles du bourrelet et des différences de capacités fonctionnelles qui commandent l'état biologique de la symbiose. C'est ce qui sera étudié plus loin.

(¹) Stahl.— *Pflanzen und Schnecken*. Iéna, 1888. — Pour l'influence du greffage sur les résistances, voir les passages relatifs à cette action, dans ce mémoire, et ma note *Parasites et Plantes greffées*. Paris, 1894.
(²) « La greffe, disait M. P. de Laffitte en 1881, pourrait améliorer la racine pour la trompe de l'insecte comme elle améliore le fruit pour notre palais. »

§ IV. Lutte directe contre le phylloxera.

La lutte contre le phylloxéra suscita, au début du moins, de très louables efforts ; elle préoccupa à la fois la Commission supérieure et les particuliers. L'État proposa même un prix de 300,000 francs destiné à récompenser l'inventeur d'un moyen efficace de destruction.

Pareil appât devait tout naturellement faire éclore des recettes plus ou moins bizarres. Plus de 5,000 procédés ont, paraît-il, été proposés. Parmi les plus sérieux, 300 environ ont été officiellement essayés dans l'Hérault. Ces essais, et l'expérience ultérieure faite pour les plus pratiques, ont montré que le procédé radical, pratique partout, de destruction du phylloxéra n'est pas encore trouvé (¹), mais que certains procédés, particulièrement le sulfure de carbone qu'on connaissait déjà, donnent, dans des conditions particulières, des résultats suffisants. *La lutte directe contre le phylloxéra n'est donc pas impossible avec les moyens actuels comme aujourd'hui quelques personnes voudraient le faire croire :* c'est un fait bien acquis ainsi qu'on va le voir.

Les insecticides peuvent se classer en deux groupes :

1° Ceux qui servent dans la lutte contre le radicicole, forme dévastatrice ;

2° Ceux qui permettent de détruire l'agent régénérateur de l'espèce, l'œuf d'hiver.

A. Lutte contre le radicicole.

Parmi les procédés employés dans la lutte contre le radicicole, il faut citer le sulfure de carbone, les sulfo-carbonates, les résidus de la fabrication du carbure de calcium, l'eau (submersion) et la culture dans les sables.

1. *Sulfure de carbone.*

Le sulfure de carbone est un insecticide puissant, ayant la précieuse propriété d'émettre des vapeurs plus lourdes que l'air. Il a donc tendance à s'enfoncer dans le sol et non à en sortir. Il fut proposé dès 1869 par le baron Thénard, membre de l'Académie des sciences et de la Commission supérieure du phylloxéra. Ce produit a été appliqué depuis de deux façons, comme *traitement palliatif* et comme *traitement extinctif.*

Les premiers essais de traitement palliatif furent faits à Bordeaux ; ils ne furent pas heureux. L'on constata que le remède guérissait bien la maladie, mais qu'il tuait le malade.

Cet insuccès provenait de l'emploi de doses trop élevées. A doses faibles, le sulfure de carbone donna des résultats remarquables, à tel point que l'on crut tenir l'insecticide rêvé. Des essais multipliés, en divers points du vignoble, firent voir qu'il ne donnait pas d'aussi bons résultats dans tous les terrains. Pour qu'il agisse efficacement, il faut que les sols soient meubles, profonds et à peine frais. Si l'on a affaire à un terrain argileux, compact, celui-ci se fendille et le sulfure de carbone diffuse mal. La diffusion est de même entravée dans les terres humides. Enfin, dans les sols peu profonds, le sulfure de carbone s'échauffe et ne reste pas assez longtemps dans la terre pour agir efficacement sur l'insecte.

Mais, en étudiant les moments de l'année qui sont les meilleurs pour l'application de l'insecticide, on obtient aujourd'hui de très bons résultats dans les

---

(¹) Cette affirmation est faite sous réserves, en ce qui concerne divers insecticides actuellement à l'essai.

terres meubles et profondes. Ces moments sont l'époque de la première évolution de l'insecte, au printemps, et l'époque où les gallicoles, qui se transforment en radicicoles, sont tous descendus sur les racines, à l'automne au moment de la chute des feuilles.

On l'emploie à l'état de nature ou dissous dans l'eau. C'est à ce produit que le Médoc a dû de conserver ses grands crus, et, si l'on avait voulu ou su s'en servir ailleurs, il en eût sauvé d'autres. Mais on lui a reproché son prix de revient élevé qui va jusqu'à 150 francs par hectare, prix hors de rapport évidemment avec les revenus de beaucoup de vignobles. Il n'en reste pas moins acquis qu'avec le sulfure de carbone, la conservation d'un grand nombre de vignes est possible et c'est là un fait qui a son importance pour les grands crus.

D'autre part, l'action radicale du sulfure de carbone à hautes doses sur le phylloxéra a fait employer cette substance comme traitement extinctif. C'est jusqu'à un certain point l'application tardive des méthodes classiques de prophylaxie que réclamait M. Bouley au début de l'invasion phylloxérique en France. Mais il faut remarquer que, au début de cette invasion, les barrières étaient incomparablement plus faciles à élever qu'aujourd'hui, surtout pour certains pays comme la Suisse où ce traitement est appliqué, car la frontière est exposée constamment à être contaminée à nouveau par les phylloxéras français.

A Genève et à Neufchâtel, dit M. Valéry-Mayet [1], on applique à chaque souche, en deux traitements égaux, une quantité totale de sulfure de carbone égale à 300 grammes; 99 o/o des souches sont tuées, sauf quelques-unes sur la lisière de la partie traitée. L'insecticide fait mourir tous les êtres vivants contenus dans le sol.

Pendant cinq ans, il y a défense de replanter la vigne, qui est mise sous séquestre, dans certaines conditions, et devient pour cette période propriété de l'État. Les traitements d'extinction ont lieu à douze jours d'intervalle, en juillet. Ils font, comme on dit vulgairement, d'une pierre deux coups, c'est-à-dire qu'ils tuent les aptères tout en empêchant le départ des ailés. Ils empêchent donc à la fois la multiplication sur place et la colonisation.

Sans avoir arrêté absolument la marche du phylloxéra en Suisse, ce traitement, qui coûte annuellement 50 à 60,000 francs, a permis, au dire de M. Valéry-Mayet, de défendre suffisamment un capital dépassant un milliard.

Sur les bords du Rhin, le même traitement a également donné des résultats suffisants. En Algérie, il a donné de bons résultats à Tlemcen et à Arzen. Mais à Bône, l'on n'a pas réussi. Il a été établi, d'ailleurs, en ce point de vastes pépinières de vignes américaines en vue de la reconstitution.

2. *Sulfo-carbonates.*

Le chimiste Dumas, membre de l'Académie des sciences et de la Commission supérieure, considérant que les sulfo-carbonates de potassium et de sodium, exposés à l'air et à l'humidité, se décomposaient lentement en carbonates fertilisants et en sulfure de carbone insecticide, eut l'idée d'employer ces sels contre le phylloxéra. A la fois engrais et insecticides, leur décomposition lente paraissait en outre un élément de succès puisque les vapeurs de sulfure de carbone agissaient lentement et par suite plus longtemps.

Les espérances qu'avait fait naître ce procédé ne se sont pas réalisées pratiquement. Aujourd'hui, les viticulteurs semblent avoir renoncé à ces produits, car ils sont moins énergiques que le sulfure de carbone et coûtent plus cher.

[1] VALÉRY-MAYET. — *Les insectes de la vigne.* Paris, 1890.

3. *Résidus de la fabrication du carbure de calcium.*

Ce produit, assez mal défini au point de vue chimique, a été préconisé dans ces dernières années par M. Vassillière, professeur départemental d'agriculture de la Gironde. Les premiers résultats semblent encourageants. C'est ainsi qu'une vigne de Folle-blanche traitée par ces résidus se porte à merveille et que, dans la Champagne, le procédé a donné des résultats satisfaisants chez M. de Lapparent.

Des essais, subventionnés par l'État, vont être faits plus en grand cette année et nous fixeront définitivement sur la valeur pratique de ce produit, qui paraît agir surtout par l'hydrogène phosphoré. Il est à souhaiter que ce soit enfin l'insecticide rêvé, efficace et peu coûteux, permettant en tout terrain la culture directe des anciennes vignes.

4. *Submersion.*

L'eau est un insecticide parfait, quand on l'applique sous forme de submersion complète. La submersion fut employée pour la première fois par le docteur Seigle, de Nîmes, en 1868 : il fit submerger son vignoble de Forbarot (Vaucluse) par les eaux de la Durance.

Chez M. Faucon, à Tarascon, le procédé fut appliqué en 1870 et prit ensuite une certaine extension. C'est le seul procédé qui ait été considéré comme absolument infaillible pour la destruction du phylloxéra. Mais il a le grave défaut de n'être pas applicable partout et de devenir très coûteux dans les vignobles qui ne se prêtent pas naturellement à ce mode de traitement.

Il faut en outre remarquer, et j'insiste sur ce point capital, qu'il a le désavantage de nuire à la fois à la *santé* de la vigne et à la *qualité de ses produits.*

L'on a reconnu que si le phylloxéra est détruit par submersion, celle-ci *double la production du raisin,* mais en *diminuant d'autant la qualité du vin.* Les gelées sont plus dangereuses sur la plante gorgée d'eau, et les vignes submergées accusent *une sensibilité plus grande aux maladies cryptogamiques,* à tel point que certains cépages n'ont pu impunément subir la submersion, de sorte que l'on a dû cesser de les cultiver dans les régions où ils formaient une part de l'encépagement normal.

Cela n'a rien de surprenant en soi : ce sont là, en effet, les conséquences obligées de la vie en milieu humide. L'on verra qu'elles se retrouvent dans les vignes greffées quand celles-ci, à un moment donné de leur existence, sont placées dans un milieu plus humide par un sujet de capacité fonctionnelle plus grande.

5. *Culture dans les sables.*

Dès le début de l'invasion phylloxérique, l'on remarqua que les vignes cultivées dans les sables résistaient d'autant mieux au phylloxéra que le sable était plus siliceux.

L'on ignore encore quelle est la véritable cause de ce résultat. Les uns y voient une action mécanique du sol s'opposant à la marche de l'insecte ; d'autres croient à une action chimique insecticide, difficile à définir ; enfin, pour le plus grand nombre des auteurs, il s'agirait d'une action physique, d'une sorte de submersion capillaire qui empêcherait, lors des pluies, la respiration de l'insecte, l'eau prenant la place de l'air.

De même que la submersion, la culture dans les sables est fatalement limitée aux terrains propices. Encore faut-il ajouter que les sables salés se prêtent mal à la culture de la vigne.

Une exception bien curieuse a été observée à Monbouchet, dans la palud d'Arveyres, près Libourne (¹). Des vignes âgées se trouvaient, dans la même propriété, les unes dans des argiles que l'on a cessé de submerger depuis quinze ans, les autres dans des sables. Or, celles-ci ont succombé, quoique dans les sables, aux atteintes du phylloxéra, quand les vignes des argiles continuent à se bien porter, malgré le phylloxéra et malgré les broussins qui donnent à leurs troncs noueux un aspect caractéristique.

B. Badigeonnages.

Au lieu de s'attaquer au radicicole comme les agents précédents, les badigeonnages ont pour but de détruire l'œuf d'hiver.

C'est sur les expériences de M. Balbiani que sont basés ces procédés. Ce savant a prétendu qu'en empêchant la reproduction de l'espèce, autrement dit la régénération de l'œuf d'hiver, la vigne soutenue par de bonnes fumures reprendrait au bout de quelque temps sa vigueur première. Le phylloxéra finirait par disparaître avec la faculté reproductrice parthénogénétique, puisque les générations successives des aptères asexués allaient en diminuant progressivement de fécondité.

Les badigeonnages ont été essayés pour la première fois en 1882-1883 à Montpellier, sous la direction de MM. Balbiani et Henneguy.

L'œuf d'hiver produisant des aptères gallicoles, on choisissait les vignes susceptibles de donner des galles, c'est-à-dire une vigne américaine comme le *Riparia* par exemple. Cette vigne était divisée en deux parties égales. La première fut traitée avec un badigeonnage formé de coaltar et d'huile lourde; l'autre fut laissée sans traitement. Le lot traité resta indemne quand le lot non badigeonné était couvert de galles : c'était absolument frappant.

L'effet du traitement se maintint pendant deux ans. Mais on s'aperçut, à la suite d'autres expériences, que les badigeonnages seuls pouvaient être insuffisants et qu'il était bon de les combiner avec des sulfurages pour obtenir le maximum d'effets.

La théorie de M. Balbiani a été contestée. M. Boiteau a pris un radicicole, l'a élevé sur des racines et a suivi l'évolution des générations successives de ce puceron : il prétend qu'au bout de vingt-cinq ans, il n'y avait pas eu de diminution dans la fécondité à la suite de la parthénogénèse. Dans le Nord, dit-on, le phylloxéra pourrait se maintenir sous la forme radicicole sans avoir besoin de la dissémination par les ailés. Ces contradictions montrent que de nouvelles études seraient nécessaires pour fixer définitivement ce point de la biologie du phylloxéra.

Quoi qu'il en soit, on peut dire que les badigeonnages auraient rendu des services précieux si l'on avait pu les connaître à temps. Ils eurent le grave tort, pratiquement, d'arriver au moment où l'engouement pour la greffe sur plants américains était devenu presque général, où le phylloxéra, cause de misère profonde pour les uns, devenait une source précieuse de richesse pour d'autres. En cultivant les vignes américaines sans les soumettre aux badigeonnages, c'était propager le phylloxéra d'une part, quand de l'autre on essayait de le détruire. C'était lutter un peu contre le fait accompli : aussi les badigeonnages furent-ils abandonnés, vu que l'on ne prévoyait pas alors la crise viticole et les principaux inconvénients du greffage.

Dans ces derniers temps, où l'on semble dans divers milieux viticoles revenir

---

(¹) J'ai pu voir cette anomalie, grâce à l'amabilité de M. Dubourg, de Pomerol, et de M. Vitrac, propriétaire de ce vignoble.

à des appréciations plus exactes sous la pression des faits et la menace de leurs conséquences, on s'est remis à l'étude des insecticides en divers points. M. Cantin a appliqué le lysol à la destruction de l'œuf d'hiver, en se fondant sur la théorie de Balbiani. Cette substance est appliquée, à la dose de 5 o/o, au pinceau ou en pulvérisations, à deux reprises et à huit jours de distance, vers la fin de février. D'après M. Cantin, le traitement au lysol donne des résultats excellents et *le problème du retour à la culture directe de la vigne française serait résolu.* Je souhaite vivement que ces espérances deviennent une réalité dans un avenir prochain. L'on sera d'ailleurs assez rapidement fixé à cet égard, puisque les expériences de M. Cantin sont suivies et contrôlées par une Commission composée d'un inspecteur général de la viticulture et de viticulteurs compétents, qui feront connaître aux intéressés ce que seules peuvent élucider les expériences multipliées dans les diverses régions du vignoble.

DEUXIÈME PARTIE

LES VIGNES AMÉRICAINES ET LA RECONSTITUTION

L'importance du rôle joué par les vignes américaines depuis le début de la crise phylloxérique expliquera la longueur de cette deuxième partie qui sera consacrée surtout au greffage, à ses avantages et à ses inconvénients.

CHAPITRE PREMIER

Comment l'on fut amené à greffer la vigne française.

L'insuffisance des traitements proposés au début pour la défense du *Vitis vinifera* contre le phylloxéra fut vite reconnue par les viticulteurs qui ne fermaient pas alors les yeux à l'évidence. Si, comme je l'ai montré dans le chapitre précédent, quelques procédés (submersion, culture dans les sables, sulfure de carbone) donnèrent de bons résultats, il n'en est pas moins vrai qu'ils ne pouvaient convenir qu'à un certain nombre de privilégiés par la situation et la nature de leurs vignobles. La dépense était souvent hors de proportion avec le revenu ; ainsi seuls les possesseurs de grands crus pouvaient alors raisonnablement se servir du sulfure de carbone, par exemple.

A ce moment, beaucoup de viticulteurs se sentirent désarmés. Le découragement saisit les vignerons des régions à vins communs et même ceux des vins de crus, dans les sols insuffisamment perméables. Croyant la lutte impossible, pensant que les vignes indigènes étaient fatalement vouées à la disparition complète, prévoyant en outre la *disette obligatoire* des vins, ils en arrivèrent vite à demander leur salut à la cause du mal, c'est-à-dire à la vigne américaine elle-même.

Deux procédés furent employés :

1° La culture de la vigne américaine comme producteur direct ;
2° La culture de la vigne américaine comme porte-greffe.

§ I. La vigne américaine comme producteur direct.

Dès 1869, on avait remarqué que les vignes américaines restaient en bonne santé au milieu des vignes françaises qui succombaient au phylloxéra. Le fait fut signalé pour la première fois par M. Laliman, au Congrès de Beaune.

De cette sorte d'immunité naquit l'idée d'employer ces vignes résistantes au lieu et place des cépages détruits. Mais ce pis-aller était loin d'être du goût de tout le monde.

« Les cépages américains, » disait alors M. Maurice Girard, « nous ont amené le mal. Ils nous rapporteront continuellement le phylloxéra et il faudra les soumettre aux procédés de destruction si l'on ne veut pas infester de nouveau et continuellement la vigne ordinaire. La culture de ces vignes changera complètement notre méthode agricole...

» En attendant, essayons de guérir nos vignes. Le mieux est de chercher à se passer des vignes américaines, sauf à y recourir comme dernière ressource. »

Ce fut surtout dans certaines régions à vins communs et très atteints que l'on eut recours à cette *ultima ratio* et que l'on se mit à planter des vignes américaines.

L'on sait que ces espèces ont toutes un grave défaut : elles produisent un raisin à goût spécial, dit *goût de fox* ou *de renard* Ce goût est dû à une essence particulière qui se développe à côté de la matière colorante, dans les premières cellules du mésocarpe, au voisinage de l'épicarpe et à des produits résineux localisés à la surface du raisin. Lavées par l'eau, ces substances sont entraînées en partie, ce qui explique l'atténuation du goût de fox par les pluies. Il est impossible de définir le goût de fox, comme tout ce qui a trait aux sensations organoleptiques ; il faut l'avoir senti soi-même pour s'en faire une idée. Il est d'ailleurs fort variable suivant les vignes considérées.

Il paraît que cette saveur, désagréable à un palais européen, ne déplaît pas trop aux Américains, qui auraient fini par s'y habituer. Cependant, avant de s'y résigner, ils ont essayé d'avoir mieux.

En 1564, des colons européens ayant fait du vin avec les raisins des vignes sauvages de l'Amérique du Nord, constatèrent que ce vin était foxé. Ils furent unanimes à déclarer que seule la vigne européenne, le *Vitis vinifera*, était susceptible de donner de *vrai vin*. De là à essayer d'acclimater celle-ci en Amérique, il n'y avait qu'un pas, et il fut franchi au siècle suivant. En 1630, on fit venir des vignerons français pour cultiver la vigne européenne en Virginie. Après avoir donné de belles espérances, les cultures moururent la troisième année de plantation. Des tentatives infructueuses eurent lieu de nouveau en 1633, 1690, puis au XVIIIe et au XIXe siècle. Aussi conclut-on que la vigne européenne ne pouvait se cultiver dans l'Amérique du Nord (États-Unis). Cet échec était évidemment dû au phylloxera, comme on l'a vu depuis.

Les Américains, pratiques avant tout, se dirent que lorsqu'on n'a pas ce que l'on aime, il faut aimer ce qu'on a. Et désespérant d'acclimater chez eux, dit-on, le *Vitis vinifera*, ils songèrent à perfectionner leurs vignes indigènes par le procédé classique du semis, le seul que l'on pratiquait alors dans ce but. C'est ainsi que prirent naissance, à la suite de croisements naturels entre parents pour la plupart inconnus, des hybrides américo-américains, dont les raisins plus abondants ou plus volumineux que ceux des types sauvages les firent préférer par les vignerons d'outre-mer. Parmi les plus connus en France de ces cépages, il faut citer le Jacquez, le Clinton, l'York-Madeira, l'Isabelle et le Noah.

Ce sont ces vignes qui furent plantées comme producteurs directs en certains points du vignoble français, et c'est à elles que les vignerons de diverses contrées à vins communs durent d'avoir leur boisson courante, dans les premiers temps de l'invasion phylloxérique, lorsque leurs voisins souffraient cruellement de *la disette* avec leurs vignes malades ou disparues. Les vins de ces vignes américaines, malgré leur goût de fox très prononcé, se vendirent d'ailleurs très facilement à des prix rémunérateurs, vu la disette, et en vertu du proverbe : Faute de grives, on mange des merles.

Chose curieuse, dans ces régions, l'on s'est, dit-on, habitué à la longue au goût de fox comme en Amérique. Un de nos concitoyens de Rennes, M. Teulié, originaire de ces pays, m'ayant fait goûter un vin de 1903 provenant d'un mélange de Clinton et de Noah qu'il trouvait à peine foxé, je trouvai à ce vin un goût de fox très prononcé, et ce fut aussi l'avis d'autres personnes qui n'étaient pas habituées à cette boisson. Je crus simplement à une atténuation du goût par l'usage et non, comme le prétendait mon ami Teulié, à une atténuation du fox consécutive à l'âge de la vigne, au sol ou au climat.

Je dois à la vérité de dire que j'ai goûté le vin de 1904, plus riche en Noah que le précédent et qui eût par conséquent dû être plus foxé encore. J'ai constaté un goût de fox à peine sensible. C'est donc bien un changement dans la nature du raisin qui s'était produit en 1904 et il ne s'agissait pas seulement en l'espèce d'une modification plus ou moins profonde du palais du consommateur. L'on sait d'ailleurs que des vignes à raisins foxés peuvent, en des contrées plus chaudes, par exemple, donner des raisins francs de goût. C'est là un fait intéressant qui peut se produire aussi à la suite du greffage, ainsi qu'on le verra plus loin.

§ II. Union de la qualité du vin et de la résistance des racines.

La grande majorité des viticulteurs ne purent se résigner à remplacer leurs vignes par les vignes américaines. Ils cherchèrent à conserver leurs vieux cépages, ceux qui faisaient des vins véritables, sans goût de fox.

Quelques-uns se dirent que la crise phylloxérique serait conjurée si l'on parvenait, par un moyen quelconque, à réunir sur le même cep la *qualité du raisin* et la *résistance de la racine*. C'est ce problème qui fut alors posé sous cette forme humoristique : *Créer une vigne à tête française et à pied américain.*

On a essayé de le résoudre par deux méthodes différentes, ayant chacune ses avantages et ses inconvénients; on a, à peu près simultanément, employé à cet effet :

1° Le greffage de la vigne française sur vignes américaines résistantes;

2° Les hybrides producteurs directs franco-américains.

1. *Greffage de la vigne.*

Le greffage de la vigne est le procédé qui réalise le mieux, au sens propre, une vigne à tête française (greffon) et à pied américain (sujet), ces deux parties se trouvant réunies entre elles par le bourrelet cicatriciel. C'est à la transformation du vignoble français par cette méthode qu'on a donné plus spécialement le nom de *reconstitution.*

On peut dire que l'idée de la greffe fut en l'air dès les débuts de la crise phylloxérique sans qu'elle ait été alors formulée d'une façon précise. Les viticulteurs
eurent souvent recours aux écrits des agronomes grecs et latins ; ils y puisèrent
largement (1). Ils virent que les Anciens avaient autrefois greffé la vigne. De là à
les imiter, il n'y avait qu'un pas. Il y eut donc simplement, dans cette question,
un simple retour — comme la viticulture dans la fin du siècle dernier en offre
tant d'exemples — aux procédés de l'antiquité.

Cependant le fait de l'abandon par les Anciens du greffage de la vigne
dans la généralité des cas, quand ils conservaient le greffage des arbres fruitiers de leurs jardins, aurait dû faire réfléchir nos viticulteurs. Un tel abandon
prouvait que, pour la vigne, le greffage offrait plus d'inconvénients que
d'avantages, dans les conditions où il avait été pratiqué. Mais on n'y regarda pas
de si près.

Les premiers essais de greffage sont dus, dit-on, à M. Gaston Bazille, sénateur
de l'Hérault. Il faut lui rendre cette justice qu'il essaya d'abord de greffer la vigne
française sur la Vigne vierge, les espèces du genre *Ampelopsis* n'étant jamais attaquées par le phylloxéra. Si cette opération avait réussi, on n'aurait pas commis la
faute de propager partout l'ennemi ; on l'aurait au contraire supprimé en lui
coupant les vivres.

« Une plante qui ne serait pas attaquée par le phylloxéra, » écrivait en 1881
M. P. de Laffitte (2), « serait un commencement de solution. On ne connaît pas
encore une telle plante ; mais peut-être pourra-t-on en rencontrer une si l'on
persévère dans ces essais, en marchant avec prudence et réflexion, *mais sans un
assujettissement aveugle à des règles prématurées.* L'importance du but à atteindre
vaut bien d'ailleurs qu'on ne se laisse point troubler par des railleries peu chari-
tables ou des critiques peu éclairées. »

Or la greffe de la vigne française ne réussit pas sur la Vigne vierge ;
il fallut donc se rabattre sur les espèces les plus voisines, et l'on en vint
à essayer les espèces du genre *Vitis*. Malheureusement aucune des espèces
de ce genre n'est, d'une façon absolue, résistante au phylloxéra. Le Scuper-
nong, variété du *Vitis rotundifolia*, qui est considéré comme tenant le record de
la résistance, est parfois attaqué par l'insecte au point de voir son existence
compromise : il est mort du phylloxéra chez M. Couderc, à Aubenas, dans
l'Ardèche.

D'ailleurs cette variété fût-elle complètement résistante qu'elle ne pourrait
servir, puisqu'elle ne peut être greffée avec le *Vitis vinifera*. L'on fut donc obligé
de se rabattre sur les espèces non résistantes du genre *Vitis*, c'est-à-dire sur les
autres vignes américaines. Or en greffant sur celles-ci, c'était se résigner à laisser
le vignoble français se contaminer indéfiniment comme en Amérique : c'était,
comme je l'ai fait remarquer déjà, donner au phylloxéra ses lettres de grande
naturalisation. C'est ainsi cependant que l'on a fait la reconstitution.

Un des grands arguments des partisans du greffage consiste à dire que l'on a
épuisé tout l'arsenal des insecticides et que par conséquent il n'y a plus rien
à faire dans cette voie. Ce cri de découragement me remet en mémoire le passage
suivant de Pline, précisément relatif à la greffe : « Les hommes, » dit-il, « ont
tout essayé. Depuis longtemps on ne trouve plus rien de nouveau.» Si Pline
revenait aujourd'hui, il serait obligé pourtant de convenir que l'on a trouvé du

---

(1) Voir l'intéressant ouvrage du Dr Sernagiotto : *La viticoltura dei tempi di Cristo secondo Columella compa-
rata alla viticoltura razionale moderna*, Milano, 1897. Certains viticulteurs ont plagié outrageusement les Anciens,
sans le dire, bien entendu.
(2) P. de Laffitte. — *Quatre ans de lutte pour nos vignes et nos vins de France*. Paris, 1888.

nouveau dans la greffe, même dans le greffage de la vigne, où tout n'est pas du *vieux neuf,* malgré qu'il y en ait encore parfois beaucoup (¹).

Les études nouvelles sur l'action de certains produits dont il a été question au chapitre précédent montrent bien le peu de fondement de l'argument ci-dessus. Si l'on ne possède pas l'insecticide idéal, qui prouve, dit M. P. de Laffitte (²), « qu'il n'en surgisse pas un tout à coup ; et est-il permis d'affirmer que le fléau ne s'atténuera pas suffisamment de lui-même par le simple jeu des causes naturelles pour que tous les traitements deviennent inutiles? »

C'était donc aller trop loin en invoquant l'*ultima ratio* (³). L'expérience a d'ailleurs démontré que l'on pouvait, par des sacrifices d'argent, conserver les vieilles vignes. Les vignes anciennes, aujourd'hui resplendissantes de santé, de M. Bellot des Minières, dans les graves de Léognan, les vieilles vignes du Médoc, si nombreuses dans cette région, etc., forment la meilleure des leçons de choses, à cet égard comme à beaucoup d'autres, ainsi qu'on le verra par la suite de ce travail.

2. *Les hybrides producteurs directs franco-américains.*

L'idée première de la création d'hybrides producteurs directs est due à M. Millardet, professeur de botanique à la Faculté des sciences de Bordeaux. Frappé des inconvénients du greffage, il avait de bonne heure cherché dans une autre voie une solution meilleure du problème.

Cette solution reposait exclusivement, pour M. Millardet et les chercheurs de son école qui, à sa suite, se sont occupés de la création d'hybrides, sur la *loi de disjonction des caractères* dans les *hybrides directs,* telle qu'elle a été formulée par le botaniste français Naudin. L'on sait en effet que certains hybrides présentent, assemblés en mosaïque plus ou moins large, les caractères de leurs parents. Parfois ces mosaïques ont des éléments assez larges pour qu'un organe tout entier appartienne à l'un des parents et que les caractères parentaux paraissent ainsi disjoints. Le problème consistait donc à produire, à la suite de nombreuses fécondations artificielles et de nombreux semis, un hybride mosaïque à très larges éléments, dans lequel la résistance du parent américain serait localisée dans les parties souterraines, quand l'appareil reproducteur appartiendrait au parent français.

On conçoit qu'un tel résultat (s'il est vraiment réalisable pratiquement entre des plantes présentant de si grandes différences de capacités fonctionnelles) ne pouvait être obtenu qu'à la suite d'un hasard heureux. Et il ne faut donc pas être surpris s'il n'est pas encore réalisé aujourd'hui, malgré les efforts patients des hybrideurs français et étrangers qui n'ont pas d'ailleurs dit leur dernier mot.

Cette réserve faite, on peut conclure que les deux méthodes qui viennent d'être indiquées et qui aboutissent toutes les deux à la naturalisation du phylloxera, n'ont pas à l'heure actuelle résolu le problème. *C'est là, pour toute personne de bonne foi, un fait indiscutable.*

(¹) J'ai pu en voir un nouvel exemple cette année à l'exposition d'horticulture annexée au Concours national agricole de Lyon. Un exposant présentait, breveté S. G. D. G., un procédé de greffage mixte appliqué à la vigne et aux arbres fruitiers, qui avait été décrit et figuré par Duhamel du Monceau dans sa *Physique des arbres* (pl. XIII, fig. 113), sous le nom de *greffe par approche en forme de coin* et qui n'est autre chose qu'une variante de la greffe en approche en tête.

(²) P. de Laffitte. — *Loc. cit.*

(³) Plus loin, je montrerai que les viticulteurs, séduits par l'appât de l'*abondance* causée par le greffage n'hésitèrent pas, dans certains cas, à remplacer des vignes saines par des vignes greffées. Ceux-là du moins ne pouvaient guère invoquer l'*ultima ratio.*

Mais toutes les deux ont fourni des indications précieuses, des résultats tout aussi importants à connaître pour la science que pour la pratique. C'est pour cela que je vais les étudier successivement en détail.

§ III. Opinions sur les effets du greffage au début de la reconstitution.

Avant de faire une étude détaillée du greffage basée sur nos connaissances scientifiques actuelles, il est indispensable de jeter un rapide coup d'œil sur les idées scientifiques qui avaient cours aux débuts de la reconstitution.

Ces opinions, il ne faut pas se le dissimuler, ont eu une grande responsabilité dans ce qui se passa à ce moment. Mais ce qui était excusable pour les praticiens d'alors ne le serait plus aujourd'hui, s'ils continuaient à baser leur conduite sur des principes dont on a reconnu le manque de fondement.

Trois conceptions se partagèrent inégalement le monde des viticulteurs quand il s'agit de la reconstitution. Ce sont :

1º L'hypothèse de la *variation par la greffe;*

2º L'hypothèse de la *conservation intégrale des caractères* du sujet et du greffon ;

3º L'hypothèse de l'*amélioration constante* des plantes greffées.

Nombre de possesseurs de vignobles à grands crus et de viticulteurs de marque admettaient la première et *craignaient* à ce moment de voir amoindrir les qualités de leurs vins par le greffage sur une plante à raisins foxés. Sans répudier absolument la greffe, ils désiraient savoir à quoi s'en tenir avant de reconstituer, et se disaient qu'on ne saurait prendre trop de précautions avant de se lancer dans l'inconnu. Parmi eux, on peut citer M. P. de Lafitte et M. Sahut qui, en 1881 et 1885, demandaient des essais avant d'opérer en grand.

D'autres, plus intransigeants, se refusèrent *systématiquement* à employer la greffe, considéraient comme *obligatoires* ces changements de qualité : ce furent les *Antiaméricanistes,* parmi lesquels on peut citer M. Bellot des Minières et beaucoup d'autres viticulteurs girondins, bourguignons, etc.

Enfin, un grand nombre de viticulteurs, au lieu de suivre les sages conseils de M. Prosper de Lafitte et autres, se lancèrent à corps perdu dans le greffage ; on les appela, par opposition avec les précédents, les *Américanistes.*

Ceux-ci invoquaient à la fois les deux dernières hypothèses, comme ils les invoquent encore aujourd'hui malgré les dures leçons de l'expérience.

L'hypothèse de la conservation intégrale des caractères du sujet et du greffon a été fort bien présentée par M. Van Tieghem dans son cours de botanique [1], où il résume simplement les idées ayant cours, sans toujours pour cela les faire siennes, puisqu'elles ne sont pas le résultat de ses études personnelles.

« Le greffon, » dit-il, « n'acquiert ni ne perd aucun caractère; il garde toutes les propriétés qu'il possédait quand il faisait partie de l'ensemble d'où on l'a séparé, c'est-à-dire tous les caractères de la plante que cet ensemble représente. En multipliant ainsi la plante, on la conserve donc simplement avec toutes ses propriétés même les plus délicates, telle en un mot qu'elle a été formée dans l'œuf. C'est un moyen précieux de fixer et de conserver toutes les variations introduites une fois dans l'œuf, précisément parce qu'il est hors d'état d'introduire la moindre variation nouvelle. »

Il faut dire que certains praticiens partageaient ces idées absolues. C'est ainsi

---

[1] Van Tieghem. — *Traité de botanique.* Paris, 1891, p. 970.

que le *Manuel du Jardinier*, de la collection Roret, renferme ces aphorismes catégoriques :

« Une greffe est un végétal qui croît sur un autre végétal à la façon des parasites, sans jamais participer à la nature du sujet, ni le faire participer à la sienne.

» La greffe ne change en aucune manière la nature de la variété greffée; cette opération ne la détériore ni ne l'améliore. La greffe n'est donc qu'un moyen de fixer et de multiplier les variétés. »

L'hypothèse de l'amélioration avait aussi des partisans et pour eux le greffage est un procédé améliorant tout ce qu'il touche. C'est ainsi que nos arbres fruitiers donnent des fruits meilleurs une fois greffés.

Les Américanistes ne sont pas conséquents avec eux-mêmes en se basant à la fois sur ces deux hypothèses.

Si la première est exacte, la seconde est fausse et réciproquement. En effet, si le greffon conserve intégralement ses caractères, il ne peut s'améliorer. S'il s'améliore, c'est qu'il a varié. L'on est surpris de trouver encore aujourd'hui de semblables contradictions sous la plume de gens sensés !

D'autre part, si l'on adopte l'hypothèse de l'*amélioration* par greffage, comme le font presque tous les américanistes dans leurs écrits, il faut accepter aussi la possibilité de la réciproque, c'est-à-dire la possibilité de la *détérioration*. Or, c'est là ce que l'on n'a voulu admettre à aucun prix, ce qu'on se refuse encore à accepter aujourd'hui, en invoquant, dit-on, l'expérience et les données de la pomologie !

Cependant les traités d'horticulture, tout en reconnaissant en général l'amélioration de beaucoup de fruits par greffage, citent parfois des exemples de fruits perdant leur qualité à la suite de cette opération. Il est bon de sortir de l'ombre certains de ces faits, volontairement oubliés sans doute par divers écrivains viticoles, américanistes par situation plus souvent que par conviction.

Le célèbre horticulteur anglais Knight, devant les expériences duquel chacun s'incline avec déférence (¹), possédait dans son jardin deux pêchers de la même variété Acton Scott : l'un végétait franc de pied, l'autre était greffé sur prunier. Ils étaient exactement dans les mêmes conditions de milieu. Or, le goût et l'arome des pêches greffées étaient si inférieurs au goût et à l'arome des fruits, moins gros et moins colorés il est vrai, du franc de pied que Knight eût douté d'être en présence de la même variété s'il n'avait fait la greffe lui-même.

Thouin (²), professeur de culture au Muséum et en même temps praticien fort distingué, rapporte que le prunier de Reine-Claude greffé sur diverses variétés de sauvageons de son espèce donne des fruits insipides sur les uns et délicieux sur les autres. Les cerisiers greffés sur mahaleb, laurier-cerise et merisier donnent des fruits dont les saveurs sont très différentes.

Chacun sait aussi qu'il est possible de reconnaître au goût la poire venue sur franc, sur aubépine et sur coignassier. Les pépiniéristes qui obtiennent une poire nouvelle ne la jugent qu'après l'avoir essayée par la greffe qui peut ou l'améliorer ou la détériorer plus ou moins.

M. Ferrouillat, de Lyon, qui possède en Algérie de belles cultures d'Aurantiacées, m'a fourni sur les effets du greffage des plantes de cette famille les renseignements suivants qui sont, m'a-t-il dit, de notoriété publique parmi les agriculteurs et qu'il a observés maintes fois lui-même. Toutes les Aurantiacées ont leur fruit plus ou moins modifié par le greffage : aussi, tout propriétaire qui veut obtenir la qualité des fruits tient à connaître le sujet sur lequel on a greffé la

(¹) Knigth. — *Hort. Trans.*, t. V, p. 289.
(²) Thouin. — *Monographie des greffes.* Paris, 1821, p. 9.

variété choisie. Pour les mandarines, quand on vise la grosseur, on prend le Cédrat comme sujet. Si l'on cherche la finesse de la peau, la qualité de la chair et le parfum, on greffe sur Oranger sauvage ou Bigarradier. En effet, la nature du fruit est changée par le Cédrat, la peau de la mandarine n'est presque plus adhérente au fruit qui est spongieux et sec ; au contraire, sur Bigarradier, la peau est très adhérente et diminue d'épaisseur.

Si l'on quitte le domaine de l'arboriculture pour passer dans celui de la culture maraîchère, on constate des faits analogues. Tschudy, par la greffe, obtenait des melons plus sucrés. J'ai obtenu tantôt des améliorations, tantôt des détériorations dans les plantes herbacées alimentaires que je greffe depuis plus de quinze ans (navets, choux, carottes, tomates, etc.), et j'ai, dès le début de mes études ([1]), fait ressortir nettement ces résultats opposés, d'une importance fondamentale en pratique, et qui sont aujourd'hui reconnus par tous ceux qui s'occupent de greffage.

On peut donc dire que, en horticulture générale, il y a des *greffages améliorants* et des *greffages détériorants*. Il y avait bien des chances que pour la vigne ne fît pas exception à la règle.

Enfin, il y avait lieu de tenir compte du sens de l'amélioration, en admettant que celle-ci fût la seule variation possible. C'est ce que firent observer plusieurs viticulteurs, qui ne nourrissaient aucun noir dessein contre la vigne américaine, mais qui ne voulaient pas, les yeux fermés, faire un saut brusque dans un inconnu périlleux.

Un de ceux-là, M. Prosper de Lafitte, écrivait en 1881 : « Le greffage pourra améliorer le fruit ; c'est même le cas général ; améliorera-t-il aussi le vin? C'est plus que douteux. Ce ne sont pas en effet les raisins les meilleurs pour la table qui sont les meilleurs pour la cuve, bien loin de là ! Il pourrait donc se faire que le raisin perfectionné fît un vin dégénéré. Les vins communs n'ont rien à redouter de cette mauvaise chance; mais pour les crus estimés qui ne voudraient pas déchoir, il serait sage de procéder à quelques essais sérieusement étudiés avant d'opérer sur une grande échelle. »

M. Bellot des Minières a précisé plus encore cette question pour certains cépages de la Gironde([2]) : « Tout le monde ne sait-il pas, dit-il, qu'en Gironde, par exemple, les Malbecs, qui sont *mangeables*, font un vin *mou;* tandis que le Cabernet-Sauvignon et la Carmenère, qui sont *immangeables*, font un vin remarquable, et que le Petit Verdot, le roi des raisins, qui peut faire à lui tout seul, sans être associé à un autre raisin, le vin *le plus complet*, le vin extatique, est tout simplement aussi *âpre* que sorbe ou nèfle non mûre à point? »

Mais, à ce moment, trop de viticulteurs étaient pressés pour divers motifs. Au lieu de faire des expériences comparatives et de ne prendre une décision qu'après, en connaissance de cause, comme le réclamait M. de Lafitte, ils adoptèrent *a priori* certains principes, qui, en raison de leur caractère absolu, ont pu, avec raison, être désignés sous le nom de *dogmes de la reconstitution*([3]).

On peut les formuler ainsi :

1° La vigne greffée, qu'il s'agisse du greffon ou du sujet, ne subit aucune variation spécifique (espèce, race ou variété) dans le sens que j'ai donné à cette expression([4]).

([1]) L. Daniel. — *Recherches sur la greffe des Crucifères* (*C. R.*, 30 mai 1892), etc.

([2]) Bellot des Minières. — *La question viticole*, p. 16, 1902.

([3]) Je crois devoir rappeler ce que j'écrivais en 1904, à ce propos : « En principe, surtout quand il s'agit de problèmes d'une pareille gravité économique, il faut toujours se défier des dogmes en sciences expérimentales. » Voir L. Daniel : *Premières notes sur la reconstitution du vignoble français par le greffage* (*Revue de viticulture*, 1904).

([4]) L. Daniel. — *La variation spécifique dans le greffage*. (Congrès de Lyon, 1901.)

2° La résistance phylloxérique, étant un caractère spécifique primordial, est par là même un caractère *immuable*. Ce dogme est la base essentielle, *le pivot de la reconstitution*, d'après tous ceux qui ont conseillé le greffage de la vigne française sur la vigne américaine (¹).

Il est bon de faire remarquer en passant que ce dogme entraîne, comme corollaire obligé, si l'on veut être logique, *l'invariabilité de la résistance aux maladies cryptogamiques*.

3° La nature propre du racinage du sujet, la nature propre du greffon comme appareil absorbant ou reproducteur se conservent intégralement. Donc, et c'est là le point capital autour duquel ont été surtout accumulés les sophismes, la constitution normale du raisin ne varie pas après greffage et *la qualité du vin est conservée intégralement ou améliorée*.

La pratique sait aujourd'hui à quoi s'en tenir quant à la valeur des *dogmes de la reconstitution*, désormais fameux. L'étude comparative des faits va permettre d'ailleurs à tout esprit impartial de se faire à cet égard une opinion motivée.

(¹) Voir la discussion qui suivit ma communication au Congrès de Lyon en 1901 (*C. R. du Congrès de l'hybridation*), et RAVAZ, *Les effets du greffage* (Congrès de Rome, 1902).

CHAPITRE II

Les Effets du Greffage.

Dans ce qui va suivre, j'étudierai d'abord les variations de nutrition générale, puis les variations spécifiques. Ce sont deux catégories de variations distinctes dans les cas extrêmes, reliées l'une à l'autre par des formes de passage nombreuses, mais qu'il est utile de distinguer. Ce n'est pas sans quelque surprise que j'ai vu divers écrivains viticoles, confondant la science avec la polémique, changer mes définitions sans prévenir le lecteur et conclure, d'ailleurs sans raison, même avec leurs définitions nouvelles, que *la variation spécifique n'existe pas*. Ce n'est pas le seul point sur lequel mes théories aient été ainsi dénaturées et je dois ici, dès maintenant, mettre les viticulteurs en garde contre un procédé que je ne veux pas apprécier autrement.

Premier groupe. — VARIATIONS DE NUTRITION GÉNÉRALE.

I. Origine des variations de nutrition et leurs conséquences générales.

Les variations de nutrition générale sont produites par deux causes :
1° Le bourrelet, consécutif à la soudure ;
2° Les différences de capacités fonctionnelles entre le sujet et le greffon.

1. *Le bourrelet.*

Le rôle du bourrelet est fondamental dans la vie des plantes greffées, et les Anciens le savaient fort bien pratiquement[1].

Cependant, le bourrelet a été considéré comme presque sans importance par MM. Viala et Ravaz[2]. « Les effets du greffage, » disent-ils, « ne sont pas la résultante d'une action mécanique, ils ne sont pas dus à la greffe elle-même, mais ils sont la conséquence des conditions nouvelles dans lesquelles se développe désormais la plante greffée. » Et, par la suite, ils insistent sur l'importance de l'*affinité* et donnent des tableaux très instructifs à ce sujet.

Plus tard, M. Ravaz est revenu seul sur la question[3]. Il invoque les lois de la mécanique pour expliquer le grossissement ou le rétrécissement des plantes

---

[1] Voir L. DANIEL. — *Recherches anatomiques sur les greffes herbacées et ligneuses*, Rennes, 1896, et *Histoire de la greffe depuis l'antiquité jusqu'à nos jours* (en cours de publication).
[2] VIALA et RAVAZ. — *Les vignes américaines*, p. 191. Paris, 1896.
[3] RAVAZ. — *Les effets du greffage* (Rapport au Congrès de Rome, p. 17-23, 1902).

greffées, et il est obligé de conclure que le bourrelet joue un rôle important dans le développement relatif des greffes. Mais, en revanche, il prétend qu'*il n'y a pas lieu de se préoccuper des questions d'affinité.*

A quoi tiennent ces contradictions fondamentales, sur lesquelles j'aurai à revenir au cours de ce travail? Je ne sais s'il faut les attribuer à une étude insuffisante du processus de la soudure des greffes, comme l'a fait le Dr A. Tompa de Kis-Borosnyo, de Budapest(¹).

« Il y a, » dit cet auteur, « dans la littérature française de ces dernières années, plusieurs ouvrages traitant de la greffe des vignes à un point de vue pratique. Nous y trouvons, bien que dans un cadre restreint, des affirmations si catégoriques qu'elles doivent être l'écho de l'opinion publique. Elles émanent d'hommes éminents comme P. Viala, L. Ravaz et G. Foëx, qui ont consacré leur activité au service de la viticulture et qui sont considérés aussi bien en France qu'à l'étranger comme des spécialistes de premier ordre. Leurs nombreux travaux forment une encyclopédie de la viticulture française et méritent à ce titre que je m'occupe plus spécialement des parties se rapportant à mon sujet.

» Il est cependant un fait que je ne puis passer sous silence : les ouvrages des auteurs sus-nommés ne contiennent dans les parties traitant des processus physiologiques aucune représentation des tissus cellulaires confirmant leurs affirmations, aucune observation microscopique qui les corrobore.

» On en vient à se demander si tout ce qu'on a lu relativement à la soudure des greffes de la vigne est le résultat des travaux microscopiques approfondis, basés sur l'anatomie végétale et l'histologie, ou si plutôt l'auteur n'a pas voulu simplement montrer comment la soudure des greffes se produit, appuyant ses conclusions sur le seul examen fait à l'œil nu de nombreux greffons d'espèces différentes. »

Constatant en outre que les auteurs cités ne parlent que du greffage ligneux de la vigne, le même critique « se hasarde à faire observer combien il est regrettable que l'on ait, jusqu'à ce jour, négligé de faire de la soudure des greffes vertes et du greffage en vert une étude scientifique, particulièrement en France où le greffage de la vigne a pris une si grande extension ».

L'étude scientifique de la soudure des greffes herbacées de la vigne a été faite par le Dr Tompa de Kis-Borosnyo dans l'ouvrage dont je viens de citer ici quelques extraits. A part quelques différences dans le classement des phénomènes, cet auteur montre, à l'aide de figures très démonstratives, que les processus généraux de la soudure sont semblables à ceux que Vöchting a décrits dans la betterave, le navet et le coignassier (²) et à ceux que j'ai moi-même observés dans de nombreuses familles du règne végétal (³). Il suffit de comparer les *fig. 15 et 16* pour voir l'analogie qu'elles présentent au point de vue de la conduction. Or, de la structure du bourrelet se dégagent trois faits importants, que j'ai le premier mis en lumière au point de vue des conséquences physiologiques :

1° *La prédominance des parenchymes* au niveau de la soudure et la réduction correspondante du tissu ligneux, fait en rapport avec la diminution de tension des tissus consécutive aux blessures et à la production des surfaces libres.

2° *L'enchevêtrement* remarquable *des tissus conducteurs*, d'où résulte un allongement plus ou moins considérable du chemin à parcourir par les sèves, et de plus le remplacement des tubes directs par des formations à calibre inégal, tantôt large, tantôt étroit.

(¹) Dr Arthur TOMPA DE KIS-BOROSNYO. — *Soudure de la greffe herbacée de la vigne.* Budapest, 1900.
(²) VÖCHTING. — *Ueber Transplantation.* Tubingen, 1892.
(³) L. DANIEL. — *Recherches anatomiques sur les greffes herbacées et ligneuses,* Rennes, 1896; *Sur la structure comparée du bourrelet dans les plantes greffées (C. R.,* 1902), etc.

3° Enfin, en certains points, la *soudure intime* de cellules vivantes parenchymateuses, appartenant à la fois au sujet et au greffon.

Les figures de l'ouvrage intéressant du Dʳ Tompa de Kis-Borosnyo montrent très nettement que la vigne doit se comporter, sous le rapport du bourrelet, de la

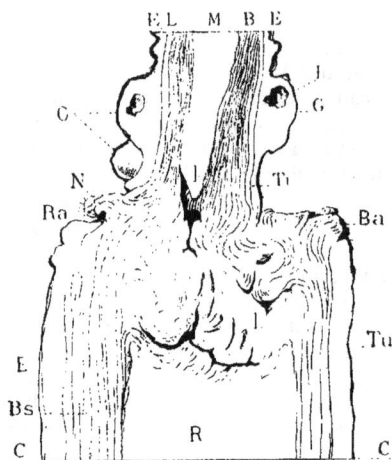

FIG. 15.

Coupe longitudinale schématisée d'une greffe de chou
sur navet.

E. Écorce. — L. Liber. — M. Moelle. — B. Bois. — I et G. Galles
d'insectes au voisinage du bourrelet. — N. Niveau de la greffe.—
L. Lacune remplie de tissus nécrosés dans la région de soudure.
— Ra. Racines adventives fournies par le greffon. — Ba. Bourgeons adventifs du sujet. — Tu. Racine tuberculeuse avec région
dure Bs formée par le bois secondaire et une région tendre R
formée de parenchyme. — Tj. Greffon.

On remarquera la forme contournée en tous sens des tissus
conducteurs au voisinage du niveau de la greffe, dans la partie
supérieure de la racine sujet.

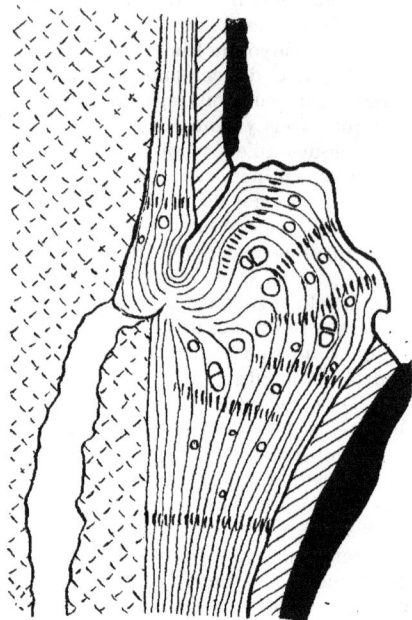

FIG. 16.

Coupe longitudinale schématisée d'une greffe de vigne
d'après le Dʳ Tompa de Kis-Borosnyo.

On y voit fort nettement la déviation des tissus conducteurs
au niveau du bourrelet.

même manière que les autres plantes. Elle ne fait point exception dans le règne végétal. Aussi les conclusions que j'ai tirées de l'étude de la greffe des plantes herbacées pourront lui être appliquées.

Donc, on peut dire que, dans la vigne greffée :

1° La conduction capillaire est modifiée en *quantité* au niveau du bourrelet. En effet, la formule de la vitesse d'ascension de la sève dans les tubes capillaires, auxquels peuvent s'assimiler les vaisseaux conducteurs, est $v = \dfrac{P D^2}{L} \times$ constante, dans laquelle P représente la pression osmotique déterminée par le passage de la sève brute au niveau des poils absorbants; D, le diamètre du vaisseau capillaire, et L, sa longueur.

L'on voit de suite, abstraction faite de P, que le diamètre D devenant plus petit en certains points, et la longueur L plus grande, la vitesse v est réduite pour un même vaisseau, à la suite de la formation du bourrelet. Cette réduction sera reproduite pour chaque vaisseau, avec des variantes qui n'en peuvent changer le sens. Si l'on ajoute que par suite de la prédominance des paren-

chymes, le nombre primitif N des vaisseaux, qui auraient dû se trouver normalement dans la région occupée par le bourrelet, est considérablement réduit, on
voit de suite que les quantités Q et Q' de sève brute ou de sève élaborée, qui arri-
veraient normalement au sujet et au greffon en un temps t sont singulièrement
réduites par le bourrelet. Il y a donc bien réduction dans la *quantité* de la sève,
ce qui a des conséquences importantes pour le greffon comme pour le sujet, ainsi
qu'il sera expliqué plus loin[1].

2° La conduction capillaire se trouve remplacée ou suppléée, dans les parenchymes, au niveau de la soudure, par l'osmose. Or, les parenchymes du sujet
et ceux du greffon n'ont en général point de membranes douées d'un même
pouvoir osmotique. Telle substance pourra, suivant les cas, passer du greffon au
sujet comme l'atropine dans les expériences de Strasburger[2], ou bien ne pas
passer de l'un à l'autre comme l'inuline dans mes greffes de Chicoracées[3] ou
dans celles des *Helianthus tuberosus et annuus*, comme Vöchting l'a constaté en 1894.
Les sèves peuvent donc être modifiées en *qualité*, soit par l'*adjonction*, soit par la
suppression de certains éléments au niveau du bourrelet[4]. Ces faits, réduction
de *quantité* et de *qualité* des sèves, ont une grande importance pratique; ils
expliquent pourquoi beaucoup de vignes greffées exigent plus de fumures que les
francs de pied, ils font prévoir en outre beaucoup d'autres variations de nutrition
sur lesquelles j'aurai à revenir en détail; enfin ils montrent la *possibilité de la
variation spécifique des plantes greffées* sous l'influence du passage de certaines
substances morphogènes.

3° Enfin il paraît possible que, du fait même de la *soudure intime* des cellules
du sujet et du greffon, deux ou plusieurs cellules s'unissent pour former un
bourgeon mixte, participant à la fois des deux plantes. On conçoit qu'alors
puissent se former les êtres singuliers qu'on a désignés sous le nom d'*hybrides de
greffe* ou encore d'*hybrides asexuels* par opposition aux hybrides sexuels. Mais ce
phénomène paraît fort rare, au moins dans l'état actuel de la science, quand les
changements de nutrition sont au contraire des phénomènes généraux, variables
seulement en intensité.

2. *Relations des capacités fonctionnelles entre le sujet et le greffon.*

Les vignes américaines sont, dans la majorité des cas, plus vigoureuses que
les vignes européennes; c'est là l'opinion de Munson, le célèbre hybrideur
américain. Mais la différence de vigueur est plus grande encore si l'on compare
les vignes françaises avec beaucoup d'hybrides américo-américains ou d'hybrides
franco-américains employés comme sujets.

Bien qu'on ne puisse établir une relation absolue entre la vigueur et les capacités
fonctionnelles[5], on peut affirmer que bon nombre des vignes américaines ont

---

[1] Voir L. DANIEL. — *Recherches anatomiques sur les greffes herbacées et ligneuses.* Rennes, 1896.

[2] M. Ch. LAURENT vient de trouver de l'atropine nettement caractérisée dans des tomates sur lesquelles
j'avais greffé de la belladone.

[3] L. DANIEL. — Sur la greffe des parties souterraines des plantes (*C. R.*, 21 septembre 1891).

[4] Voir DANIEL et V. THOMAS. — Sur l'utilisation des principes minéraux par les plantes greffées (*C. R.*
1902, et *Bulletin de la Soc. scient. et méd. de l'Ouest*, 3e trim. 1902).

[5] Il me faut faire ici une observation. En employant le mot *vigueur* au lieu de *capacité fonctionnelle*,
je ne veux pas assimiler rigoureusement les deux termes, dont le dernier seul a la précision scientifique.

On conçoit que, dans une greffe, la vigueur du greffon est fonction non pas seulement de la vigueur habituelle de son sujet, mais de la nature de la *sève utilisable* que celui-ci lui fournit.

Un exemple concret me fera comprendre. Je greffe comparativement deux belladones identiques, l'une sur
tomate, l'autre sur tabac géant. La tomate a une vigueur moindre que le tabac géant. Cependant la belladone

une capacité fonctionnelle plus grande que la plupart des vignes françaises, dans les conditions de végétation du vignoble. Il est d'ailleurs facile de s'en rendre compte par les effets même du greffage. Lorsque l'on a $C'v$, capacité fonctionnelle de consommation du greffon, inférieure à Ca, capacité fonctionnelle d'absorption du sujet, on voit la vigne pousser plus vigoureusement que si elle était franche de pied, tant qu'elle n'atteint pas la réplétion aqueuse. Si la relation contraire est réalisée par la nature du sujet, ou par l'âge de la greffe, ou par le système de taille, ou les conditions extérieures, c'est l'inverse qui se produit. Il est donc assez souvent possible de se rendre compte, à l'examen macroscopique, si la plante greffée vit en équilibre ou en déséquilibre de nutrition, et quel est le sens de ce déséquilibre.

Or, c'est un cas très fréquent, après le greffage tel qu'il est pratiqué aujourd'hui, de voir la vigueur du greffon dépasser pendant un certain temps celle du franc de pied [1]. Dans ce cas, le sujet ayant une capacité fonctionnelle Ca plus grande que la capacité $C'v$ du greffon, l'état biologique de l'association est représenté par l'inégalité $\dfrac{C'v}{Ca} < 1$, qui caractérise la vie en milieu plus humide.

Mais l'on conçoit que le cas inverse puisse aussi se produire et que si l'on greffe une vigne française de capacité fonctionnelle $C'v$ plus grande que la capacité fonctionnelle Ca du sujet, l'état biologique de la symbiose soit représenté par l'inégalité $\dfrac{C'v}{Ca} > 1$, qui caractérise la vie en milieu plus sec.

Ai-je besoin d'ajouter que l'un et l'autre cas peuvent se réaliser successivement dans un même type de greffe, suivant les procédés de greffage, l'âge, les procédés de taille, les conditions extérieures [2]?

Il était d'*importance primordiale* d'être, dès le début du greffage, renseigné sur la nature de ces relations, sur la nature de leur résultante, car ce sont elles qui, avec le bourrelet, commandent le mode d'existence de l'association et l'état biologique du sujet et du greffon, leur résistance relative au milieu et aux parasites. Cette étude n'a pas été faite scientifiquement, et, ce qui est plus grave pratiquement, on n'en a pas prévu les conséquences. De là des déboires et des erreurs que reconnaissent même les plus chauds partisans du greffage. « Que d'illusions et que d'erreurs ! » écrivait tout récemment M. Roy-Chevrier [3], à propos de la greffe en Bourgogne.

C'est cette étude qui sera faite sommairement dans ce qui va suivre.

3. *Résultante du bourrelet et des différences des capacités fonctionnelles.*

L'étude de la résultante du bourrelet et des différences de capacités fonctionnelles entre le sujet et le greffon n'est pas autre chose que l'étude des variations de nutrition générale produite par le greffage. Mais il ne suffit pas de connaître cette résultante; il faut encore savoir comment elle varie sous l'influence des changements du milieu extérieur. Comme on va le voir, les plantes greffées sont beaucoup plus sensibles à l'action du milieu et des parasites, à moins qu'il ne se produise exceptionnellement une variation spécifique, une transmission de résistance comme j'en citerai plus loin des exemples.

Pour étudier cette résultante, il est indispensable de rappeler ici, à grands traits, les effets des changements de milieu sur la plante, suivant que celle-ci se trouve placée soit en milieu plus *sec*, soit en milieu plus *humide*.

On sait que par la sécheresse la plante reste de taille plus petite; ses entrenœuds sont plus courts, ses feuilles plus petites, et souvent plus minces. Si la sécheresse s'accentue au delà d'une certaine limite, la pousse s'arrête, puis les feuilles les plus anciennes jaunissent et tombent, les plus âgées les premières. Enfin, lorsque la limite L de dessiccation de la plante vient à être dépassée, les pousses se flétrissent et meurent. Quelquefois, sur les parties jeunes en voie de croissance, dont les besoins en eau sont très élevés, la pousse peut être brusquement desséchée et noircie : c'est le phénomène désigné par les jardiniers sous le nom de brûlure. On peut d'ailleurs provoquer artificiellement cette brûlure par un effeuillage radical d'une pousse jeune, ainsi que je l'ai fait pour le poirier, par exemple.

La fructification est plus rapide et plus abondante quand le végétal vit dans un milieu de sécheresse modérée, mais non excessive, bien entendu.

La structure anatomique des organes de la plante vivant en milieu sec est caractéristique. L'épiderme est à cuticule épaisse, le collenchyme est bien développé; le sclérenchyme se rencontre plus fréquemment et est plus étendu; les parenchymes sont au contraire réduits. Le bois est plus *dur*, plus serré, mais la couche qu'il forme est moins étendue, les fibres ligneuses et libériennes sont en général plus nombreuses et plus épaissies.

Dans les contenus cellulaires des plantes qui dépassent brusquement ou progressivement la limite de dessiccation L, on observe des modifications analogues à celles que MM. Matruchot et Molliard ont décrites[1], ou à celles que j'ai indiquées avec figures, dans mon ouvrage sur les *Capacités fonctionnelles,* en 1902, à propos du poirier effeuillé.

Par l'humidité, on observe dans la plante des effets inverses. Elle acquiert une taille plus élevée; les entrenœuds sont plus allongés; les feuilles plus grandes et plus épaisses. La fructification est plus lente et moins abondante. Les jardiniers disent que la plante pousse à bois au lieu de pousser à fruit. Si l'humidité devient excessive, les feuilles âgées rougissent ou jaunissent, puis se détachent. Les jeunes pousses pourrissent en noircissant et se couvrent de moisissures quand la limite L' de réplétion aqueuse vient à être dépassée.

Au point de vue anatomique, on trouve un épiderme à cuticule plus mince, un parenchyme plus développé; le collenchyme, le sclérenchyme, les fibres et

---

[1] Matruchot et Molliard. — *Modifications produites par le gel dans la structure des cellules végétales* (*Revue générale de botanique*, 15 nov. 1902).

en général tous les tissus de soutien diminuent en étendue et en lignification ; quelquefois certains de ces tissus font défaut. Le bois est plus *tendre*, formé de plus larges vaisseaux, et la couche qui se développe dans ces conditions est plus épaisse qu'en milieu normal.

Les contenus cellulaires présentent eux-mêmes des altérations plus ou moins prononcées suivant que la plante est plus ou moins voisine de L'.

En résumé, le bois et le liber (et aussi les autres tissus, mais à un degré souvent moins apparent) sont, par les variations constantes de leur structure, de véritables appareils enregistreurs du degré d'humidité du milieu où ils vivent ; ils permettent de se rendre compte, *anatomiquement*, de la valeur de l'humidité du milieu au moment où ils se sont formés (¹).

Ces données générales, aujourd'hui bien connues de tous les botanistes, ont été établies d'après des études faites sur les végétaux francs de pied.

Ces plantes sont naturellement *autonomes*, c'est-à-dire qu'elles possèdent des appareils construits au mieux de leurs intérêts, et tous adéquats au meilleur exercice de l'aliment, en général. Ces appareils sont solidaires les uns des autres ; si l'un d'eux souffre, les autres subissent le contre-coup et souffrent de la même manière.

Mais en est-il de même dans les *plantes greffées* qui forment une réunion d'appareils plus ou moins disparates, réunis par un bourrelet constitué comme il a été indiqué précédemment? En un mot, ces appareils mixtes fonctionnent-ils exactement de la même manière que les appareils correspondants de la plante autonome, avec le même *accord parfait,* ou bien restent-ils au contraire plus ou moins *indépendants* les uns des autres en présence des variations du milieu extérieur?

La réponse à ces questions n'intéresse pas seulement le biologiste, mais elle est de la plus grande importance pour le praticien, qu'il soit horticulteur ou viticulteur.

Pour permettre de mieux comprendre certains cas particuliers qu'il me faudra examiner par la suite, je vais étudier séparément et d'une façon générale, avant de passer à la vigne, les effets de la sécheresse et ceux de l'humidité sur chacune des plantes greffées (greffon et sujet) qui, bien différente de la plante autonome, *souffrent inégalement des variations excessives* de l'état hygrométrique, quel qu'en soit le sens.

A. Action de la sécheresse sur les plantes greffées.

Considérons un même organe, une feuille par exemple, qui reçoit dans un temps donné t une quantité q d'eau par l'intermédiaire du tissu vasculaire, dans la plante normale qui a fourni le greffon. D'après ce qui a été dit précédemment sur le rôle du bourrelet, si l'on désigne par q' la quantité d'eau qui arrive à un organe identique dans la plante greffée, l'on aura obligatoirement, si la différence de capacités fonctionnelles du sujet et du greffon n'intervient pas : $q > q'$. Autrement dit, par le seul fait du bourrelet, le greffon se trouve placé en milieu plus sec que la plante normale.

(¹) Il ne faut pas confondre cette étude microscopique avec l'étude macroscopique des couches annuelles ligneuses qui, par leur développement relatif, enregistrent aussi les variations totales de l'humidité pendant la vie active de la plante, étude que l'on a faite depuis longtemps. Il s'agit ici des *variations saisonnières* et des *variations accidentelles dans le cours d'une même année,* et non pas seulement de la comparaison entre la végétation pendant des années différentes.

Cette variation est d'autant plus grande en valeur absolue que le bourrelet est plus prononcé. L'expérience montre que, assez souvent, sinon toujours, le bourrelet est en rapport avec les différences de capacités fonctionnelles des deux plantes (eau et sels qui peuvent osmoser).

C'est là une conclusion qu'il est facile de vérifier expérimentalement par la greffe d'une plante sur elle-même. Un haricot greffé sur lui-même reste de taille moitié plus petite, a des feuilles plus étroites, etc., en un mot présente par rapport aux témoins tous les caractères de la vie en milieu sec.

Il en est de même pour les plantes ligneuses, tant que le bourrelet persiste. En 1904, chez M. Marcel Ricard, de Léognan, à Haut-Gardère, j'ai pu vérifier le fait pour la vigne. Des Cabernet-Sauvignon greffés sur eux-mêmes étaient moins vigoureux que les boutures témoins et cette différence était sensible. Toutes conditions étant égales d'ailleurs, l'inégalité de la résistance ne pouvait provenir que du bourrelet lui-même.

Lorsque interviennent les différences de capacités fonctionnelles entre les deux plantes greffées, trois cas peuvent se présenter pour le greffon :

1° Le greffon est de capacité fonctionnelle plus grande que celle du sujet; relation qui peut s'écrire $\dfrac{C'v}{Ca} > 1$. C'est le cas du poirier greffé sur coignassier et de certaines vignes françaises vigoureuses sur vignes américaines moins vigoureuses, ainsi qu'on le verra plus loin ;

2° Le greffon a la même capacité fonctionnelle que le sujet, relation qui peut se représenter par le symbole $\dfrac{C'v}{Ca} = 1$. C'est le cas de la plante greffée sur elle-même; cela pourrait être le cas de plantes différentes greffées entre elles, à la condition de rencontrer dans la nature des plantes différentes assez affines pour cela. Or, c'est ce qui paraît à peu près impossible, vu que dans un même semis des graines d'une même plante on trouve déjà des variations individuelles de capacités fonctionnelles, variations dues à ce que les gamètes mâles et les gamètes femelles peuvent ne pas avoir tous la même capacité fonctionnelle au moment de la fécondation([1]).

3° Le greffon a une capacité fonctionnelle plus petite que celle du sujet, relation caractérisée par le symbole $\dfrac{C'v}{Ca} < 1$. C'est le cas de plantes peu vigoureuses greffées sur plantes plus fortes. En horticulture, cette relation est rarement utilisée; en viticulture, au contraire, c'est le cas de diverses vignes françaises greffées sur certaines vignes américaines; c'est surtout le cas des vignes françaises greffées sur divers hybrides américo-américains et franco-américains, puisque à part quelques exceptions qu'a relevées la pratique([2]), beaucoup de ces hybrides sont plus vigoureux que le plus vigoureux de leurs parents.

Dans le premier cas, l'on voit de suite que le bourrelet place le greffon en milieu d'autant plus sec que ce bourrelet est plus prononcé. Les différences de capacités fonctionnelles $\dfrac{C'v}{Ca} > 1$ agissent dans la même sens. Donc, après semblable greffe, la souffrance par la sécheresse est fatalement plus grande que pour la plante franche de pied. La limite L de dessiccation sera plus vite atteinte si les

---

([1]) Voir L. DANIEL. — *Applications de la théorie des capacités fonctionnelles de l'horticulture* (Conférence faite à Lyon le 15 juin 1905 ; *Lyon-Horticole*, juillet 1905).

([2]) Voir à ce point de vue, les observations très intéressantes qu'a présentées M. Couderc au Congrès de l'hybridation à Lyon (*C. R. du Congrès*, 1901).

variations deviennent excessives et surtout si elles sont brusques et excessives à la fois.

Dans le deuxième cas, c'est le bourrelet seul qui accentue les effets de la sécheresse; les sels osmosés sont sensiblement les mêmes, puisque les membranes cellulaires ont des propriétés aussi semblables que possible. En temps ordinaire, par des variations modérées, le greffon résiste en apparence comme le franc de pied.

Mais si la sécheresse est telle que la plante normale oscille au voisinage de la limite L de dessiccation, le greffon meurt, parce que, grâce aux effets du bourrelet, il atteint plus vite cette limite que le franc de pied. Ainsi s'explique tout naturellement la prétendue *maladie des pommiers*, dont on n'a pu élucider la cause, pour la bonne raison qu'on avait sur le greffage des notions insuffisantes ou erronées. C'est si bien là l'origine de la mort du pommier que cette maladie fameuse n'existe jamais dans les années humides ou normales, qu'elle ne s'étend point en tache d'huile comme les maladies parasitaires, mais atteint des rangées entières de mêmes pommiers, sans progression régulière. J'ai d'ailleurs pu remarquer que les exemplaires à fort bourrelet mouraient les premiers.

On observe souvent des exemples de mort brusque ou de mort progressive sur nos rosiers écussonnés; ils sont dus à la même cause.

Enfin, dans le troisième cas, le bourrelet voit ses effets corrigés par les différences de capacités fonctionnelles, si le sujet reste apte à puiser la sève brute avec son intensité normale, comme la même plante placée en milieu suffisant. Or, ce n'est pas toujours le cas. L'on conçoit fort bien qu'une plante ait des capacités fonctionnelles d'absorption très différentes suivant que ses radicelles sont situées dans des régions plus ou moins profondes du sol. J'en montrerai plus loin les conséquences.

Il faudrait bien se garder de croire, comme on le fait partout, que le sujet se trouve dans les mêmes conditions biologiques que le greffon. C'est une grave erreur. Le sujet ne peut, à cause du bourrelet, passer à l'organe du greffon considéré ci-dessus la quantité normale de sève q qu'il a puisée dans le sol, mais une quantité moindre q'. Au bout d'un temps t, le sujet possède alors un excès de sève $q - q'$.

Suivant les valeurs relatives de la différence $q - q'$ et du rapport $\dfrac{C'v}{Ca} \gtrless 1$, le sujet souffrira plus ou moins de la sécheresse ou n'en souffrira pas du tout. Ce qu'il y a de certain, *c'est qu'il en souffrira moins que le greffon.* Si sa limite de dessiccation L' est égale à la limite L de dessiccation du greffon, c'est celui-ci qui devra *mourir le premier.*

L'on conçoit aussi que le sujet, dans certaines conditions, puisse rester vivant quand le greffon meurt, même dans la *greffe ordinaire,* sans qu'il soit pour cela nécessaire de recourir à la greffe mixte. C'est ce qui arrive fréquemment dans nos rosiers, où l'on voit le greffon se dessécher et le sujet donner des pousses de remplacement dans la région où l'humidité atteint son maximum.

Une conséquence de la souffrance du greffon très importante pour le sujet, c'est la diminution de la quantité de sève élaborée qui lui est fournie dans la greffe ordinaire. A cause du bourrelet, la sève élaborée, d'ailleurs fabriquée en quantité plus petite puisque la sève brute est réduite de $q - q'$, arrive difficilement dans le sujet. Il en résulte que son accroissement en épaisseur est entravé, car il ne peut guère fabriquer de la sève élaborée propre puisqu'il ne possède que peu de chlorophylle.

Cette diminution de la croissance en épaisseur du sujet retentit ultérieurement sur le développement général et la vigueur de l'association, étant donné le rôle important que jouent les aubiers par rapport à la conduction.

Donc, on peut dire que l'action de la sécheresse sur les plantes greffées est non seulement plus dangereuse immédiatement que pour les plantes franches de pied, mais qu'elle est plus pernicieuse aussi, par contre-coup, les années suivantes.

Ce qui vient d'être dit s'applique d'une façon générale au bourrelet. Il est certain que, dans une série de greffes entre les mêmes espèces de plantes, les bourrelets présentent entre eux une certaine analogie d'ordre général. Avec des poiriers greffés sur coignassier on obtient un bourrelet prononcé; en général, au contraire, on n'a pas de bourrelet très sensible avec la greffe du poirier sur franc. Mais ce serait une erreur de croire que, dans une même série de greffes, on réalisera des bourrelets identiques comme structure et amenant par suite les mêmes phénomènes.

Quel que soit le nombre des bourrelets examinés, on n'en trouve jamais deux rigoureusement semblables. C'est là un fait que j'ai établi par l'étude comparative de plus de 6,000 bourrelets de greffes herbacées ou ligneuses. Dans les tabacs greffés sur tomate et choisis dans un même semis de graines issues d'une même plante, malgré les précautions prises pour réaliser des soudures semblables, j'ai obtenu des bourrelets très différents, à un même niveau. Les coupes qui sont figurées dans mon ouvrage sur la *Théorie des capacités fonctionnelles* sont des plus démonstratives à cet égard.

Ces différences sont en somme, quand on y réfléchit, des plus naturelles. On comprend que, quel que soit le tranchant du greffoir, quelles que soient les précautions et l'habileté de l'opérateur, il est impossible d'obtenir des plaies rigoureusement semblables, intéressant exactement les mêmes proportions des mêmes tissus. De plus, en ligaturant, on dérange, d'une façon inégale forcément, la concordance des tissus dans le greffon et le sujet, en admettant que l'on ait eu la chance assez problématique de réaliser mathématiquement cette concordance. Enfin il est presque matériellement impossible de serrer avec la même force exactement quand on fait une ligature. Donc on ne saurait rencontrer dans deux greffes le même processus de cicatrisation. Les méristèmes provenant des parenchymes qui repassent à l'état d'activité à la suite de la blessure, et surtout les méristèmes fournis par le jeu de la couche génératrice libéro-ligneuse se développent au hasard des espaces libres qu'ils rencontrent, moins dans les régions où la pression est forte, plus dans celle où la ligature est plus lâche. Ils offrent dès lors une grande irrégularité.

C'est dans ces tissus cicatriciels que prennent naissance les tissus conducteurs chargés de réunir sujet et greffon. De l'irrégularité de leur position résulte pour les vaisseaux l'obligation de prendre la forme contournée. Mais ce contournement ne peut être lui-même qu'extrêmement variable vu la diversité des conditions qui président à l'arrangement des tissus cicatriciels.

Ces différences de structure sont bien plus considérables si, au lieu de prendre des précautions pour obtenir des soudures semblables, on greffe avec discordance volontaire des tissus, entre plantes de taille différente ou quand on se sert de procédés de greffe différents.

Les constatations que je viens de faire permettent d'établir deux *principes fondamentaux* sur lesquels j'appelle l'attention du lecteur :

1° La cicatrisation étant indépendante du greffeur, en grande partie du moins, on n'est jamais sûr et il est certainement difficile, sinon impossible, de réaliser deux greffes dont l'état biologique soit identique. C'est ce qui explique la diversité des résultats obtenus, et la difficulté que l'on peut éprouver à reproduire une variation précédemment obtenue. Tout résultat négatif prouve simplement que l'on n'a pas réalisé à nouveau les conditions primitives, mais c'est la seule conclusion qu'on en puisse tirer légitimement.

2° La si remarquable diversité des bourrelets dans une même série de greffes doit être suivie de variations correspondantes dans leur état biologique. Tandis que les plantes normales souffrent de la sécheresse ou de l'humidité sensiblement de la même manière et présentent ainsi un rapport $\dfrac{Cv}{Ca} \lessgtr 1$ de valeur sensiblement égale, toutes conditions égales d'ailleurs, les plantes greffées d'une même série *souffrent inégalement* et présentent chacune une valeur différente du rapport $\dfrac{C'v}{Ca} \lessgtr 1$, qui caractérise leur état biologique du moment.

Il est très facile de constater ces différences, même à l'œil nu, sur certaines catégories de greffes. Les choux sont très caractéristiques sous ce rapport, après une pluie d'orage. La transpiration active qui se fait alors sous l'influence de la chaleur et de la lumière vive n'étant pas compensée par une absorption correspondante, on voit les feuilles se faner plus ou moins. Les feuilles se fanent sensiblement de la même manière dans les témoins non greffés, quand les choux greffés se reconnaissent à la diversité de la fanaison des feuilles suivant les pieds considérés.

Ce qui vient d'être dit des souffrances des plantes greffées vis-à-vis des variations de milieu par la sécheresse s'applique également aux variations de résistance aux parasites, ainsi que je l'ai établi par de multiples exemples.

B. Action de l'humidité sur les plantes greffées.

Considérons, comme pour la sécheresse, un même organe du greffon recevant dans un temps *t* une quantité *q* d'eau par la voie du tissu ligneux. Pour les raisons physiques déjà exposées, il arrive à cet organe une quantité d'eau *q'* inférieure à *q*, si l'on considère le cas le plus simple, c'est-à-dire celui de la plante greffée sur elle-même.

Pour faire comprendre plus facilement ce qui se passe par l'humidité, il me faut donner ici quelques explications et montrer les effets de la décortication annulaire, quand celle-ci est faite au collet de la plante (¹). Une plante ainsi décortiquée offre avec la greffe ordinaire une grande analogie. La partie *s* supérieure à la décortication rappelle le greffon, quand la région *i* inférieure joue le rôle de sujet.

Ces parties sont plus tard reliées par un bourrelet plus ou moins parfait, dont le rôle est identique à celui de la greffe.

Deux cas sont à considérer, à notre point de vue, dans la décortication : ou bien l'anneau enlevé est assez étendu pour que les lèvres de la plaie ne se rejoignent pas ; ou bien il est assez étroit pour que les tissus de cicatrisation rétablissent les communications vasculaires au bout d'un temps plus ou moins long. Seul ce dernier cas est celui de la greffe, mais le premier est intéressant parce qu'il permet de comprendre certains effets du second.

(¹) Voir Daniel. — *Physiologie végétale appliquée à l'arboriculture*, Rennes, 1902, et la série de notes que j'ai publiées sur la décortication annulaire.

La partie i, dépourvue de feuilles, ne vaporise presque pas et par conséquent ne fabrique qu'une très faible quantité de sève élaborée. Pompant une quantité q d'eau par ses racines, elle ne passe à la région s qu'une quantité q' plus faible, un certain nombre de vaisseaux coupés ou séchés à l'air étant mis hors de service. L'eau va s'accumuler dans ses tissus et y provoque la réplétion aqueuse au moment où le milieu extérieur sera suffisamment humide, comme à l'automne par exemple.

On ne trouve point d'amidon dans cette région, parce que le contenu cellulaire ne reçoit pas de sucre des parties feuillées, la communication libérienne restant interrompue. Il n'y a pas alors augmentation de la pression osmotique interne sous l'influence du sucre dissous, et la formation d'amidon insoluble ne se fait pas.

La région s est dans des conditions toutes différentes. Elle reçoit, il est vrai, une quantité d'eau q' inférieure à la quantité normale q et, par la sécheresse, elle se fane pour cette raison. Mais par l'humidité, le résultat est différent, parce que le milieu réduit alors la transpiration et que, d'autre part, la sève élaborée ne peut descendre dans la racine. Au bout d'un certain temps, cette dernière action compense, puis dépasse la réduction de sève brute, et la région s se trouve alors en milieu humide.

Une conséquence obligée de l'arrêt de la sève élaborée destinée à la formation des racines, c'est l'augmentation de la pression osmotique interne dans la région s seulement, sous l'influence de l'accumulation des sucres fabriqués par l'appareil aérien.

De là, d'après des lois physico-physiologiques bien connues, une abondante production d'amidon quand la région inférieure i n'en possède pas. Cette différence a été signalée par tous les auteurs qui ont étudié la décortication annulaire, sans en fournir d'explication satisfaisante ([1]).

L'on conçoit que les organes de réserve reçoivent par là même un accroissement marqué, et que les fruits grossissent considérablement.

Mais, si l'humidité augmente au delà de certaines limites, la réplétion aqueuse arrive progressivement. Les parties jeunes, plus aqueuses, pourrissent les premières. Les parties les plus dures résistent plus longtemps. On peut même, si l'on veut, les bouturer et les conserver ainsi comme pour les *Pelargonium* pourris partiellement dans les châssis à multiplication. Si l'affranchissement est possible, des racines adventives se forment en extrême abondance et rétablissent l'équilibre de végétation.

Si les lèvres de la plaie se sont rejointes, on constate des effets moins accusés. La région i se maintient vivante; il en est de même pour la région s. Quand l'humidité extérieure n'est pas trop accentuée, la plante décortiquée ne semble pas trop souffrir. Cependant, si l'on examine les tissus, on constate en s de l'amidon en abondance quand en i il en a beaucoup moins ou pas du tout. Les deux parties ne sont donc pas dans le même état biologique.

Si l'humidité devient *élevée*, on voit les feuilles de la région s tomber à la base après *rougissement* ou *jaunissement*. Les bourgeons de cette région augmentent de volume et prennent dans certaines espèces (choux) une forme mamillaire ou poussent anormalement (choux de Bruxelles). La pourriture gagne les parties jeunes, sur lesquelles se développe ensuite rapidement la pourriture grise.

([1]) Cette explication de la formation de l'amidon d'après les lois de Pfeffer, de Hugo de Vries et de Maquenne sur la pression osmotique, me paraît préférable à l'hypothèse du passage de l'amidon des feuilles dans les autres parties de la plante à l'état de *combinaison avec les métaux*. D'après cette dernière façon de voir, si l'amidon existe dans les plantes placées en milieu humide, c'est que l'absorption étant ralentie, les métaux se trouvent fournis en quantité insuffisante pour que la circulation de l'amidon s'effectue normalement. Quoi qu'il en soit, le rôle du bourrelet dans la circulation de l'eau n'en reste pas moins tel que je viens de le définir, avec l'une comme avec l'autre hypothèse.

L'époque à laquelle on fait la décortication joue un grand rôle dans la production des divers phénomènes que je viens d'indiquer brièvement. Sans m'y arrêter, ayant longuement insisté là-dessus dans les ouvrages cités, je me bornerai à rapporter un fait qui jettera peut-être quelque lumière sur des changements de coloration du fruit encore assez peu étudiés dans la vigne.

En 1901, je décortiquai des aubergines au moment où les fruits étaient déjà formés en partie et possédaient leur belle couleur violette. Plus tard, je constatai que tous ces fruits avaient perdu leur couleur et étaient devenus jaunâtres *(fig. 1, pl. I)*. Tous les fruits formés depuis la décortication avaient, au contraire, la teinte normale *(fig. 2, pl. II)*. La couleur est, comme l'a fort bien fait remarquer M. Giard (¹), *un caractère d'ordre général lié à l'état chimique constitutionnel du protoplasma* de toutes les cellules du végétal. Il est donc tout naturel qu'à des modifications successives de l'état biologique de l'aubergine, il y ait eu des modifications correspondantes de la couleur. Le fait a d'ailleurs été général sur toutes les aubergines décortiquées. A l'automne, au moment des pluies, les fruits de ces plantes décortiquées *éclatèrent* avec un remarquable ensemble et se couvrirent de *Botrytis cinerea* quand les aubergines non opérées avaient des fruits normaux, non éclatés et parfaitement sains malgré les intempéries. Ce sont là des faits à retenir.

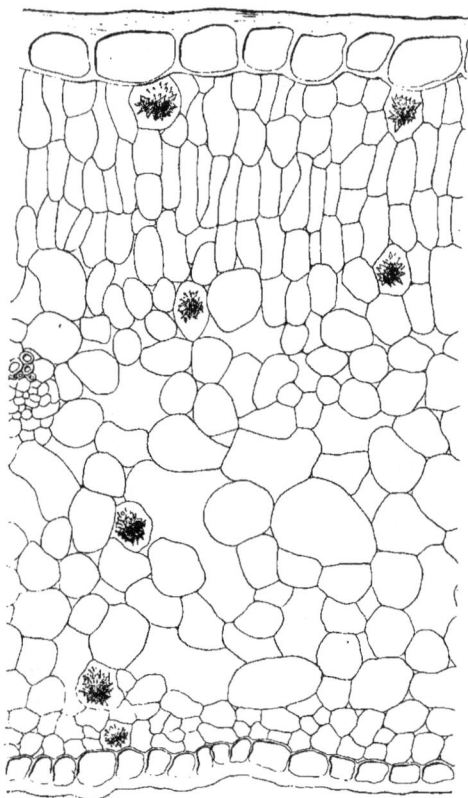

Fig. 17

Coupe transversale d'une feuille d'*Evonymus pulchellus* greffé sur Garot des bois.

En effet, connaissant ces données relatives aux effets de la décortication annulaire, il est facile de voir ce qui va se passer dans les greffes exposées aux variations excessives ou modérées du milieu humide. A la plante décortiquée, avec réunion des plaies, correspond le cas de la plante greffée sur elle-même. Il n'y a pas de différences essentielles à signaler, le bourrelet seul jouant finalement un rôle dans la plante décortiquée comme dans la plante greffée sur elle-même.

Mais quand il s'agit de greffes entre plantes de capacités fonctionnelles différentes, aux effets du bourrelet s'ajoutent les effets des différences de végétation entre le greffon et son sujet.

(¹) GIARD. — *Caractères dominants transitoires chez certains hybrides.* Paris, 1903.

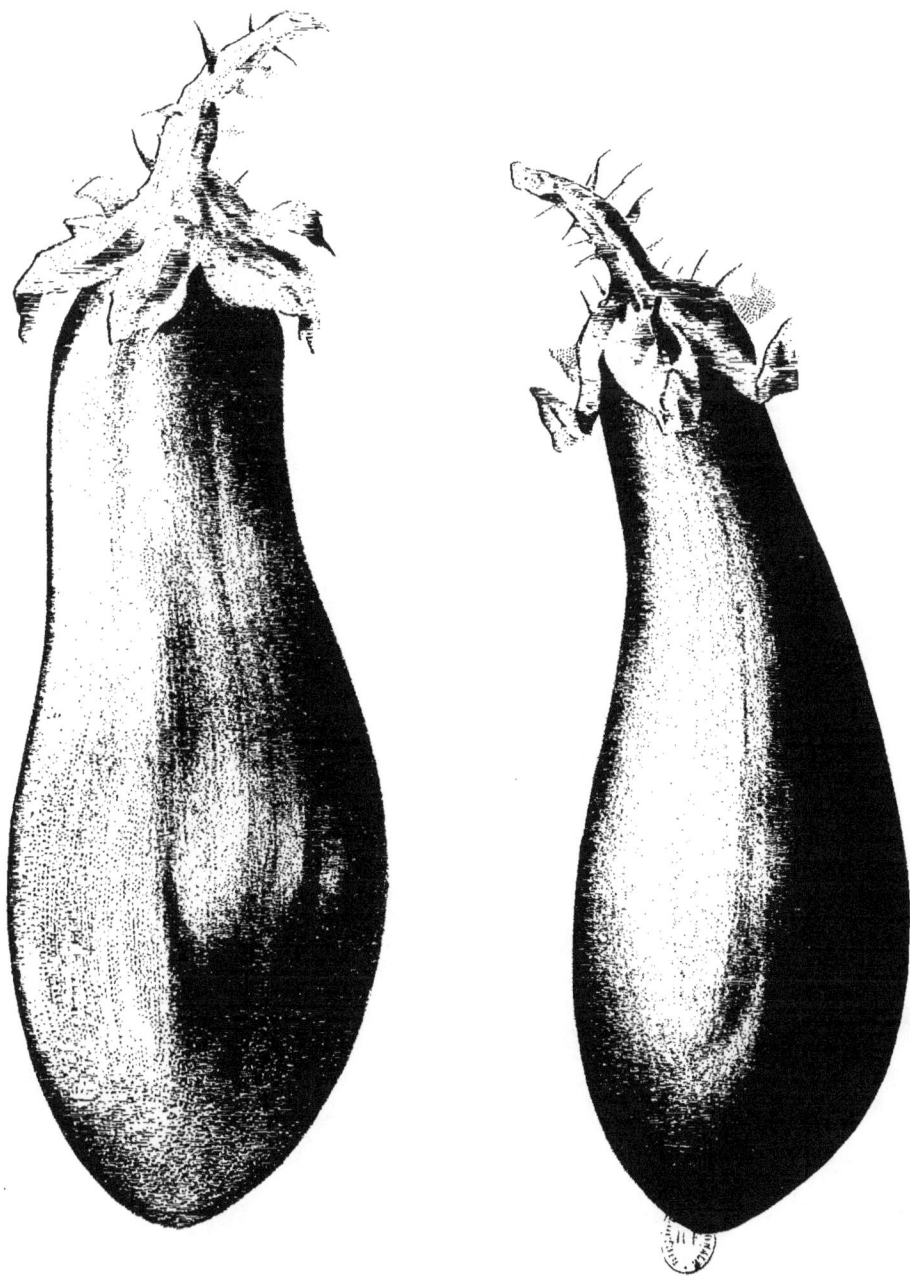

DEUX AUBERGINES

venues sur le même pied au-dessus de la région décortiquée.
La plus grosse, déjà en partie formée au moment de la décortication, a pris une teinte jaunâtre;
la plus petite, venue après la cicatrisation de l'anneau, a conservé la teinte normale.

Si les relations sont telles que l'on ait $\dfrac{C'v}{Ca} > 1$, il va de soi que l'humidité favorise au début la lutte de la greffe contre les variations de milieu, et c'est ainsi que beaucoup de greffes se trouvent fort bien de l'humidité qui leur redonne une vigueur nouvelle.

Si l'humidité persiste, il arrive que ces plantes greffées souffrent plus que les plantes normales. Il suffit que le retard causé par le bourrelet dans la descente de la sève dépasse la résultante des effets du bourrelet sur la sève brute et des effets de la diffé-rence $\dfrac{C'v}{Ca} > 1$.

Mais les plantes greffées qui souffrent particulièrement de l'humidité sont celles qui réalisent le déséquilibre $\dfrac{C'v}{Ca} < 1$. Cela va de soi. L'on conçoit que le sujet et le greffon se trouvant dans un état biologique différent se comporteront d'une façon diffé-rente relativement aux résistances. Leur nature propre aura une influence considérable à cet égard, ainsi que la perfection re-lative du bourrelet. Il y aura donc, ici encore, *hétérogénéité* d'effets dans les types divers d'une même catégorie de greffes, comme dans des greffes de caté-gories différentes.

Ces greffes où le sujet est plus riche en eau que le greffon don-nent lieu à d'autres observations intéressantes. Prenons une plante de faible capacité fonctionnelle à tissus plutôt ligneux, comme le *Nierembergia filicaulis* ou le pi-

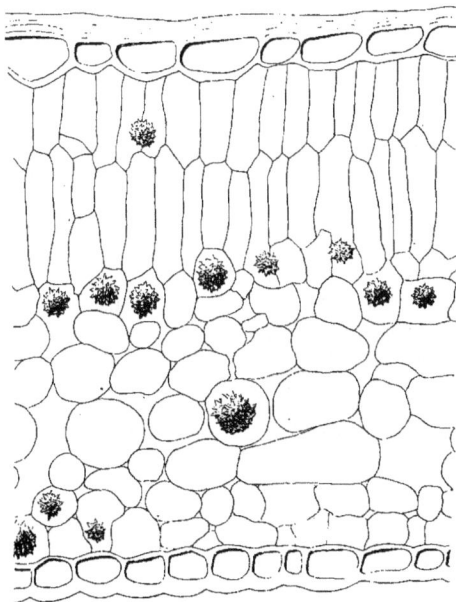

Fig. 18

Coupe transversale d'une feuille d'*Evonymus pulchellus* franc de pied.

ment, et greffons-la sur une plante de capacité fonctionnelle plus forte, à tissus herbacés riches en eau, comme la tomate. C'est le sujet qui pourrit invaria-blement le premier, dans la greffe ordinaire, quand le greffon peut se conserver vivant par affranchissement naturel ou par bouturage. Pareil résultat s'obtient dans la greffe d'une plante molle sur elle-même, comme dans les greffes de citrouille, de balsamine, et autres qu'on expose à une humidité excessive, sans laisser au sujet des pousses feuillées lui permettant d'isoler le greffon.

Dans les greffes inverses, où l'on a $\dfrac{C'v}{Ca} > 1$, le greffon plus aqueux meurt au contraire avant le sujet, et celui-ci se tire admirablement d'affaire en éliminant le parasite, si on lui laisse la faculté de le faire.

Quand il s'agit de plantes ligneuses, surtout dans celles où le sujet possède assez de chlorophylle pour vivre par lui-même, la lutte pour l'élimination du parasite greffon est favorisée plus encore, et il se produit, non plus seulement les effets de la décortication au collet, mais ceux de la décortication sur un rameau de la plante. Les feuilles du greffon rougissent et tombent comme sur le rameau décortiqué, et suivant l'intensité du déséquilibre, le greffon meurt de suite ou les années suivantes, quand le sujet continue à vivre. Il est naturel que tous les passages existent entre les cas extrêmes qui viennent d'être indiqués.

Le plus souvent les variations de l'humidité ne sont pas *excessives*, mais au contraire assez *tempérées* pour ne pas entraîner la mort des deux conjoints ou de l'un d'entre eux. Les plantes greffées vivent dans ce milieu plus humide en enregistrant les effets ordinaires de ce genre de vie. Un des effets qui se font sentir les premiers dans certaines greffes où le sujet pompe un excès de sève par les périodes d'humidité tempérée, c'est le rougissement des feuilles.

Cette production de pigment est facile à observer dans les greffes de divers *Solanum* sur tomate et sur tabac.

Le *Solanum jasminoïdes*, le *Solanum pubigerum* et autres greffes sur tabac rougissent en totalité ou en partie dans les feuilles âgées dès que l'humidité dépasse une certaine limite.

Lorsque l'air redevient sec, les feuilles reprennent progressivement la teinte verte normale.

Cette expérience montre deux choses à retenir et dont on remarquera l'analogie avec les effets de la décortication annulaire :

1º Que la couleur des feuilles est en relation avec l'humidité interne des tissus des plantes greffées ;

2" Que la greffe augmente l'humidité des tissus, puisque les témoins n'ont point manifesté des changements de coloration analogues à ceux des greffons.

L'appareil végétatif, à la suite de ces variations tempérées de l'humidité, prend un développement plus considérable et sa structure diffère de la plante normale cultivée comparativement. J'en citerai ici quelques exemples qui offrent à la fois un intérêt théorique et pratique, et qui sont choisis parmi les plus caractéristiques.

Un *Evonymus pulchellus* a été greffé, il y a plus de trente ans, sur Garet des bois *(E. europæus)*. Il a pris un développement considérable et forme une boule d'un gracieux effet ornemental. A côté sont cultivées des boutures du même pied ayant fourni le greffon et qui sont de même âge que le greffon. L'aspect de celles-ci est différent; le port est plus élancé. Les feuilles n'ont pas la même forme; elles sont plus allongées, à dents moins rapprochées; la couleur est d'un vert légèrement différent. Les bourgeons, au moment de la pousse, sont d'une teinte bien différente, bien que cette teinte soit un caractère spécifique des variétés.

J'ai fait comparativement l'étude anatomique des feuilles du type greffé et du type bouturé, franc de pied par conséquent. L'*Evonymus* greffé *(fig. 17)* possède des épidermes de plus grandes dimensions, de forme différente; le parenchyme palissadique est formé d'assises plus nombreuses, mais les cellules sont plus petites; le parenchyme lacuneux est beaucoup plus développé et les lacunes plus grandes que dans le franc de pied *(fig. 18)*. Enfin, le nombre des cristaux d'oxalate de chaux n'est pas le même dans les deux cas, ce qui montre bien que l'acidité est différente et, par suite, que le travail physiologique n'est pas non plus le même comme on l'a toujours enseigné jusqu'ici (¹).

(¹) M. Seyot, dans ses *Recherches sur la structure comparée des rameaux à bois et des rameaux à fruits des Rosacées à noyau* (Travaux du Laboratoire de botanique appliquée de la Faculté de Rennes), considère le nombre et la nature des cristaux d'oxalate de chaux comme l'appareil enregistreur de l'acidité. — L'on remarque aussi des différences dans le contenu en amidon des diverses greffes. J'ai indiqué, en 1892, l'abondance de l'amidon dans le greffon par rapport au sujet et M. Leclerc du Sablon a montré l'importance du choix du sujet à cet égard.

Les greffes d'*Helianthus multiflorus* sur *Helianthus annuus* sont tout aussi instructives. La première plante est connue sous le nom de petit soleil vivace ; elle possède des rhizomes qui chaque année donnent naissance à une plante nouvelle. La seconde est le grand soleil annuel. Contrairement à la première qui ne fournit pas de graines fertiles sous notre climat de Rennes, le grand soleil en donne en abondance.

Dans tous les exemplaires, mais avec des variantes dues aux différences de bourrelets, le sujet devint ligneux, épais et fort dur. C'est une sorte de suppléance entre la tuberculisation et la lignification en vue de la conservation de l'espèce. Le racinage du sujet était beaucoup plus développé que celui des témoins.

Les greffons prirent un développement remarquable ; ils étaient plus trapus, ramifiés abondamment dès la base ; leurs feuilles, plus vertes, étaient beaucoup plus épaisses, plus longues et plus larges ; c'est d'ailleurs conforme à ce qui se passe dans une plante soumise à l'action d'un milieu plus humide. Au voisinage du bourrelet,

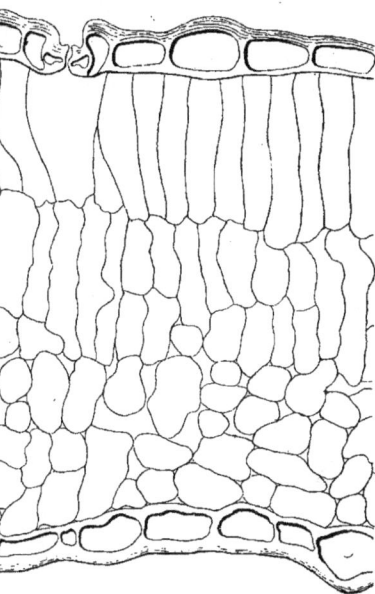

Fig. 19

Coupe transversale d'une feuille d'*Helianthus multiflorus* greffé sur *Helianthus annuus*.

des rameaux, à l'aspect de rhizome, se montrèrent, mais restèrent rudimentaires

La floraison se fit fort bien, la fécondation aussi, et je remarquai que la plupart des ovules se développèrent mieux que dans les témoins, sans cependant arriver à donner des fruits à graines fertiles, sauf un qui a germé et donné un exemplaire ayant hérité d'un certain nombre de caractères acquis dans la greffe.

Laissant de côté l'intérêt pratique et la valeur théorique de ce résultat, j'examinerai seulement ici les variations de structure de la feuille, le principal organe assimilateur, et l'on verra que dans les témoins et dans les types greffés il y avait encore de sérieuses différences, en partie du moins attribuables à l'action d'un milieu devenu plus riche et plus humide grâce au bourrelet arrêtant la descente des produits cellulaires.

Les parenchymes du greffon *(fig. 19)* étaient plus épais que ceux du franc de pied *(fig. 20)* et formés

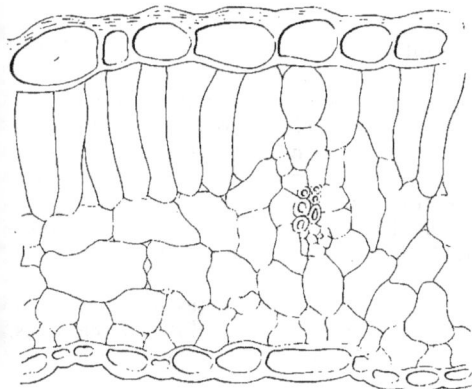

Fig. 20

Coupe transversale d'une feuille d'*Helianthus multiflorus* franc de pied.

de cellules différentes tant comme nombre des assises que comme forme. Le contenu cellulaire était également différent dans les deux cas, témoignant ainsi de la variation physiologique apportée par le greffage.

Plus démonstrative encore au point de vue de cette variation est la greffe du Volubilis sur la batate *(Batatas edulis)*. Ces deux plantes sont, comme l'on sait, toutes deux exotiques. Tandis que le volubilis est annuel et que sa chlorophylle fonctionne, sous notre climat de Rennes, avec une intensité suffisante pour bien lui permettre de mûrir ses graines et de vivre convenablement, la batate est vivace,

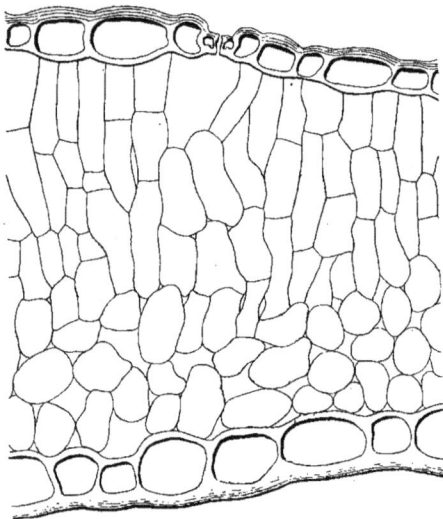

FIG. 21

Coupe transversale d'une feuille de Volubilis
greffé sur *Batatas edulis.*

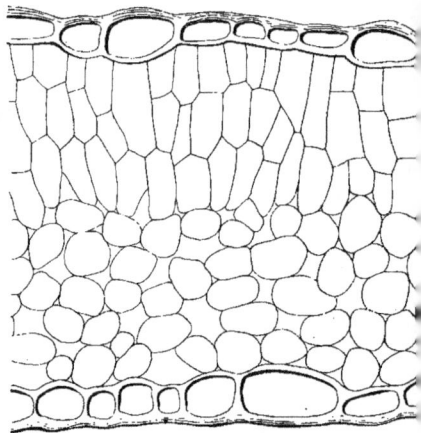

FIG. 22

Coupe transversale d'une feuille de Volubilis
franc de pied.

mais ne donne pas de graines; elle fournit lentement des tubercules qui n'atteignent une taille suffisante qu'au bout de plusieurs années, à condition de donner à la plante des soins particuliers. J'ai pu, en remplaçant l'appareil aérien de la batate par celui du volubilis mieux adapté à notre climat, obtenir une tuberculisation importante de la batate, quand les témoins ne se tuberculisaient pas du tout ou le faisaient à peine. L'intensité de la fonction de réserve était ici sous l'étroite dépendance de la capacité fonctionnelle de l'appareil assimilateur. Ce fait a son intérêt au point de vue de l'acclimatation et il aidera à comprendre certains faits d'acclimatation de la vigne dans leurs rapports avec le greffage.

Les feuilles du volubilis greffon *(fig. 21)* avaient elles-mêmes bénéficié de la plus grande capacité fonctionnelle d'absorption du *Batatas edulis*. Plus développées que dans les témoins, elles étaient aussi plus épaisses; leur parenchyme palissadique était plus développé que dans le franc de pied *(fig. 22)*. Enfin le nombre des cristaux d'oxalate de chaux était bien différent.

Je pourrais citer un nombre considérable d'observations du même genre portant sur les plantes herbacées comme sur les plantes ligneuses. Tous montreraient à des degrés divers le trouble profond causé par le greffage dans la nature des tissus et le contenu cellulaire; par conséquent on peut dire que le *travail physiologique est* lui-même *modifié dans la greffe*. C'est là un fait gros de conséquences.

Je dois ajouter que les résistances des végétaux greffés soumis à l'action d'une plus grande humidité sont diminuées proportionnellement à cette humidité. Sous ce rapport, on ne peut trouver de meilleur exemple que celui de la greffe du lilas[1], dont je vais donner brièvement la description. J'ai greffé en écusson un lilas âgé d'une dizaine d'années après l'avoir préalablement rabattu l'hiver pour provoquer la formation des rameaux de l'année aptes à recevoir l'écusson. La pousse de l'écusson eut lieu normalement et était longue de 25 centimètres environ quand survinrent des pluies abondantes. Pendant que s'effectuait cette pousse, le sujet, de capacité fonctionnelle très forte par rapport à son petit greffon, donna de nombreux rameaux de remplacement pour rétablir l'équilibre de végétation détruit par l'opération.

Pour favoriser la pousse du greffon, et dans un but de curiosité par ailleurs, je supprimai en partie les pousses du sujet comme on le fait habituellement dans la pratique. Aussitôt les extrémités tendres des pousses du greffon et du sujet, qui avaient été laissées intactes, pourrirent et furent atteintes par le *Botrytis cinerea*. L'arrêt des pluies sauva la greffe et bientôt le botrytis sécha, ainsi que les parties pourries. Les parties lignifiées suffisamment, qui avaient résisté, s'aoûtèrent comme après un pincement; les bourgeons grossirent, et celui qui devait prendre la place du bourgeon terminal, plus fort que les autres, se mit bientôt à pousser. Le sujet émit à nouveau des rameaux de remplacement que je me contentai de pincer, au lieu de les supprimer radicalement comme précédemment. De nouvelles pluies amenèrent à nouveau la réplétion aqueuse des parties jeunes et la pourriture grise. Une nouvelle période de beau temps provoqua de nouveau la cicatrisation, puis l'aoûtement et le grossissement des bourgeons et enfin de nouvelles pousses. Cette fois je laissai le tout se développer librement et, malgré les pluies, je n'observai plus ni pourriture ni *Botrytis cinerea*. Ces accidents étaient donc bien la conséquence du déséquilibre $\dfrac{C'v}{Ca} < 1$ causé par le greffage entre un sujet et un greffon de dimensions très inégales, quand la lutte naturelle de la plante contre ce déséquilibre était contrariée par l'opérateur et par le milieu.

Il va de soi que si le sujet et le greffon se trouvent dans un état biologique différent, ces plantes sont inégalement sensibles aux variations de l'humidité extérieure.

L'eau n'est pas le seul agent-cosmique qui ait une influence considérable sur la valeur du rapport $\dfrac{C'v}{Ca} \gtrless 1$. La chaleur, par exemple, a une grande importance, puisque les plantes ont sous ce rapport des adaptations bien tranchées le plus souvent.

J'en ai observé un exemple bien typique dans la greffe des Solanées. J'avais greffé sur aubergine et sur tomate, plantes qui meurent à Rennes dès les premiers froids, des *Solanum* vivaces (*S. jasminoïdes, S. glaucophyllum,* etc.), qui végètent au contraire à ce moment et gèlent beaucoup moins facilement. Tandis que les francs de pied ne souffrent que modérément de ces premiers froids, les greffons de *Solanum glaucophyllum,* par exemple, se fanent à la première gelée d'automne et finissent par mourir desséchés. Que s'est-il passé? La greffe, pendant la belle saison, puisait assez de sève par des racines aptes à pomper l'eau du sol à cette température. Le refroidissement brusque du milieu tuant la racine de l'aubergine ou de la tomate, le greffon voit cesser brusquement son absorption et meurt *desséché* à une période où l'humidité extérieure est très abondante.

[1] L. DANIEL, *Sur une greffe en écusson de lilas* (C. R. de l'Ac. des Sc., 1904).

Si la variation de température est progressive au lieu d'être brusque, les choses se passent différemment. Le sujet meurt progressivement. Sa moelle est alors envahie par les racines adventives du greffon qui la digère. Ces racines forment alors un faisceau dont la disposition en pinceau est très caractéristique. Grâce à ce pinceau, le greffon finit par atteindre le sol et il s'affranchit alors.

C'est ainsi que se comportent diverses greffes présentant des différences de rusticité ou de durée avec leur sujet annuel (Solanums vivaces, belladone, etc., greffés sur tomate ou sur tabac).

II. ACTION DE LA GREFFE SUR LES RÉSISTANCES DE LA VIGNE.

Les données générales précédentes peuvent-elles s'appliquer à la vigne? Ou bien, comme on l'a prétendu, la vigne fait-elle exception dans le règne végétal?

Après avoir parcouru à plusieurs reprises le vignoble reconstitué, je puis dire qu'il est une démonstration frappante de la justesse des théories que je viens ici d'exposer sommairement. En effet, en s'appuyant sur la théorie des capacités fonctionnelles, il est non seulement facile d'expliquer un grand nombre de phénomènes de variation observés sur les vignes greffées, et dus aux changements de nutrition amenés par l'opération du greffage, la taille, les engrais ou les milieux; mais il était possible de les *prévoir*, par conséquent de les *obtenir* ou de les *empêcher* suivant les besoins, si l'on avait su recourir à la science au lieu de reconstituer hâtivement en se basant sur des données incomplètes ou erronées. La vigne obéit aux mêmes lois physiologiques que les autres végétaux, et les effets du greffage de cette plante sont analogues à ceux que l'on observe dans les plantes susceptibles de se greffer de la même manière. C'est là une *vérité* qu'on ne saurait trop répéter aux viticulteurs soucieux de leurs véritables intérêts.

Dans ce qui va suivre, j'étudierai les effets du greffage de la vigne en les groupant en deux séries :

1° Les changements dans les résistances par l'effet des variations de milieu;

2° Les changements de résistance aux parasites.

PREMIÈRE SÉRIE. — *Résistances aux variations de milieu.*

Cette série comprend tout naturellement les divers phénomènes que l'on a désignés sous le nom général d'*adaptation* (sols, climats, etc.), comme aussi tous les *déséquilibres physiologiques* causés par le greffage et que l'on a attribués à des *maladies parasitaires*, soit par ignorance de leur véritable cause, soit dans le but de dissimuler les inconvénients de la reconstitution.

Je m'occuperai successivement et plus spécialement des variations dans la *quantité des sèves*, autrement dit des alternatives de sécheresse et d'humidité, puis des variations dans la *qualité des sèves*, sans prétendre pour cela qu'il soit toujours facile de reconnaître la part qui revient à chacune d'elles dans la production des phénomènes observés. Si cette détermination intéresse la science, elle a moins d'importance, au moins actuellement, pour le praticien qui a besoin simplement de savoir *si cette variation existe,* et, dans l'affirmative, d'en connaître les limites, au point de vue utilitaire.

A. Quantité relative des sèves.

La quantité de sèves fournies au greffon et au sujet dépend du rapport $\dfrac{C'v}{Ca} \gtrless 1$, et comme celui-ci est la résultante des actions combinées du bourrelet et de la différence des capacités fonctionnelles, je vais examiner séparément les effets de chacune de ces causes de variations.

1. Le bourrelet dans les vignes greffées.

Le bourrelet, dans les vignes greffées, est fonction d'un très grand nombre de facteurs, ainsi que je l'ai montré[1]. De ces facteurs il faut faire deux parts : ceux qui sont liés aux plantes elles-mêmes qu'on associe (cause intrinsèque de réussite), ceux qui dépendent de l'opérateur et des milieux (cause extrinsèque).

Or les vignes sont loin de présenter des conditions de végétation analogues (et cela sera examiné plus loin) et d'avoir la même faculté de régénération des tissus, comme la même facilité de souder leurs méristèmes. Donc il y a fatalement des bourrelets différents quand on greffe des vignes différentes. Mais l'examen de ces variations de bourrelets suivant les diverses catégories de vignes greffées se fera avec l'étude des résultats produits par les différences de capacités fonctionnelles. Je me bornerai, pour le moment, à montrer quelques conséquences de la remarquable diversité des bourrelets dans une même série de vignes greffées, diversité due aux causes extrinsèques de variation, c'est-à-dire à la manière dont est faite l'opération et à la manière dont s'est faite la cicatrisation.

Le bourrelet de la vigne produit un contournement des vaisseaux *(fig. 23)* qui augmente la longueur L du chemin à parcourir par la sève brute. De plus, des parenchymes s'intercalent entre les vaisseaux. Par les chaleurs d'été et la sécheresse, il se produit obligatoirement une dilatation des tissus. Mais tandis que dans la plante normale les vaisseaux sont droits et que l'effet de la dilatation se produit d'une façon sensiblement uniforme dans toute leur longueur, dans la plante greffée il se produit fatalement une augmentation de la courbure au niveau du bourrelet, dans la région contournée. Cette augmentation de courbure entraîne une augmentation de L et par conséquent la vitesse v d'ascension de la sève brute est diminuée encore. Quelque petite que puisse être la diminution de v ainsi causée, elle n'en existe pas moins, et, à la longue, dans les périodes de sécheresse intense, elle finit par atteindre une valeur qui n'est pas négligeable.

Les parenchymes de cicatrisation qui remplacent des tissus lignifiés dans la région normale auxquelles correspond le bourrelet, sont moins bien protégés et plus sensibles à l'action de la chaleur que les tissus ligneux. Il en résulte que le froid excessif ou les chaleurs élevées ont plus de prise sur le bourrelet que sur les régions normales. Le fait a été signalé déjà par M. Junqueiro, en Portugal[2]. « C'est par les soudures, dit-il, que les chaleurs torrides attaquent les ceps. » On pouvait, en 1904, à Haut-Gardère, chez M. Ricard, faire des constatations de ce genre comme en plusieurs autres points du vignoble greffé.

[1] L. DANIEL. — *Conditions de réussite des greffes (Revue générale de botanique,* 1900).
[2] *Revue de viticulture,* 12 octobre 1901.

Plusieurs viticulteurs m'ont affirmé de plus que les gelées avaient parfois une répercussion désastreuse sur les bourrelets.

Fig. 23

Cabernet-Sauvignon franc de pied. La tige présente de
nombreuses fentes causées par la dessiccation; ces fentes
se continuent dans la racine.

L'on conçoit que le phénomène physique de la dilatation joue un rôle considérable dans ces résultats concurremment avec la gelée ou la dessiccation des tissus vivants. Le sujet et le greffon ont souvent une structure toute différente et se dilatent inégalement; il en résulte des ruptures très préjudiciables à la greffe.

La preuve de cette inégalité est fournie par les greffes de Cabernet-Sauvignon sur Riparia. Ce dernier a un bois tout différent de celui du Cabernet, et le sujet reste de taille bien inférieure à celle du greffon. L'année dernière, après la sécheresse de 1904, j'eus l'occasion de visiter le domaine de Brane-Cantenac (Médoc), où l'on avait arraché quelques vignes greffées (cultivées à titre d'essai) à cause des mauvais résultats qu'elles avaient fournis. Des Cabernet-Sauvignon de même âge cultivés comme témoins avaient été arrachés en même temps. Les souches, mises en tas pour être brûlées, avaient subi l'action de la chaleur considérable de l'été et s'étaient fendillées. Mais tandis que les fentes, dans les francs de pied *(fig. 23)*, s'étendaient de la tige dans les fortes racines sans interruption, ces brisures n'existaient que sur les greffons dans les vignes greffées et s'arrêtaient net au bourrelet *(fig. 24)*. C'était frappant et fort démonstratif.

Lors de mon voyage dans la Gironde en septembre 1904, j'ai pu en outre constater combien la théorie du bourrelet telle que je l'ai formulée se vérifiait pour la vigne.

A Haut-Gardère, chez M. Ricard, se trouve une plantation de Sémillon greffé sur Riparia qui occupe une surface de 50 ares. En la parcourant, on voyait, d'une façon générale, que les ceps souffraient de la sécheresse. Les feuilles étaient tombées en partie à la base des rameaux; les feuilles restantes étaient plus ou moins flétries, recroquevillées et dépourvues plus ou moins de leur turgescence normale. Les raisins étaient eux-mêmes plus ou moins flétris et arrêtés dans leur développement par le défaut d'eau. Ces conséquences de la sécheresse sont bien connues. Ce qu'il y avait de remarquable dans cette plantation, c'est que la souffrance des ceps n'était nullement uniforme, mais présentait au contraire une diversité frappante. Quelques pieds paraissaient moins souffrir que

FIG. 24

Greffe de Cabernet-Sauvignon sur Riparia. — Le sujet ne s'est pas fendu sous l'influence de la dessiccation; le greffon est fendu jusqu'au niveau du bourrelet.

les autres; leurs feuilles étaient plus nombreuses, plus turgescentes, leurs raisins étaient en meilleur état et plus gros. D'autres étaient au contraire très souffrants; leurs rameaux, très défeuillés, portaient quelques pointes vertes avec des feuilles jaunissantes ou flétries; leurs raisins étaient petits et ridés. Enfin, entre ces deux états extrêmes, existaient tous les intermédiaires. Il était facile de voir que dans ces ceps il y avait une grande variété de soudures, et qu'aux meilleures soudures correspondaient les meilleures résistances à la sécheresse.

Or, ces différences ne sont pas sensibles les années où l'humidité est assez élevée et elles ne prennent toute leur intensité que par une sécheresse suffisante.

Dans les vignes franches de pied, la turgescence était moins réduite en général, sauf pour quelques jeunes vignes françaises dont le racinage n'avait pas encore eu le temps d'atteindre les régions profondes. On remarquait bien çà et là quelques ceps qui, pour des raisons diverses, avaient une vigueur moindre, mais l'uniformité de tenue était incomparablement plus parfaite que dans les mêmes types greffés.

J'ai constaté des différences semblables en d'autres points du vignoble. Ainsi, chez M. Dubourg, aux Graves de Pomerol, la différence d'aspect des vignes greffées cultivées à côté des vignes franches de pied était très sensible à l'œil nu. Cette différence était surtout sensible au moment de mon passage parce qu'une pluie d'orage avait succédé à des journées ensoleillées et fut suivie de beau temps. Les feuilles, réduisant leur surface pour lutter contre le déséquilibre $\dfrac{C'v}{Ca} > 1$, se fanaient beaucoup plus vite dans les greffons : *elles avaient plus soif*, comme disent les jardiniers, et ce fait frappa M. Dubourg qui l'observa avec moi.

On pourrait croire que ces effets ne se rencontraient que dans les graves, c'est-à-dire dans des terrains secs. Il n'en est rien. On les observait aussi dans les paluds, en particulier aux environs de Libourne.

Cette hétérogénéité d'aspect des ceps d'une même série de vignes greffées, dans les périodes de grande sécheresse, est si bien la conséquence de l'inégalité des bourrelets qu'elle se retrouve dans les vignes franches de pied, quand celles-ci présentent des broussins. L'on comprend que les broussins jouent un rôle analogue au bourrelet, dont ils rappellent la structure contournée. Très variables en étendue, différents chacun comme structure anatomique, ils doivent produire les mêmes effets que les bourrelets, et c'est bien ce qui arrive en effet. Ainsi chez M. Vitrac, dans la palud d'Arveyres, à Monbouchet, près Libourne, des vignes franches de pied étaient pourvues de broussins et offraient, par rapport à la résistance à la sécheresse, les mêmes phénomènes que les vignes greffées, c'est-à-dire une frappante hétérogénéité de résistance.

Cette année (1905), les effets de la sécheresse ont été moins accentués. Cependant il était encore facile, en certains endroits, de reconnaître les vignes greffées et les francs de pied, dans les régions où le phylloxéra, par ses ravages, ne vient pas compliquer la question pour ces derniers.

Dans le vignoble de M. Etienne Salomon, à Thomery (Seine-et-Marne), se trouvent des chasselas de Fontainebleau cultivés en espalier, les uns francs de pied, les autres greffés sur divers sujets, Riparia gloire, Rupestris Lot, Aramon-Rupestris Ganzin, etc. Or, bien que toutes conditions soient égales d'ailleurs, on trouve sur les ceps d'une même série de greffes une différence très remarquable de tenue qui se manifeste par une teinte très différente des feuilles, par un gaufrage différent et par un changement de forme. L'aspect est variable suivant chaque cep, ce qui montre l'action d'un bourrelet différent. Cette variété d'effets dus à l'hétérogénéité des bourrelets est un obstacle sérieux, d'après M. Etienne Salomon, à la culture des greffes de raisins de table, parce que l'horticulteur ne sait pas ce qu'il obtiendra après la taille, comme il le savait avec les vignes franches de pied.

Les plantes, à l'automne, se préparent à passer à l'état de vie ralentie. Beaucoup, en s'aoûtant, présentent des changements de coloration du bois et des feuilles. Dans les végétaux francs de pied, il y a une assez grande uniformité dans l'époque de ce passage, si les conditions de milieu sont les mêmes. Il fallait s'attendre, avec le bourrelet, à voir les plantes greffées se comporter chacune à sa manière sous ce rapport. C'est ce que l'on observe souvent dans le cas des vignes qui ont des teintes tranchées, comme le chasselas dont je viens de parler et comme certains cépages donnant des raisins de cuve.

En 1904, dans l'Anjou, l'aspect de diverses vignes greffées était très caractéristique. Les teintes automnales des feuilles variaient dans chaque pied quand, non loin de là, quelques vieilles vignes étaient sensiblement au même état de végétation. Cette année, j'ai pu observer encore cette variété de teintes dans de nombreux vignobles greffés avec des types de vignes rougissant à la fin de la végétation. Ces différences sont naturellement bien moins sensibles avec les vignes qui ne présentent pas normalement des variations prononcées de la couleur à l'époque du passage à l'état de vie ralentie.

De ces changements de teintes peuvent se rapprocher les différences d'aoûtement dans une même série de greffes. Il va de soi que le bourrelet, suivant sa perfection relative, amène un aoûtement proportionnel à la souffrance qu'il provoque. Le bois prend une teinte différente et les bourgeons sont plus ou moins bien formés. Ces changements ne se retrouvent pas à un même degré dans les francs de pied.

Je me propose d'étudier plus tard l'aoûtement à ce point de vue particulier, qui intéresse tout particulièrement le viticulteur au double titre de la sélection des boutures et des greffons pris sur une même série de greffes.

Il va de soi que je parle d'*une même série de vignes greffées sur le même sujet*, dans les mêmes conditions par ailleurs (sol, climat, phylloxéra, etc.). Il est facile de comprendre, comme on le verra par la suite de ce travail, que dans des *séries différentes* de greffes, les relations existant entre les capacités fonctionnelles de la vigne sujet et de la vigne greffon viennent compliquer la question et jouent leur rôle dans la valeur finale du rapport $\dfrac{C'v}{Ca} \gtrless 1$ qui règle à l'automne, comme pendant la végétation active, l'état biologique de la symbiose.

En résumé, tandis qu'avec les francs de pied le viticulteur était autrefois à peu près certain de ses résultats, qui se produisaient avec une suffisante *homogénéité* avec les greffes, l'*hétérogénéité* est telle qu'il ne peut prévoir à l'avance ce qui se passera dans un cep donné. Le bourrelet varie, en effet, non seulement dans des ceps voisins, mais dans un même cep suivant les années. C'est lui l'épée de Damoclès suspendue sur la tête du vigneron, à la direction duquel il échappera toujours. Ses effets sont d'autant plus pernicieux que la vigne est précisément une des plantes les plus délicates, les plus sensibles, sur les produits de laquelle les déséquilibres de nutrition ont une influence unanimement reconnue et tout particulièrement prononcée[1].

2. *Les différences de capacités fonctionnelles.*

Le rapport $\dfrac{C'v}{Ca} \gtrless 1$, existant entre le sujet et le greffon dans les greffes de vignes de variétés ou d'espèces différentes, joue déjà un grand rôle dans la production du bourrelet et dans la valeur relative des troubles de la conduction.

[1] Je reviendrai plus loin sur ce point très important à propos du *changement des procédés séculaires de la taille*, changement obligatoire avec le greffage de la vigne et non *facultatif* comme quelques-uns voudraient actuellement le faire croire.

Mais il a par lui-même, en dehors du bourrelet, des conséquences très importantes au point de vue de la végétation relative et des résistances des vignes greffées.

Dans ces plantes, le rapport $\dfrac{C'v}{Ca} \gtrless 1$ est sous la dépendance de deux facteurs principaux qui sont : la *disposition du racinage* du greffon par rapport à celui du sujet et les *propriétés physiques de la membrane de ses poils absorbants*.

L'on sait que les variétés de *Vitis vinifera* ont en général les racines disposées de façon à pénétrer dans les couches profondes du sol et à y puiser, *même dans les périodes de grande sécheresse*, l'eau chargée de sels dont elles ont besoin.

Au contraire, les diverses espèces de vignes américaines ([1]) qui ont servi dans la reconstitution du vignoble français sont pourvues de racines bien différentes comme *disposition* et comme *fonctionnement*. Chacun le sait par expérience, sans qu'il soit besoin d'insister.

Or, dans ces vignes, on peut établir trois types principaux reliés par tous les intermédiaires sous le rapport de la vigueur relative et des exigences culturales : le type York-Madeira, le type Riparia et le type Rupestris.

L'York-Madeira, quoique abandonné presque partout aujourd'hui, est intéressant théoriquement. Sous le rapport de la vigueur, c'est, paraît-il, un cépage de végétation assez faible et se rapprochant plus de la végétation de la vigne française que les deux autres types.

Le Riparia possède des racines traçantes, abondamment ramifiées et remontant vers les couches superficielles du sol qu'elles épuisent facilement. Quand les circonstances extérieures sont favorables, les racines, grâce à leur disposition spéciale, travaillent avec leur capacité fonctionnelle maxima. Pour cela, il faut que ce cépage soit planté dans des sols frais à la surface. Il bénéficie d'ailleurs avec rapidité des pluies qui imprègnent les couches superficielles sans atteindre les couches profondes. De là, une vigueur plus grande que celle de la vigne française dans ces conditions favorables à sa végétation. Mais dans les sols secs comme par les périodes de sécheresse prolongée, le Riparia voit naturellement diminuer sa capacité fonctionnelle d'absorption qui devient inférieure à celle de la vigne française.

Le Rupestris (R. du Lot, par exemple) a des racines moins traçantes que le Riparia. Leur disposition offre à première vue beaucoup plus d'analogie avec celles du *Vitis vinifera*. Pénétrant plus profondément dans le sol, on pourrait croire qu'elles se comporteront de la même manière que nos cépages indigènes. Il n'en est rien dans la plupart des cas, car la vigueur de ce cépage est plus grande que celle de la vigne française dans les sols qui lui conviennent. Mais par la sécheresse il semble, dans beaucoup de cas du moins, moins apte à puiser dans les profondeurs du sol l'eau nécessaire à sa végétation.

De ces propriétés ou de ces dispositions, il résulte donc que pour les Riparia et les Rupestris l'absorption Ca, en milieu extérieur normal, considérée sous le rapport de l'eau, est plus grande que celle $C'a$ du *Vitis vinifera*, lorsque les sols conviennent à ces cépages. Mais si le milieu normal fait place au milieu sec ou si le sol ne convient pas comme distribution relative de l'humidité, c'est l'inverse qui existe. C'est là un fait d'une importance capitale en théorie et en pratique.

Ces vignes américaines, trouvées à l'état naturel, ont été plus tard remplacées en certains points du vignoble par des hybrides *américo-américains* artificiellement obtenus par croisement ou par des hybrides *franco-américains*. Or, l'on sait que, d'une façon générale, les hybrides sont *plus vigoureux* que le plus vigoureux

([1]) Espèces, variétés ou hybrides naturels.

des parents. Dans la vigne, il en est de même pour tous les hybrides de première génération et pour beaucoup d'autres, comme l'a montré M. Couderc, l'hybrideur bien connu d'Aubenas[1]. Il en résulte que, dans les sols qui leur conviennent et en milieu extérieur normal comme humidité, la capacité fonctionnelle d'absorption de l'eau dans ces derniers hybrides est supérieure à celle des Riparia ou des Rupestris employés comme générateurs.

L'on sait, comme je l'ai déjà fait remarquer, que dans la reconstitution, l'on a recherché avant tout la vigueur du sujet, en vue d'obtenir à la fois une belle végétation et les grands rendements[2]. L'York-Madeira et les cépages voisins comme capacités fonctionnelles, ont été vite abandonnés pour les cépages vigoureux, et les hybrides de capacité fonctionnelle plus faible que les Viniferas ne sont pas usités comme sujets, à ma connaissance du moins.

De plus, l'on a rejeté les cépages donnant de mauvaises soudures, de façon à réduire au minimum les effets propres du bourrelet.

Dans ces conditions (et il me serait facile de justifier cette vérité, si l'on venait à la contester, par de nombreuses citations empruntées à la littérature viticole), l'on a réalisé, pendant la majeure partie de la vie des vignes greffées, une symbiose caractérisée par le rapport $\frac{C'v}{Ca} < 1$, qui correspond pour la vigne française à la vie en milieu plus humide, vu que les effets du bourrelet sont alors, en milieu normal, trop faibles pour annuler ceux des différences de capacité fonctionnelles[3]. C'est, en somme, le cas inverse de celui de la greffe des arbres fruitiers.

Les conséquences d'un tel choix des sujets de capacités fonctionnelles plus grandes que celles des greffons et donnant de bonnes soudures se déduisent d'elles-mêmes, d'après les recherches générales précédemment exposées. On peut affirmer que, dans les greffons, il y a, en milieu normal, par comparaison avec le franc de pied de même variété (et cela proportionnellement à la valeur relative du rapport $\frac{C'v}{Ca} < 1$), production des effets habituels du milieu humide, c'est-à-dire augmentation des dimensions de l'appareil végétatif, changement de structure, augmentation de la coulure physiologique, variation dans le raisin et dans les résistances au milieu, sensibilité plus grande de la plante aux maladies cryptogamiques, etc.

Il est également *obligatoire* que, pendant les périodes d'humidité excessive, ces phénomènes *s'accentuent avec plus d'énergie dans le greffon que dans le franc de pied*. Il n'est pas, je crois, besoin d'insister théoriquement sur ce point capital.

En milieu sec, par le fait même des différences de racinage entre le sujet et le greffon, il arrivera au contraire que la vigne française (dont l'absorption $C'a$ continue à se faire, grâce à son adaptation spéciale, quand au contraire la vigne sujet voit diminuer de plus en plus cette fonction) se trouvera, dans beaucoup de cas, une fois greffée, vivre en milieu plus sec que le franc de pied, et la relation initiale $\frac{C'v}{Ca} < 1$ passera progressivement à la relation inverse $\frac{C'v}{Ca} > 1$. Dans les périodes de sécheresse excessive, le greffage *accentuera donc les effets de la sécheresse sur le greffon par rapport au franc de pied*, et celui-ci sera par conséquent *plus résistant* que la vigne greffée, *toutes conditions égales d'ailleurs*. Celle-ci donnera,

---

[1] Voir les comptes rendus du Congrès de Lyon, 17-19 novembre 1901.
[2] Voir plus haut l'opinion de M. Viala, à propos de la reconstitution en Maine-et-Loire. D'ailleurs chacun sait que les vignes américaines sont, en général, plus exigeantes sous le rapport des engrais, ce qui indique, sous ce rapport encore, une plus grande capacité fonctionnelle que dans les *Viniferas*.
[3] Il est bien entendu qu'il n'est question ici que des *greffes bien réussies*, et non de celles qui *souffrent* pour une cause quelconque.

à ce moment, des pousses moins vigoureuses, plus lignifiées, un raisin plus sucré, etc.

Ces modifications ont une importance fondamentale dans la pratique viticole.

Mais *ce que la théorie fait prévoir existe-t-il en réalité?* Il paraîtra singulier au lecteur que cette question puisse encore être posée lorsque la reconstitution par greffage est faite dans de nombreux vignobles, quand il y a plus de quarante ans que le phylloxéra a fait sa première apparition en France. Ce qui est plus étonnant, à mon avis, c'est qu'elle n'ait pas été résolue dès l'origine et qu'il se trouve, aujourd'hui encore, des gens assez peu soucieux des intérêts généraux de la viticulture pour empêcher la vérité de se faire jour, au lieu de provoquer et d'encourager les recherches sur ce point capital.

Cependant l'on a fait des expériences comparatives sur le greffage, mais on les a faites pour la plupart comme si la greffe était à tout jamais entrée dans la pratique viticole. Ainsi l'on a cherché les sujets s'alliant avec facilité aux greffons, s'adaptant le mieux aux sols, aux climats, etc. (¹). Sous ce rapport, ce ne sont pas les essais qui ont manqué, pas plus dans les champs d'expériences de l'État que chez les particuliers.

Mais l'on n'a pas songé, sauf depuis le jour où l'attention a été scientifiquement appelée sur les inconvénients du greffage, à faire des recherches comparatives rigoureuses sur les vignes greffées, cultivées côte à côte avec les francs de pied du même âge, et soumises aux mêmes soins de culture.

Cela tient non seulement à un vice de méthode, mais aussi à ce qu'on n'a pas toujours bien saisi l'importance considérable de cette comparaison. Si le grand intérêt pratique du choix des sujets par rapport à la résistance vis-à-vis de la sécheresse, par exemple, sautait aux yeux, il n'en était pas de même pour la comparaison avec le franc de pied.

Pour celui qui veut greffer à tout prix, pareille étude semble inutile pratiquement. Elle ne l'est pas moins pour celui qui veut avoir exclusivement recours à la culture directe. Elle ne peut paraître utile qu'aux éclectiques, qui veulent être renseignés avant de choisir l'une ou l'autre culture, ou à ceux qui cherchent à connaître la vérité pour elle-même, c'est-à-dire à ceux qu'on appelait autrefois les curieux de la nature.

Cependant cette étude comparative est indispensable, car elle seule peut nous renseigner sur la vraie cause de divers accidents de végétation qui, à certains moments, ont pris l'allure de calamités et dont la fréquence n'est pas sans inquiéter actuellement plus d'un greffeur, et même ceux qui ont poussé et poussent encore à la reconstitution.

L'on me dira que l'étude comparative était impossible parce que le phylloxéra, étant donnée l'intensité de son attaque vis-à-vis des Viniféras, ne permettait pas la culture de ceux-ci comme témoins, ou qu'en tout cas il aurait tellement affaibli les francs de pied que l'expérience n'eût donné aucun résultat sérieux. Cette objection est spécieuse, car l'on pouvait cultiver ces vignes en terrains sablonneux et perméables, où la lutte par le sulfure de carbone était possible. Il y avait en outre un moyen de tourner la difficulté. Au moment même où débutait la reconstitution par le greffage dans le Midi, la majeure partie du vignoble était encore

---

(¹) Ici je ne saurais trop mettre le lecteur en garde contre l'abus qui a été fait des *solutions nominales*. Le mot *affinité*, en particulier, a été employé avec des sens divers pour masquer l'ignorance où l'on était de la cause véritable des phénomènes. Ainsi pour les uns, comme M. Duchartre et M. Sahut, l'*affinité dans le greffage* est la même que l'*affinité sexuelle*. C'est une erreur grave, comme je l'ai démontré dans mon Mémoire sur *Les conditions de réussite des greffes* (Paris, 1900).

Dire d'autre part que l'affinité est l'ensemble des causes qui font que deux plantes greffées vivent comme une plante autonome, c'est parler pour ne rien dire, comme l'ont fait trop d'écrivains égarés sur le terrain théorique sans y être préparés par des études scientifiques suffisantes.

indemne de phylloxéra. Rien n'était plus facile que de faire, dans ces régions, les expériences comparatives qui auraient fixé les viticulteurs sur les avantages et les inconvénients relatifs de l'opération.

Peut-être me fera-t-on une nouvelle objection. Au moment où débutait la reconstitution dans le Midi, des mesures prohibitives rigoureuses étaient prises pour empêcher l'importation des vignes américaines phylloxérées, afin d'éviter la propagation du fléau. Si donc l'on avait greffé sur vignes américaines, on aurait risqué d'introduire l'insecte dans les régions saines et l'on s'exposait aux rigueurs de la loi. L'argument est aussi spécieux que le précédent. Il n'était nul besoin de prendre des vignes américaines contaminées, vu que, en divers points du vignoble, il y avait des cépages américains, absolument sains, et introduits pour lutter contre l'oïdium vers 1850. On pouvait opérer |sur ces plantes ou prendre les vignes américaines des collections botaniques de l'époque qui n'étaient pas davantage atteintes.

Il était d'ailleurs facile encore, même avec des vignes contaminées et en terrain phylloxéré, d'étudier les effets du greffage en cultivant côte à côte greffes et francs de pied. Il suffisait pour cela de greffer entre elles des vignes américaines de même résistance à l'insecte et de capacité fonctionnelle différente, réalisant le cas $\dfrac{C'v}{Ca} < 1$ comme dans la symbiose de la vigne française et de la majeure partie des vignes américaines. Dans ces greffes, en effet, la question du phylloxéra devenait négligeable; ou si elle entrait en ligne de compte, elle devenait une conséquence du greffage.

Vers 1899, un homme d'ardente initiative, passionné pour tout ce qui touche aux intérêts généraux de la viticulture, M. Jurie, de Millery (Rhône), eut le premier l'idée de faire pour la vigne des *études comparatives de greffage*, scientifiquement conduites, afin de se rendre compte si vraiment la vigne faisait exception dans le règne végétal ou si au contraire elle se comportait comme les autres végétaux[1]. C'est donc lui qui a le premier réalisé, dans la mesure de ses moyens, ce qui eût dû être l'œuvre de l'État ou des associations agricoles. Et il l'a fait à une époque où toute tentative de ce genre soulevait un *tolle général* dans la majorité du monde viticole, qui s'opposait alors à toute discussion par une fausse conception de ses intérêts économiques[2].

Dans son clos de Millery, il a réuni un certain nombre d'hybrides et ceux qu'il a créés lui-même en se basant sur les données de la science relatives aux lois de l'hybridité. Il a greffé entre eux ces hybrides, tout en conservant pour chacun d'eux des *témoins* francs de pied, et il lui a été ainsi facile d'observer les modifications produites tant dans le sujet que dans le greffon. J'aurai souvent à revenir par la suite sur les résultats qu'il a ainsi obtenus.

Quelque temps après, un propriétaire de la Gironde, M. Marcel Ricard, de Léognan, frappé des premiers résultats signalés par M. Jurie et désireux de savoir à quoi s'en tenir avant de se lancer dans des opérations coûteuses, eut aussi l'idée de créer dans son vignoble un champ d'expériences destiné à le renseigner au point de vue des effets du greffage. Mais, sur les conseils de M. Jurie, je crois, il eut soin de cultiver non pas seulement des vignes greffées sur divers sujets afin de voir quel était le sujet le plus convenable dans son terrain, mais aussi de planter des *témoins* de même âge, provenant de boutures prises comparativement sur les ceps de *Vitis vinifera* ayant fourni les greffons.

M. Ricard qui, avec une entière bonne grâce, ce dont je le remercie, a mis à

[1] Voir A. JURIE. — *A propos d'un livre nouveau* (Revue des hybrides, 1899).
[2] Ceux qui ont assisté au Congrès de Lyon, en 1901, en savent quelque chose.

ma disposition les vignes de ce champ d'expériences, ne m'en voudra pas toutefois de faire quelques critiques et de signaler ici quelques lacunes, qui enlèvent aux résultats observés un peu de cette précision que réclame la science.

Les vignes d'expérience, greffées et non greffées, sont bien toutes de même âge, à part quelques pieds que l'on a dû remplacer et qu'il est facile de reconnaître. Elles sont cultivées dans une portion restreinte de terrain, soumises aux mêmes soins, ce qui élimine, dans une certaine mesure, l'action des milieux différents (1).

Mais les francs de pied, par le fait de leur moindre résistance au phylloxéra, se trouvent dans des *conditions défavorables* par rapport aux types greffés sur sujets plus résistants. Or, le sol de Haut-Gardère est phylloxéré. Quelque minime que soit l'attaque de l'insecte, on n'a pas le droit de la négliger dans la comparaison des résultats, dès l'instant que l'on ne sulfure pas le terrain.

Il y a lieu aussi de regretter le petit nombre des exemplaires mis en expérience. Cela tient à la *multiplicité exagérée* des essais, puisque, dans un espace assez restreint, figurent plus de cinq cents combinaisons. Cette multiplicité a un autre désavantage. Pour utiliser les matériaux, il faudrait non pas *un* observateur quelles que soient sa compétence et sa bonne volonté, mais plusieurs *spécialistes*, opérant chacun dans leur partie, avec une *méthode commune* permettant, après avoir fait des observations suivies, de tirer des conclusions sérieuses de l'ensemble, sans quoi l'on s'expose à faire une œuvre vaine.

Pour ce qui concerne l'étude des variations causées par les changements atmosphériques, qui ont une si grande répercussion sur la biologie des plantes greffées, il serait indispensable qu'à tout champ d'expériences de ce genre fût annexée une petite station météorologique, composée au minimum d'un pluviomètre, d'un baromètre et d'un thermomètre enregistreurs. Ces instruments permettraient de suivre la marche annuelle de la végétation et de faire ainsi des remarques d'une absolue précision (2).

Il me faut enfin exprimer un dernier regret : c'est que, au début, la Société d'agriculture de la Gironde n'ait pas donné les comparaisons des greffes et des francs de pied. Semblable oubli pourrait paraître du *parti pris,* car l'on n'a publié ces comparaisons que sur la réclamation de sociétaires désireux d'être complètement renseignés, et seulement après la publication des analyses de M. Laurent.

Malgré toutes ces réserves, le champ d'expériences de Haut-Gardère n'en reste pas moins, après celui de M. Jurie et avec quelques autres de création récente, un des mieux organisés actuellement en vue de la solution de divers problèmes concernant les effets du greffage de la vigne. Dans ces champs d'expériences j'ai pu recueillir des documents précieux et en vérifier d'autres. Ces documents, joints à ceux que j'ai relevés aussi bien dans les ouvrages des partisans que dans ceux des adversaires du greffage, vont me permettre de justifier *expérimentalement* la théorie et les déductions que j'ai formulées dans ce qui précède. Je suis convaincu que les faits deviendront chaque année plus nombreux si l'on veut bien se donner la peine d'observer *impartialement* les effets multiples, bons ou mauvais, du greffage de la vigne, au lieu de mettre le boisseau, par mot d'ordre, sur tout ce qui pourrait éveiller des inquiétudes chez les viticulteurs.

---

(1) La seule méthode permettant, par exemple, d'éliminer d'une façon absolue la cause d'erreur provenant des variations du sol et du sous-sol est celle de la culture en sols stériles ou en solutions nutritives. Ce sont là des expériences de laboratoire dont il ne peut être question chez un particulier.

(2) On ne peut guère demander à un particulier de faire les dépenses d'une semblable installation.

A. Effets généraux des variations excessives de l'eau dans les vignes greffées.

Les souffrances des vignes greffées dépendent à la fois de la nature du bourrelet et des relations entre les capacités fonctionnelles du sujet et du greffon, qui varient non seulement suivant la nature des deux plantes greffées, mais encore sous l'influence des divers éléments cosmiques (humidité relative des sols, climats, etc.). En voici des exemples relevés un peu partout, au point de vue pratique surtout; par conséquent on ne peut dire qu'ils ont été préparés pour les besoins de la cause :

a) Sécheresse. — « La vigne, en Lot-et-Garonne, dit M. de Cazaux (¹), souffre de la sécheresse à des degrés différents suivant la nature du porte-greffe et du greffon. Les vignes sur Riparia semblent plus souffrir que celles sur Riparia-Phénomène ou sur Aramon-Rupestris Ganzin. De même les Sémillon m'ont paru assez sérieusement touchés, la Folle blanche moins, le Colombard entre les deux. » N'est-ce pas aussi concordant que possible avec les théories que je viens d'exposer?

M. Tibbal (²), dans le Tarn, rapporte que « les vignes greffées sur Riparia sont plus atteintes par la sécheresse que celles greffées sur 101¹⁴, 3306, 3309 et surtout sur 1202, Aramon-Rupestris Ganzin et hybrides de Berlandieri ». Rien n'est plus naturel encore, d'après ce qui a été dit sur les hybrides de première génération qui ont, conformément à une règle bien connue et presque générale, une capacité fonctionnelle plus grande que celle de leurs parents.

Dans les Charentes, la résistance à la sécheresse a de même varié beaucoup suivant les sujets. Parmi les plus résistants, on a noté 1202, Aramon-Rupestris Ganzin et 41ᴮ. Le Riparia-Gloire compte parmi les plus faibles.

Il me serait facile d'allonger les citations du même genre.

Les faits ci-dessus rapportés sont d'autant plus probants que les cépages sujets qui ont communiqué à leurs greffons le maximum de résistance à la sécheresse, sont, en général, inférieurs aux Riparia comme résistance phylloxérique. Par conséquent, en terrain phylloxéré, ils se trouvaient dans des conditions plus mauvaises, d'après ce qui a été exposé au sujet des effets physiologiques provoqués sur la vigne par les piqûres de l'insecte. Plus l'attaque relative est grande, moins les vignes greffées doivent résister à la sécheresse, toutes conditions égales d'ailleurs. Le vignoble ne manque pas d'exemples confirmant cette vérité, évidente par elle-même. C'est ainsi que l'York-Madeira est moins résistant que le Riparia. Or, chez M. Bussier, à Maizeris (Fronsadais), les Cabernet-Sauvignon greffés côte à côte et comparativement sur Riparia et sur York-Madeira, ont mieux résisté sur le premier cépage que sur le second, en 1904, ainsi que j'ai pu le constater moi-même sur place.

M. Couanon (³), inspecteur général de la viticulture, rapporte que « dans les Pyrénées-Orientales, à la suite de la sécheresse de l'été, nombre de vignes greffées sur Jacquez et sur Solonis ont faibli. *Les propriétaires ont pris des dispositions pour les sulfurer.* » C'est là une observation de grand intérêt sur laquelle je reviendrai plus loin.

Les observations précédentes ont trait aux différences plus ou moins grandes

---

(¹) *Revue de viticulture*, 1904, p. 245.
(²) *Ibid.*, 1904.
(3) G. Couanon. — Rapport sur l'état de la viticulture en 1904 (*Bulletin mensuel de l'Office de renseignements agricoles*, juin 1905). L'impartialité de bon aloi avec laquelle est rédigé ce rapport fait honneur à son auteur.

entre les capacités fonctionnelles des sujets par rapport à leurs greffons. En voici d'autres où les agents cosmiques jouent un rôle important. A Alger, en 1904, d'après la *Revue de viticulture*, les porte-greffes américains, américo-américains et même franco-américains *ont mal supporté la sécheresse en coteau.*

Sous l'influence perturbatrice de ces agents, il peut se produire un changement de résultante suivant les sujets : le Rupestris du Lot peut résister moins que le Riparia.

Ainsi, en 1900, M. Castel avait remarqué que « les greffes sur Rupestris-Monticola avaient encore bien moins résisté aux sécheresses d'été que les greffes sur Riparia ».

En 1902 et en 1903, un propriétaire d'Indre-et-Loire constatait qu'il avait perdu par la sécheresse au moins les trois dixièmes de ses greffes sur Rupestris [1].

M. V. Thiébaut, qui dirige en Russie un vignoble de dix hectares, a constaté [2] que, sous le rapport de la résistance à la sécheresse, les Rupestris se sont montrés bien inférieurs aux Riparia.

Une objection se présente immédiatement à l'esprit de celui qui ne va pas au fond des choses. Comment le Rupestris, s'il a une capacité fonctionnelle d'absorption plus grande que le Riparia, se montre-t-il inférieur à celui-ci par la sécheresse en certains points et supérieur en d'autres, quand la théorie exigerait qu'il fût partout supérieur?

La réponse à cette objection a été faite à l'avance par M. Gouy, directeur de la *Revue des hybrides*, à Vals (Ardèche), et l'on peut affirmer qu'il n'avait pas en vue, à ce moment, de justifier la théorie des capacités fonctionnelles.

« Le Rupestris du Lot, dit-il [3], donne de bons résultats dans les terrains secs, caillouteux, moyennement caillouteux, pourvu qu'ils ne soient ni *très superficiels*, ni *très arides*, ni *très pauvres*. Il ne faut pas le sortir de ces terrains.

» Dans les terres riches et fraîches, où sa végétation est surexcitée, il pousse ses greffons à la coulure. Dans les terrains superficiels et secs, où ses racines *grosses* et *pivotantes* ne peuvent pas s'enfoncer, il développe mal et nourrit insuffisamment ses greffons. On a trop oublié que, comme tous les Rupestris, cette variété redoute en réalité la sécheresse. En Amérique, comme en Europe, elle ne prospère dans les sols secs à la surface que si ces sols contiennent en profondeur des réserves d'eau susceptibles d'être pompées par ses racines et d'alimenter sa végétation, en somme, assez exigeante.

» Il ne faut pas confondre son cas et celui des *Vitis vinifera* qui peuvent s'alimenter même dans les parties sèches du sol ou peuvent s'y alimenter plus facilement. »

Munson, le célèbre hybrideur américain, confirme cette explication de M. Gouy et la complète [4]. Pour lui, la dessiccation de certaines variétés est due à deux causes : un bourrelet défectueux ou le système radiculaire.

En un mot, il admet les deux causes de variations dans la résistance à la sécheresse des vignes greffées que j'ai signalées en 1898 : le bourrelet et les différences de capacités fonctionnelles dont la résultante règle la valeur du déséquilibre produit à un moment donné.

Il s'agit, en effet, si bien des variations du rapport $\dfrac{C'v}{Ca} \gtrless 1$, sous l'influence

[1] *Revue de viticulture*, 1903.
[2] V. Thiébaut. — Sur le dépérissement des vignes en Russie (*Feuille vinicole de la Gironde*, 27 juillet 1905.)
[3] P. Gouy. — *Revue des hybrides*, juillet 1902, p. 167.
[4] A. Jurie. — Les variations asexuelles et le dépérissement de certains hybrides greffés (*Revue de viticulture*, 25 octobre 1902).

des variations des agents cosmiques, grâce aux différences de propriétés d'un racinage qui s'adapte plus ou moins aux conditions de milieu étrangères, que, en faisant des greffes inverses de vignes américaines sur vignes françaises, M. Couderc a constaté ce que la théorie faisait prévoir : les vignes américaines greffées ainsi par lui ont résisté mieux à la sécheresse que les mêmes vignes cultivées comparativement franches de pied.

Qui ne voit, en effet, que, dans cette très intéressante expérience de l'hybrideur d'Aubenas, les conditions de la symbiose étant renversées, il doit y avoir aussi renversement des résultats? Des chiffres choisis au hasard, en tenant compte toutefois des différences de racinage et de résistance, permettront de comprendre plus facilement ce que je viens d'exposer.

Supposons que la capacité fonctionnelle d'absorption de la vigne américaine soit 30 en milieu normal quand celle de la vigne française est 15 dans les mêmes conditions. Supposons que, par la sécheresse, la vigne américaine, par suite de ses défauts de résistance, ait sa capacité fonctionnelle réduite à son sixième, et que la vigne française l'ait seulement de moitié. La vigne américaine franche de pied, qui en milieu normal a une végétation caractérisée par le rapport $\dfrac{C'v}{Ca} = \dfrac{30}{30} = 1$, passe en milieu sec avec le rapport $\dfrac{30}{5} = 6$.

La vigne française en milieu normal a pour caractéristique $\dfrac{Cv}{Ca} = \dfrac{15}{15} = 1$, et en milieu sec $\dfrac{15}{7,5} = 2$. La première souffre trois fois plus de la sécheresse que la seconde.

Mais une fois greffée sur la vigne américaine, la vigne française présente le rapport $\dfrac{15}{6} = 2$, supérieur à celui du franc de pied. Elle souffre donc plus, dans ce cas, que le franc de pied.

Inversement, la vigne américaine greffée sur la vigne française réalise le rapport $\dfrac{30}{7,5} = 4$, rapport inférieur au rapport 6 du franc de pied. La souffrance est donc moindre pour elle.

Bien entendu, ces chiffres n'ont rien d'absolu et ne servent qu'à faire comprendre des faits, en apparence singuliers, mais qui sont, au contraire, très rationnels pour quiconque veut bien se donner la peine d'examiner avec soin toutes les données du problème.

D'autres agents cosmiques permettent de relever des observations du même ordre, et leur influence se manifeste soit dans le même sens, soit dans un sens opposé aux précédents, et entre en ligne de compte dans la résultante finale.

Au bord de la mer, dans les jardins d'Erquy assez rapprochés du rivage, les poiriers sont, comme les autres arbres fruitiers, soumis à l'action desséchante de certains vents et à celle du sel marin. Greffés sur coignassier, ils se couronnent très vite, c'est-à-dire qu'ils se dessèchent par leur extrémité supérieure quand les parties inférieures moins exposées à la dessiccation par leur situation sur l'arbre et par le fait qu'elles sont souvent mieux abritées par les murs ou les plantes voisines, restent vivantes beaucoup plus longtemps. Greffés sur franc, les mêmes poiriers résistent beaucoup mieux à ces conditions particulières de végétation, qui demandent une taille spéciale, que je suis en train d'étudier actuellement.

Une autre remarque intéressante sous ce rapport m'a été fournie par des pommiers les uns greffés, les autres francs de pied, placés à la même distance d'une bordure de peupliers donnant une ombre sensiblement uniforme, comme l'est aussi la concurrence du racinage dans le sol. Les pommiers greffés ont beaucoup plus souffert que les francs de pied, manifestant ainsi leur moindre résistance dans la lutte pour l'existence.

Des effets très analogues se retrouvent, au bord de la mer, dans les vignes franches de pied et dans les vignes greffées par rapport à l'action des vents, de la lumière, etc. ([1]). Je l'ai pu constater, en 1904, dans mon jardin d'Erquy.

En Italie, M. Zapetta a récemment conseillé d'écarter les Riparia comme sujets, surtout dans la Sicile, où le sirocco règne en maître ([2]).

Chacun saisira l'analogie que présente ce cas avec l'action du sirocco sur les vignes de Tunisie qu'a récemment étudiées M. Ravaz. Leur dépérissement est une fonction de la valeur relative du rapport $\dfrac{Cv}{Ca} \gtrless 1$, et des divers facteurs qui ont pu agir sur celui-ci, mais non d'un seul comme la surproduction par exemple.

Je dois à l'amabilité de M. Bussier, propriétaire du célèbre Canon-Fronsac, des remarques intéressantes sur l'effet comparé des labours et de l'ombre portée par les arbres sur les vignes greffées et franches de pied. A Maizeris, un terrain labouré à contre-temps, soit à l'état trop humide, soit à l'état trop sec, donne de grosses mottes. Or, un pareil labour, évidemment vicieux, donne toujours de plus mauvais résultats dans les parties greffées que dans les portions du vignoble composées de francs de pied de même nature.

De même l'influence nuisible des haies, qui, d'après M. Bussier, serait due à la lumière et non à la concurrence des racines ([3]), est plus forte sur les vignes greffées. On peut, chez lui, cultiver les vignes franches de pied à *dix mètres* environ de la haie ou d'un arbre sans qu'elles aient à en souffrir. Cette distance doit être portée à *vingt mètres* pour les mêmes vignes greffées.

Il est bien probable que si l'on faisait à ces points de vue des expériences comparatives entre les diverses vignes employées comme sujets et les diverses vignes servant de greffons, on retrouverait des différences du même ordre que celles constatées précédemment pour la sécheresse proprement dite.

Le champ d'expériences de Léognan m'a fourni des renseignements précieux au sujet précisément des différences de résistance à la sécheresse. Les diverses combinaisons établies par M. Ricard se sont comportées, dans la période de sécheresse 1904, d'une façon différente, non seulement suivant la nature des sujets et des greffons, mais encore elles se sont montrées, dans la grande majorité des cas, inférieures au franc de pied, bien que celui-ci eût dû, à cause du phylloxéra, être moins résistant. Le Verdot franc de pied s'est cependant montré moins résistant à la sécheresse que la plupart des greffés du même cépage, dans les conditions où il se trouvait à Haut-Gardère([4]).

Ces constatations peuvent paraître en contradiction avec celles faites par M. Verdié([5]) sur les mêmes vignes. Cela ne doit pas surprendre, car nous ne nous sommes pas placés au même point de vue. M. Verdié a noté dans l'étude de la végétation la vigueur globale dont il attribue les variations à l'influence de la

---

([1]) J'ai laissé ici de côté la question des substances puisées dans le sol, qui sera étudiée plus tard au chapitre de la *qualité* des sèves.

([2]) *Revue des hybrides*, avril 1905.

([3]) C'est ce que l'expérience peut seule résoudre. On conçoit fort bien que la concurrence des racines, au point de vue de l'eau, puisse jouer, elle aussi, un rôle dans les résultats signalés.

([4]) Ces francs de pied sont plus jeunes que les Verdots greffés, ainsi qu'il est dit sur le relevé des notes de 1902. La comparaison est donc moins rigoureuse pour ce cépage dont le racinage était encore superficiel, vu le jeune âge des boutures.

([5]) Verdié. — *Rapport sur l'étude du champ d'expériences de Haut-Gardère en 1904* (Société d'Agriculture de la Gironde, Bordeaux, 1905). Les tableaux publiés en 1905 contiennent enfin les comparaisons avec les *francs de pied* qui n'avaient pas été publiées jusqu'ici, bien qu'elles eussent été relevées dès le début.

sécheresse et à une affinité végétative plus ou moins marquée entre les sujets et les greffons. J'ai en vue ici seulement l'influence de la sécheresse et la résistance relative des plants greffés par rapport aux francs de pied, ce qui n'est pas du tout la même chose. La végétation de l'année, qui sert à l'appréciation globale de la vigueur, se compose des périodes de végétation du printemps, de l'été et de l'automne, c'est-à-dire d'alternances de périodes d'humidité et de sécheresse. Celle-ci est caractérisée par les phénomènes que tout le monde connaît et qui ont été décrits aux généralités précédentes. Si l'on veut assimiler la vigueur et la sécheresse, il faut choisir les organes qui sont en voie de développement pendant cette période, en particulier la grappe et le raisin ou les pousses de remplacement, mais non les parties formées sous l'influence de conditions toutes différentes comme le sont les parties déjà développées entièrement aux débuts de la sécheresse et qui s'aoûtent seulement alors sans s'allonger.

L'on remarquera en outre que, par le fait de leur vigueur plus grande pendant la première période, les greffons ont plus bénéficié des rognages (égaux pour toutes les combinaisons et les francs de pied) que ceux-ci, vu que cette opération produit un déséquilibre sur les greffes $\dfrac{C'v}{Ca} < 1$ qui est plus grand que le déséquilibre $\dfrac{Cv}{Ca} < 1$ du franc de pied. Il y avait en outre sous le rapport de la résistance à la sécheresse des variations sensibles suivant les ceps d'une même combinaison, en rapport avec la perfection relative des bourrelets et la vigueur initiale des greffes.

Dans la Savoie, M. Cartier[1] constatait en 1902 que les souches de 2003 Seibel greffées sur Riparia périclitaient, tandis que les francs de pied du même hybride étaient pleins de vigueur et couverts de fruits.

Récemment, M. V. Thiébaut a donné à cet égard des documents très nets et fort démonstratifs dans la correspondance publiée par la *Feuille vinicole de la Gironde*, dont j'ai déjà cité un premier extrait[2].

« J'avais, dit-il, déjà signalé dans une précédente correspondance que les Riparia et leurs greffons avaient beaucoup mieux résisté à la sécheresse de 1904 que les Rupestris et leurs greffons, et cela dans les vignobles comme en pépinière. Après le 22 avril, j'ai constaté que les mannes étaient chétives et maigres, notamment sur les Rupestris. Actuellement, je constate que les dépérissements sont beaucoup plus nombreux sur Rupestris que sur Riparia; que la végétation qui, les années précédentes, était toujours beaucoup plus luxuriante sur Rupestris que sur Riparia est, cette année, sensiblement égale, et ce qui m'a frappé davantage, c'est que, grâce à une température humide et chaude, tous les grains que la coulure ou le mildew de la grappe ont laissés, ont grossi d'une façon considérable sur tous les porte-greffes, excepté sur les Rupestris, sur lesquels ils restent petits et millerandés; je n'ai pas constaté de dépérissement sur les greffons portés par 1202, 101 14, 3306 et 3309 : ils sont très vigoureux, ont à peine subi la coulure et portent une belle récolte, bien que, l'année dernière, leur feuillage ait un peu souffert de la sécheresse. Je dois ajouter que ces greffons sont surtout des cépages hâtifs qui se sont noués avant l'arrivée des orages et des pluies, mais aussi que les mêmes greffons sur Rupestris ont coulé partiellement et sont tous millerandés[3].

« L'influence de la sécheresse était nulle sur les *producteurs directs* francs

---

[1] *Revue des hybrides*, septembre 1902, p. 195.
[2] V. THIÉBAUT. — *Loc. cit.* (Cette lettre est communiquée par l'auteur, à la suite d'une note de M. Ravaz attribuant le dépérissement des vignes à la surproduction exclusivement.)
[3] Cette action stérilisante du sujet Rupestris est bien connue et rentre dans les variations spécifiques, ainsi que je le montrerai dans la suite de ce mémoire.

de pied, mais sensiblement remarquable sur les *directs* greffés dès l'automne dernier. Actuellement la récolte est médiocre avec beaucoup de millerandage sur les *directs* greffés, tandis qu'elle est magnifique avec les grains d'une grosseur considérable sur les *directs* francs de pied. A tel point que les grains de 4401 sont plus gros que ceux de son générateur, le Chaudas greffé sur Rupestris. Les grains de certains Seibel sont plus gros que des Aramon noirs et gris greffés sur Rupestris.

» A la suite de grèves et de mauvais temps, le pinçage et l'écimage de tout le vignoble a été fait tard et après la floraison. Mais il a fortement contribué, avec les journées chaudes et pluvieuses alternant, à faire grossir les grains d'une façon considérable, et j'insiste sur ce fait que, généralement, sur les Rupestris les grains restent plutôt plus petits que les années précédentes.

» Malgré mon désir d'être bref, je ne puis résister à vous citer le fait ci-dessous qui me semble typique au point de vue des conclusions à tirer sur l'influence de la sécheresse de 1904.

» Un petit lot de terrain d'un are environ, le plus mauvais de tout le vignoble, contenant plus de 60 o/o de pierres roulées, fut reconstitué en 1899, immédiatement après l'arrachage d'une vigne indigène détruite par le phylloxéra, une partie provenant de semis, au moyen de Cabernet, Merlot et Pinot, greffés sur des porte-greffes racinés, achetés comme Rupestris et Riparia à la pépinière gouvernementale de Sakaro. La reprise fut bonne.

» En 1900, après une belle poussée au printemps, plus de la moitié périclita, et, ayant appris que ces porte-greffes n'étaient pas tous des Lot ou Riparia-Gloire, j'arrachai tous les pieds douteux et je les remplaçai, dès 1901, par une collection de producteurs directs anciens et nouveaux. En 1902, une partie des greffés soudés donna sa première récolte; le reste qui me paraissait également douteux, fut de nouveau remplacé par des producteurs directs nouveaux. Jusqu'en 1904, les greffés soudés restés et sélectionnés donnèrent une récolte satisfaisante; mais à l'automne de la même année 1904, le feuillage indiqua nettement qu'ils avaient fortement souffert de la sécheresse. Les producteurs directs anciens avaient bien repris et donnaient une récolte passable. Par contre, la plus grande partie des producteurs directs nouveaux avaient repris difficilement. Il est bon d'ajouter que les boutures employées pour le remplacement avaient été reçues de France en assez mauvais état et étaient plutôt minces. Quoi qu'il en soit, j'avais décidé, dès l'automne de 1903, de les remplacer, et si ce ne fut pas exécuté en 1904, ce fut faute de temps.

» Aussi je ne fus pas peu étonné de remarquer à l'automne de 1904 le contraste frappant que formaient les producteurs directs anciens et nouveaux restés complètement verts et ayant même repris considérablement vigueur, avec les Cabernet, Merlot et Pinot greffés, ayant déjà perdu toutes leurs feuilles. Ce printemps, *plus de la moitié des greffés sont morts ou à peu près*, tandis que la grande majorité des producteurs directs nouveaux, non seulement sont très beaux et très vigoureux, mais portent une très belle récolte, grappes et grains splendides. Je suis bien loin actuellement de songer à les remplacer.

» A quoi donc attribuer cette reprise si inattendue des uns et ce dépérissement des autres? Je suppose que les boutures chétives des *directs* ont mis, dans ce mauvais terrain et dans cette phylloxérière, beaucoup de temps à émettre leurs racines, mais qu'arrivées à une certaine profondeur ces dernières ont pris plus de développement, malgré la sécheresse, et comme il y a tout lieu de supposer que des *Vinifera*, hormis le phylloxéra, se seraient comportés de même, il est bien permis de penser que le *dépérissement* des cépages greffés, provoqué indiscutablement par la sécheresse, *a été singulièrement favorisé par la greffe elle-même.*

» Enfin, j'avais remarqué, à l'automne dernier, quelques pieds d'Auxerrois-Rupestris greffés sur Lot avec une magnifique récolte et sans coulure, ce qui est excessivement rare pour ces cépages, et les avais notés, pour en faire une sélection si cette circonstance s'était renouvelée. Sur trois pieds notés, un est mort et les deux autres ont fléchi considérablement. Parmi les Auxerrois-Rupestris francs de pied, je n'ai remarqué aucun faiblissement.

» L'année dernière, au mois de juin, lorsque survinrent les grandes sécheresses, la végétation des Rupestris notamment était exubérante; le tiers au moins des sarments ne s'aoûta pas, *mais sécha petit à petit;* probablement que la provision d'amidon ou de matières nutritives fut de ce fait très médiocre dans la partie du bois qui s'aoûta bien, tout au moins pour l'œil. Cette année, depuis que l'écimage a été fait dans le même vignoble, c'est-à-dire vers le 10 juin, voilà un peu plus de trois semaines, la vigne reste bien verte, mais ne pousse pas, *broussine,* c'est-à-dire qu'elle ne produit que de petites pousses recroquevillées comme si tout le vignoble était atteint de l'anthracnose. Cela provient des pluies continuelles, quelquefois froides, et *cet accident ne se produit que sur les vignes greffées et non sur les directs francs de pied.* »

Tous ces faits, si conformes à la théorie des capacités fonctionnelles, concordent admirablement avec ce que j'ai dit maintes fois sur le rôle du bourrelet et des différences de capacité fonctionnelle dans les greffes.

Le défaut d'aoûtement du Rupestris greffé est un fait intéressant qui prouve une fois de plus, si c'était nécessaire, que l'action des agents cosmiques est plus brusque et plus profonde sur les plantes greffées, parce que le bourrelet s'oppose au passage rapide de la sève brute. J'ai provoqué artificiellement le phénomène de la brûlure sur de jeunes pousses de poirier en effeuillant radicalement ces pousses et en mettant à nu le sommet végétatif. La dessiccation commence par le sommet dont les tissus sont plus tendres et les besoins en eau plus élevés. L'extrémité grille et noircit, et ces phénomènes s'étendent progressivement vers la base du rameau. La portion basilaire, lignifiée au moment de l'effeuillage radical, se maintient vivante, mais ses tissus s'aoûtent mal et contiennent des réserves insuffisantes, comme le révèle l'examen anatomique. Les pousses provenant des bourgeons de cette région sont faibles et languissantes l'année suivante [1].

Dans les Rupestris de M. Thiébaut, le même phénomène s'est produit sous l'influence d'une sécheresse élevée et brusque succédant à la vie en milieu riche; le bourrelet empêcha l'eau d'arriver assez vite aux pousses tendres qui, dépassant brusquement la limite L de dessiccation, furent *brûlées,* comme disent les horticulteurs.

L'on conçoit que ces effets sont plus ou moins accentués suivant que la sécheresse arrive brusquement ou progressivement. C'est ainsi que peut s'expliquer par une sorte de brûlure qui n'aboutit pas à la dessiccation complète tout en annihilant plus ou moins la vitalité protoplasmique, le *mauvais aoûtement* des bois des greffés sur Rupestris dans certaines années de grande sécheresse et divers autres phénomènes [2] dont on n'a pas soupçonné la véritable cause.

Combien de phénomènes du même genre se sont passés dans les vignes reconstituées, mais qui n'ont pas été observés ou qui l'ont été sans qu'on se soit rendu compte de leur origine réelle! Je ne puis tout relever ici. Cependant, au risque d'abuser des citations, je vais reproduire en entier, en l'annotant et en

---

[1] Voir L. Daniel. — *Théorie des capacités fonctionnelles* (1902) et diverses notes publiées dans le *Bulletin de la Société scientifique et médicale de l'Ouest.*

[2] Jallabert. — Porte-greffes et producteurs directs (*Revue de viticulture,* 1904, p. 333).

soulignant les passages les plus intéressants, un article de M. Pacottet, qui, en l'espèce, est bien caractéristique([1]).

« L'année culturale 1900, écrit-il, a vu périr beaucoup de ceps, de vignes mêmes qui, l'année précédente, *ne semblaient inspirer aucune inquiétude* à leurs propriétaires([2]). C'est qu'en effet les années 1898 et surtout 1899 se sont montrées essentiellement favorables à la végétation du vignoble. Les gelées printanières très hâtives de 1898 et de 1899 avaient dépouillé de leurs fruits les vignes greffées reconstituées depuis 1891, c'est-à-dire en *pleine jeunesse*, sans nuire à leur vigueur. N'ayant point de fruits à mûrir, les vignes, belles adolescentes, avaient pris un développement foliacé considérable([3]) et, au printemps 1900, les vignerons avaient dû leur laisser, pour qu'elles ne s'emportent pas à bois, un grand nombre de tailles représentant un nombre considérable de bourgeons([4]). Ces tailles donnèrent naissance à des bourgeons très fructifères([5]). Par suite de la clémence du printemps 1900, exempt de gelées printanières, et d'une température très favorable au moment de la floraison, nul accident climatologique ne supprima ni une grappe ni un sarment. Parmi les vignes *les plus fructifères* se trouvaient *les vignes greffées sur porte-greffes manquant d'affinité avec leurs greffons* ou *mal adaptées au sol, les greffes mal soudées*, à soudure incomplète, qui nécrosent avec l'âge; enfin toutes les vignes qui, à la suite de *déchéance organique accidentelle*, étaient naturellement portées à une mise à fruit excessive([6]).

» Cette extrême production devait être, pour les vignes, leur chant du cygne, et dans tous les plantiers, même *les mieux réussis*, on pouvait voir aux vendanges de 1900 des ceps presque dépourvus de feuilles, portant une masse compacte *de raisins petits et restés verts* qui, affamés de sève, épuisaient leur souche. *Sans maladie aucune des racines*, des tiges ou des feuilles([7]), ces souches disparaissaient l'hiver, *d'usure organique*, suite de cette surproduction([8]).

» A côté de ces vignes s'en trouvaient d'autres à résistance phylloxérique pratique, peut-être suffisante les années normales ou humides, mais fatalement non résistantes au phylloxéra une année sèche et chaude, telle 1900. Par suite de l'échauffement excessif du sol en juillet 1900, le phylloxéra s'était développé en telle quantité que des vignes greffées sur Solonis notamment et sur bien d'autres porte-greffes peu résistants abandonnés aujourd'hui([9]), vignes plantées aux expositions chaudes, dans des terres maigres et sèches, se fanaient, et, chargées de récolte, arrivaient à l'automne complètement épuisées. Leurs racines désorganisées par l'insecte, que la souche épuisée n'alimentait pas, ne pouvaient se refaire, et les souches ainsi atteintes ont disparu ou végété misérablement pendant l'année 1901([10]).

([1]) P. PACOTTET. — Dépérissement des vignes en Bourgogne (*Revue de viticulture*, 16 novembre 1901).
([2]) Ce n'est donc point ici l'influence de l'âge ou de la surproduction précédente qui est en cause. L'auteur le fait d'ailleurs remarquer plus loin avec raison.
([3]) En vertu du principe bien connu en arboriculture : la vigueur est inverse de la production.
([4]) C'est une longue, exagérée, conséquence de la différence des capacités fonctionnelles entre le sujet et le greffon, taille longue *obligatoire* dans ces greffes.
([5]) C'est la conséquence du principe d'arboriculture déjà formulé.
([6]) On remarquera combien ces différences de divers ceps greffés dans un vignoble justifie ce que j'ai dit du bourrelet dans les pages précédentes pour la vigne et le rôle de cet obstacle, tel que je l'ai décrit en 1896.
([7]) Peut-on mieux faire ressortir que ces déséquilibres de nutrition sont purement et simplement les conséquences du greffage ?
([8]) Ici l'auteur de l'article confond l'effet et la cause. L'effet, c'est la surproduction ; la cause, c'est le greffage.
([9]) Comparer avec le cas des Cabernet-Sauvignon greffés sur Riparia, Solonis et York-Madeira chez M. Bussier. L'explication est la même; cela se comprend naturellement par les variations du rapport $\frac{C'v}{Ca} > 1$.
([10]) Cette faible végétation de l'année qui suit la sécheresse s'explique par l'arrêt de la sève élaborée au niveau du bourrelet et le rôle de celui-ci dans le remplacement relativement plus difficile des poils absorbants.

» A côté de ces cas de dépérissement *prévus par tous ceux qui ont dirigé la reconstitution du vignoble français*(?)(1), le départ de la végétation au printemps 1901 a manifesté que la vigne souffrait d'un malaise général et qu'il se produirait un aoûtement incomplet et insuffisant des sarments. *La surproduction a été souvent mise en cause pour expliquer cet affaissement du végétal.* A mon avis, la surproduction n'a qu'un rôle secondaire et je base mon dire sur des observations répétées faites sur les souches de vignes qui, *quoique ayant égalé et dépassé le rendement des vignes voisines,* n'ont pas souffert du manque d'aoûtement à la suite de soins spéciaux donnés en vue de mûrir le bois. Ces soins spéciaux ont consisté en de nombreux rognages après la véraison(2), suppression après la récolte des liens qui unissaient le sarment au fuseau(3), enfin nettoyage du cep à l'automne avant les froids, c'est-à-dire suppression de toutes les tailles non aoûtées et rognage des sarments de taille(4).

» Parallèlement à ces faits, j'ai pu constater que des souches munies de coursons en nombre insuffisant(5) avaient poussé à bois sans donner de récolte appréciable formant des buissons touffus dont les sarments enchevêtrés, mal aérés, avaient poussé jusqu'aux premières gelées, n'étant pas arrêtées dans leur croissance par la maturation des grappes absentes(6). Les premiers froids avaient jeté bas leurs feuilles et meurtri leurs tissus encore verts. Au printemps, le débourrement de ces souches a été pénible et les nouveaux sarments se sont montrés mal venus et chlorotiques.

» Dans l'ensemble du vignoble, les viticulteurs bourguignons ont remarqué en 1900, après la sécheresse de juillet, sous l'effet des pluies chaudes et fréquentes du mois d'août et de septembre, que les vignes avaient continué de pousser et d'émettre des rejets à une époque de l'année où l'épamprage et l'évasivage sont terminés(7). Par suite, à la vendange, faute de rognages répétés, les souches présentaient un fouillis de sarments et de jeunes pousses vertes manquant d'air et de lumière au milieu desquelles pourrissaient les grappes les unes après les autres, au-dessus de la terre surchargée d'eau, dans une atmosphère humide(8). Ces mêmes grappes pourries, en contact avec les tissus encore verts des sarments, leur communiquaient le Botrytis qui envahissait écorce et liber, tandis que les feuilles et les jeunes pousses souffraient, elles aussi, d'une invasion tardive et redoutable d'oïdium et de mildew(9). Dans ces conditions : sol trop humide, manque d'aération et d'éclairement des sarments, destruction prématurée des feuilles indispensables à la maturation des feuilles et des tissus, arrêt trop tardif de végétation, les premiers froids de l'hiver devaient trouver les souches plus

On comprend facilement ainsi l'affaiblissement progressif de la vigueur des pousses et la fructification exagérée des greffes souffrant constamment ou alternativement du déséquilibre $\dfrac{C'v}{Ca} > 1$. J'en ai figuré un exemple typique en 1898 dans mon ouvrage sur *La Variation* (Greffe mixte de poirier sur pommier).

(1) Je laisse au lecteur le soin de répondre au point d'interrogation que j'ai ajouté au texte.

(2) Diminution de C'v, d'où souffrance moindre.

(3) Action de la lumière, bien connue par rapport à l'aoûtement.

(4) Meilleure répartition du travail physiologique, avec arrêt de la mortification.

(5) C'est la taille courte, avec effets inverses de la taille longue, d'après le principe énoncé précédemment.

(6) C'est la suite obligatoire de la taille courte de vignes greffées avec la relation $\dfrac{C'v}{Ca} < 1$.

(7) La persistance anormale de la végétation est fréquente dans les vignes greffées. J'ai observé des phénomènes du même genre, à la suite de la sécheresse de 1904. Ils sont dus aux différences spécifiques de végétation de la vigne américaine et de la vigne française.

(8) Peut-on mieux faire ressortir, par les faits, les effets sur les vignes greffées des alternances du milieu sec et du milieu humide, conformément à la théorie des capacités fonctionnelles? L'auteur semble avoir pris à tâche de justifier ce que j'ai écrit en 1898 sur l'action des milieux imparfaits.

(9) Voilà donc établi expérimentalement sur la vigne, et bien que l'auteur se garde de le faire ressortir, l'influence de la greffe sur le développement des maladies cryptogamiques. Il en sera cité plus loin de nombreux exemples.

sensibles aux abaissements de température. Il en résulta une mortification importante des sarments et de leurs bourgeons. A la taille, au printemps 1901, les vignerons trouvaient sous le sécateur les sarments mous et même secs, la moelle brune, indice d'une altération profonde des tissus[1]. Sur des sarments dont j'avais conservé toute la partie paraissant aoûtée, je n'ai vu sortir aucun bourgeon; sur d'autres, après un débourrement difficile, les yeux ont donné des pousses faibles, très chlorotiques dans des sols calcaires à la vérité, mais où aucun signe de chlorose ne s'était encore manifesté. Beaucoup de ces pousses étaient grillées en juin.

» En résumé, le défaut d'aoûtement des vignes en 1900 s'est manifesté en 1901 par un débourrement difficile qui n'a même pas eu lieu dans certains ceps, secs à l'heure actuelle, par un redoublement de chlorose et enfin par une perte de beaucoup de coursons qui ont été remplacés sur les souches vigoureuses par des sarments issus de l'empattement des tailles ou par des gourmands[2]. La maturité des bois de cette année est incomplète : la taille partielle d'automne, c'est-à-dire la suppression de tous les bois non mûrs que l'œil distingue encore facilement, est la seule pratique pour éviter le retour de semblables accidents. »

Cette conclusion de M. Pacottet paraîtra un peu excessive à quiconque a suivi avec soin les leçons de la théorie. On se dira que le procédé qu'il conseille est un simple palliatif et que le *remède complet*, c'est le retour à la culture directe. L'on me dira que les francs de pied eux-mêmes peuvent présenter des accidents de végétation, et mourir par dessiccation et réplétion aqueuse. Évidemment, et je l'ai fait maintes fois ressortir. Mais la théorie et l'expérience sont d'accord pour montrer que dans la grande majorité des greffes, les variations exagérées du rapport $\dfrac{C'v}{Ca} \gtrless 1$ sont beaucoup plus dangereuses que celles du rapport $\dfrac{Cv}{Ca} \gtrless 1$ de la plante normale, qui n'a pas de bourrelet et qui possède des appareils bien équilibrés. La greffe meurt plus facilement par la sécheresse ou l'humidité : c'est là un fait dont la pratique doit tenir compte.

C'est pourquoi il y a tout lieu de croire que les anciens vignobles, en Bourgogne, — il y en a encore quelques-uns quoi qu'on en ait dit tout récemment[3], — n'ont pas dû présenter les accidents que M. Pacottet a si soigneusement décrits dans les vignes greffées ou les ont présentés à un degré moindre.

On peut donc attribuer au greffage, tel qu'il a été pratiqué, *la fréquence plus grande* des accidents de végétation, des répercussions de sève, comme disent les viticulteurs, c'est-à-dire la fréquence plus grande *des déséquilibres mortels de nutrition*.

Parmi ceux-ci, outre ceux qui ont été décrits précédemment, il faut citer le folletage[4], la thyllose [5], la mort de tout ou partie des plantes greffées sous l'influence des gelées, la coulure, les variations plus grandes dans la vigueur et la production comme dans l'état biologique général, divers changements de constitution des

[1] Comparer avec ce qui a été exposé dans la note de M. Thiébaut.
[2] Cette inégalité dans la façon de se comporter des diverses souches greffées dont les unes et les autres souffrent à des degrés divers à la suite des variations du milieu est la conséquence du bourrelet, comme il a été indiqué déjà. C'est d'autre part la confirmation de ce que j'écrivais en 1898 au sujet de la valeur propre de la capacité fonctionnelle de chaque rameau suivant sa position sur la plante et de celle des bourgeons suivant leur position relative sur un même rameau.
[3] Voir *Feuille vinicole de la Gironde*, 1904-1905.
[4] C'est ce phénomène que les jardiniers désignent depuis longtemps sous le nom d'*apoplexie*, et qui est fréquent sur le rosier greffé.
[5] La thyllose est cette prétendue maladie que M. Roy-Chevrier a appelée ironiquement une maladie plus ou moins fantastique (*Revue de viticulture*, juillet 1903).

raisins, diverses variations de résistance des moûts, les différences de conservation des raisins de table, etc. Les exemples ne manquent pas dans la littérature viticole, et j'en citerai brièvement quelques-uns.

b. Folletage. — « Les vignes greffées sur Riparia, dit M. Gouy (¹), habituellement sujettes au folletage, ont été particulièrement frappées de cet accident cette année (1902). Dans l'Hérault, en certains cantons, des hectares entiers ont été atteints, suivant un rapport détaillé fait à la Société départementale d'encouragement à l'agriculture.

» Cet accident très grave entraîne généralement la perte de la souche. Cette année l'intensité surprenante des phénomènes de folletage est due aux *pluies abondantes d'avril et mai* qui ont laissé dans la terre beaucoup d'humidité. Survinrent en juin d'*extrêmes chaleurs avec une forte sécheresse* comme conséquence. La plante a alors évaporé, sous l'influence de la siccité de l'air, plus d'eau par les feuilles qu'il n'en arrivait par la tige. Suivant M. Prosper Gervais, *le folletage est le fait prédominant de l'année agricole.* »

M. Gouy se demandait alors si les différents porte-greffes américains n'ont pas une résistance plus ou moins grande au folletage suivant les espèces. Et il ajoutait : *Depuis la reconstitution des vignobles par les vignes américaines, chaque année on constate des attaques plus ou moins fortes de folletage.*

C'est précisément ce qui se produit, car la facilité du folletage est obligatoirement sous la dépendance de la valeur de l'inégalité $\dfrac{C'v}{Ca} \lessgtr 1$, réalisée par la symbiose, et de ses variations par rapport à l'état hygrométrique. C'est dire que pour une même série de greffes, il dépend du sol et de la sécheresse de l'air, de l'âge des greffes, comme aussi de la valeur du bourrelet et de la nature de la taille à laquelle le greffon est soumis, comme je l'ai fait remarquer en 1898 (²).

M. Jallabert (³) écrit que « les greffes sur Rupestris du Lot sont souvent sujettes au folletage : c'est du moins un bruit assez répandu de nos jours dans le monde viticole ». Le Riparia n'a donc pas seul ce privilège peu enviable.

En septembre 1904, à Lencloître, M. de Cursay m'a fait voir des cas de folletage dans son vignoble de Folle blanche, et j'ai pu constater avec lui qu'ils étaient moins nombreux sur 1202 que sur le Rupestris du Lot. Or, en Italie, d'après M. Gouy (⁴), le folletage est très fréquent la première année ou la deuxième année de greffe sur 1202. Question d'âge, de terrain, de climat ou de greffons différents, évidemment, puisque la taille n'intervient pas encore, vu le jeune âge de la greffe (⁵).

La viticulture aurait le plus grand intérêt à être renseignée sur ces différences de résistance; l'on ne peut que désirer de voir entreprendre des *études sérieuses* et suivies sur la question, en tenant compte de *tous les éléments* qui déterminent les valeurs successives du rapport $\dfrac{C'v}{Ca} \gtrless 1$ et non pas seulement de l'un quelconque d'entre eux.

c) Thyllose. — La formation de thylles à l'intérieur des vaisseaux ligneux est connue depuis fort longtemps. C'est Malpighi qui a le premier remarqué ces for-

(¹) *Revue des hybrides*, août 1902.
(²) L. DANIEL. — *La variation dans la greffe*, Paris, 1898.
(³) JALLABERT. — *Loc. cit.*
(⁴) *Revue des hybrides*, 1905.
(⁵) La production relative ne saurait non plus être en cause ici.

mations dans les vaisseaux du bois de chêne. Depuis, elles ont été retrouvées non seulement dans les vaisseaux ligneux, mais dans les diverses cavités de la plante. On les a signalées dans 103 plantes appartenant à des familles très différentes, et Molisch les a indiquées dans le genre *Vitis* (1879).

L'origine et la fonction de ces productions ont été fort discutées. D'après Haberlandt (1896), elles auraient pour but de faire varier la répartition de la sève en changeant le sens des courants circulatoires. Il est certain, en effet, que les vaisseaux obstrués en partie ou en totalité n'ont pas une même capacité conductrice que les vaisseaux normaux. Mais il paraît plus probable que les thylles sont l'*effet* de variations de répartition des sèves sous l'influence des conditions extérieures plutôt que la *cause* même de ces variations.

L'on sait que Mangin (¹) a, en effet, provoqué expérimentalement la formation des thylles gommeuses dans l'Ailante en diminuant artificiellement la pression de l'air contenu dans les vaisseaux du bois de cet arbre.

D'autre part, des thylles ont été constatées dans des tiges coupées, puis placées ensuite dans l'air humide. Chaque rameau, au moment de la section faite à l'air libre, se trouve brusquement mis en milieu plus sec, grâce à la perte de liquides qu'il subit par la suppression d'une des forces équilibrant la pression interne. Quand il est brusquement mis dans l'air humide, l'eau pénètre très difficilement à cause de l'air, par les vaisseaux béants ; les parenchymes, au contraire, se gonflent par une rapide osmose de l'eau, et leurs cellules ne tardent pas à acquérir par là même une tension cellulaire élevée, assez élevée pour faire faire saillie aux tissus dans les vaisseaux par les points de moindre résistance. De là une formation de thylles à l'intérieur de ceux-ci.

Ceci posé, ce que MM. Ravaz et Bouffard (²) ont appelé la *thyllose* et ont considéré comme une *affection nouvelle,* se comprend tout naturellement par l'action des variations de milieu et ne présente rien du tout de fantastique ; il s'agit d'un déséquilibre excessif de nutrition, brusque ou plus ou moins rapide suivant les cas dont la théorie des capacités fonctionnelles permet fort bien d'expliquer la genèse, ainsi qu'on va s'en rendre compte.

D'après les auteurs cités, au champ d'expériences de l'École de Montpellier, les producteurs directs à sève de Lincecomii sont cultivés alternativement francs de pied et greffés sur Rupestris. Les souches *franches de pied* ne présentent pas ces accidents de végétation. Les greffés poussent d'abord vigoureusement, puis les feuilles se détachent et tombent. Les uns meurent *subitement,* les autres *peu à peu.* Mais, au bout d'un temps variable, la plantation tout entière est détruite.

« Si l'on examine, disent-ils, les souches qui se dessèchent lentement ou celles qui viennent de perdre leurs feuilles brusquement, on voit dans le greffon, à partir du plan de soudure et sur une longueur de quelques centimètres, aussi bien dans les bois de deux ou trois ans, ainsi qu'aux points d'union des sarments et des coursons à longs bois qui les portent, des parties *brunes altérées* plus ou moins étendues. Elles sont spéciales au greffon ; *elles s'arrêtent net au plan de soudure.* Le sujet reste donc sain. Sur les racines, rien ; les parties malades sont localisées au greffon, c'est-à-dire à l'hybride de Lincecomii.

» Le microscope ne nous a montré jusqu'ici aucun parasite dans les racines du sujet ou des feuilles, mais les vaisseaux du bois sont remplis sur une grande longueur par des thylles normales et qui les ferment complètement. »

(¹) MANGIN. — *Influence de la raréfaction produite dans la tige sur la formation des thylles gommeuses.* (C. R., 29 juillet 1901).
(²) RAVAZ et BOUFFARD. — *Les producteurs directs à l'École de Montpellier* (Congrès de l'hybridation de la vigne, Lyon, 1901).

De son côté, M. Pée-Laby a fait sur le même sujet les intéressantes observations suivantes :

« En ce qui concerne la *maladie* dont parle M. Ravaz et que je suis, dit-il (¹),
avec une attention particulière aux environs de Toulouse, j'estime que la thyllose
n'est pas sa véritable cause, en dépit des caractères extérieurs qui sont *les mêmes*
chez nous qu'à Montpellier. Des recherches microscopiques, faites sur plusieurs
numéros atteints, ne m'ont pas fait constater un nombre anormal de thylles,
même aux régions spéciales qu'il signale. Ces organes intra-vasculaires n'étaient
pas plus fréquents que sur les parties analogues d'un *Vinifera* sain.

» Sans rejeter d'une façon absolue la cause de la maladie invoquée par
M. Ravaz, je préfère attendre l'automne prochain pour me livrer à de nouvelles
recherches, dès l'apparition de la maladie. Je verrai bien alors s'il y a ou peut
avoir une obstruction des vaisseaux due à la présence de thylles. J'ai opéré cette
année en janvier. Peut-être était-ce trop tard.

» Pour ma part, je vois dans ce dépérissement plutôt une *influence du sujet sur
le greffon.* D'autres appellent ce phénomène un défaut d'affinité entre le sujet et
le greffon. *C'est toujours le greffage qui produit la maladie.* »

L'observation suivante, faite par M. J. Esquerré, est également très instructive (²), bien que l'auteur n'ait pas recherché si les greffons présentaient des thylles :

« Le Scibel n° 1 greffé sur Riparia a eu, dit-il, cet accident en 1899 seulement ;
cette année, je constate le même phénomène pour le 117³ ; cependant celui-ci n'a
pas donné le moindre signe pendant l'été. Mais quelle n'a pas été ma surprise,
lorsque j'ai taillé ce cépage, de trouver dans certains pieds le bois noir que je
pouvais considérer comme mort! En suivant le sarment, la maladie n'était arrivée
qu'à 10 ou 12 centimètres de distance, et, à partir de là, le bois était vert et bien
sain. Les boutures recueillies et mises en pépinière se développent admirablement bien, tandis que les pieds-mères sont complètement morts.

» Donc, il n'y a pas à se tromper ; la maladie a son point de départ au point
de soudure, vu que le Riparia repousse souterrainement. »

Il faut ajouter enfin que M. Ravaz pense que la thyllose peut être fréquente
dans les régions méridionales ou chaudes, mais rare plutôt dans les régions fraîches, ce qui indiquerait nettement l'influence des conditions climatériques sur
cette affection.

Est-ce bien seulement à l'obstruction des vaisseaux par les thylles, qui font
l'office de bouchons empêchant l'arrivée de la sève aux parties supérieures, qu'il
faut attribuer exclusivement les phénomènes précurseurs de la mort de ces
parties? Sous ce rapport comme pour la question de la production, qui sera examinée plus loin, je dirai, avec M. Pée-Laby, que M. Ravaz a probablement pris
l'*effet* pour la *cause.*

Les thylles proviennent soit d'une augmentation de la pression osmotique des
cellules des tissus vivants correspondant avec une diminution de la pression de
l'air dans les vaisseaux ligneux, soit de l'une de ces deux causes agissant isolément. Pour qu'elles se soient formées, il faut donc que l'un des déséquilibres
ait existé et qu'il ait été brusque ou progressif suivant les cas. Il suffit de relire
ce que j'ai dit aux généralités relativement à la lutte des plantes greffées placées
brusquement du milieu sec dans le milieu humide, pour comprendre que les
greffes signalées rentrent dans ce cas et passent brusquement ou progressivement
à la réplétion aqueuse après avoir souffert de la sécheresse.

En effet, à cause du bourrelet, l'eau de la sève brute pénètre plus difficilement

(¹) *Revue des hybrides*, mai 1902.
(²) *Revue des hybrides*, mai 1902.

dans le greffon. La vaporisation de l'eau continue comme dans la plante autonome, mais l'eau non remplacée par une absorption suffisante fait place à l'air
dans les vaisseaux. Lorsqu'une pluie survient, le bourrelet ne permet pas un
aussi rapide rétablissement de l'équilibre. Les vaisseaux du greffon se remplissent
moins vite d'eau que la plante normale : la pression de leur contenu reste donc
plus faible pendant un certain temps. Au contraire, l'osmose se fait facilement,
soit par imbibition extérieure dans l'air humide, soit au travers des parenchymes
du bourrelet : la pression intra-cellulaire augmente rapidement, et la différence de
pression suffit à provoquer la formation des thylles dans les plantes susceptibles
d'en produire. On conçoit, en outre, que la nature des produits minéraux pompés
par le sujet, les proportions dans lesquelles ils sont fournis au greffon, ont une
importance fondamentale vis-à-vis de la résistance du tissu ligneux et facilitent
ou contrarient suivant les cas la hernie des parenchymes au travers des membranes vasculaires. Quand les pluies cessent, les organes morts se dessèchent, et
ce sont tout naturellement les parties les plus jeunes qui sont les premières
victimes.

Sous ce dernier rapport, les vignes citées, comme je l'ai déjà dit, se comportent à la façon de certaines plantes décortiquées ([1]), comme les choux, par
exemple, et surtout comme les plantes ligneuses à tissus plus durs. J'ai décrit
la chute des feuilles après rougissement, puis la pourriture progressive à partir
du sommet végétatif, à l'automne, dans les choux raves, les choux de Bruxelles,
les choux cabus et les choux verts. On sait aussi depuis longtemps que, dans les
plantes ligneuses, la décortication a pour effet d'amener des phénomènes du même
genre, moins accentués sans doute, mais qui n'en causent pas moins parfois la
mort de la région supérieure à la décortication. Ces résultats dépendent, comme
je l'ai démontré, des dimensions relatives de l'anneau d'écorce enlevé, autrement
dit de la nature même du bourrelet cicatriciel qui relie plus ou moins impar-
faitement les deux lèvres de la plaie. Ils sont « sous la dépendance combinée du
milieu extérieur, plus ou moins humide suivant la saison, et du *milieu interne,* plus
ou moins humide de lui-même suivant la nature et l'âge de la plante considérée » ([2]).

Or, il est tout naturel que le bourrelet de la greffe produise les mêmes phénomènes, d'intensité variable suivant les divers exemplaires d'une même série. Cette
variété d'effets, suivant les ceps, confirme, en outre, ce que j'ai dit du rôle du
bourrelet et des variations individuelles du rapport $\dfrac{C'v}{Ca} < 1$.

La formation de thylles dans le greffon seul s'explique facilement, comme
s'expliquera plus loin l'éclatement des fruits. C'est le greffon qui fabrique la sève
élaborée; il ne peut la passer avec la facilité habituelle aux parties inférieures,
grâce au bourrelet. Il en résulte que chaque cellule vivante du greffon emmaga-
sine les substances sucrées en quantité de plus en plus considérable. La pression
osmotique interne augmente d'une façon exagérée; la plante lutte contre cette

([1]) En faisant des coupes dans vingt-trois variétés de vignes mises aimablement à ma disposition par
M. Salomon, de Thomery, j'ai constaté la formation de thylles dans les rameaux décortiqués quand les
rameaux normaux n'en avaient pas ou en avaient beaucoup moins. La partie supérieure à l'incision en avait
plus que la partie inférieure. Les thylles étaient le plus souvent localisées dans le bois existant au moment de
l'opération et fort nombreuses au niveau de la décortication; vers 15 à 18 c/m. du bourrelet, il n'y en avait plus.
En outre, elles étaient plus nombreuses dans les rameaux vigoureux que dans les rameaux faibles. Tout cela
concorde fort bien avec l'hypothèse de Mangin et vérifie ce que j'ai exposé théoriquement sur les différences
d'état biologique entre la partie supérieure et la partie inférieure à la décortication. Dans la greffe, la cause est
la même. En comparant la structure de piments décortiqués et de piments greffés sur aubergine, on ne trouve
pas de thylles dans la région inférieure du piment décortiqué, quand il y en a quelques-unes à la partie supérieure. Ces thylles sont plus nombreuses dans le greffon, toutes conditions égales d'ailleurs.

([2]) L. DANIEL. — *Physiologie végétale appliquée à l'arboriculture,* Rennes, 1902.

augmentation de pression par la transformation des sucres en amidon insoluble, qui apparaît dans le greffon seul, si celui-ci ne possède pas de parties vertes : c'est là un fait que j'ai signalé depuis longtemps.

L'on comprend que dans certains cas, même si la pression intérieure de l'air ou des liquides des vaisseaux ligneux ne change pas, cette augmentation de pression, due à l'accumulation des produits élaborés, puisse avoir en même temps pour résultat la formation de thylles dans les vaisseaux : formation de thylles, formation plus abondante d'amidon, répartition inégale des cristaux d'oxalate de chaux dans le greffon et le sujet, avec inégalité de résultats suivant chaque type de greffe, voilà des conséquences que la théorie des capacités fonctionnelles explique tout naturellement.

Il n'y a pas alors de thylles, pas plus qu'il n'y a d'amidon dans les cellules du sujet, parce que celui-ci reçoit peu de matières élaborées et, par conséquent, ne possède pas une pression osmotique aussi élevée que celle du greffon [1].

La thyllose est donc une des multiples manifestations des déséquilibres alternatifs de nutrition $\frac{C'v}{Ca} \gtrless 1$, avec mort brusque ou mort progressive suivant que la limite L' de réplétion aqueuse se trouve dépassée brusquement ou progressivement.

L'on conçoit aussi que ces faits soient plus ou moins prononcés, suivant les conditions extérieures, c'est-à-dire suivant les pays et les variations saisonnières, aussi suivant la nature des plantes. Ainsi peuvent se comprendre les observations discordantes de MM. Pée-Laby et Ravaz sur la formation anormale des thylles dans les greffons morts ou mourants, appartenant à la même catégorie de greffes, mais cultivées dans des régions différentes.

Il va de soi que les francs de pied, qui n'ont pas de bourrelet et qui sont en équilibre de nutrition dans les conditions normales, ne manifesteront pas ces accidents avec la même facilité ou même ne les manifesteront pas du tout, comme le fait le rameau témoin dans les variétés de vignes de M. Salomon, par rapport aux rameaux décortiqués. C'est absolument conforme à la théorie.

Le cas des boutures saines de M. Esquerré est facile à expliquer. La plante qui possède des parties mortes ou mourantes s'en sépare tout naturellement par des cicatrisations progressives jusqu'à ce que l'isolement soit complet. En coupant à temps les boutures, en les nettoyant avant de les placer dans le sol, il est clair que la lutte de la plante contre le milieu défavorable est favorisée d'autant.

C'est à un effet physico-physiologique de la lutte pour l'existence qu'il faut attribuer la séparation du sujet et du greffon. Le sujet se débarrasse du greffon comme la plante normale se sépare d'un membre hors d'usage, et le bourrelet joue encore un rôle dans ce phénomène. Au printemps, les souches atteintes à l'automne, mais dont les greffons ne sont pas morts en entier, n'ont plus de feuilles exerçant un appel élevé. C'est donc surtout la capillarité et l'osmose qui amèneront la sève dans le greffon. Or, le bourrelet s'oppose à ce passage rapide : les réserves sont faibles dans le greffon qui a souffert. L'avantage est à ce moment pour le sujet, qui rétablit des points d'appels nouveaux sous la forme de bourgeons adventifs ; le greffon, ainsi frustré par les rameaux qui sortent de son conjoint, finit par se dessécher dans les conditions indiquées ci-dessus.

Dans la décortication annulaire des végétaux ligneux, l'on observe aussi la mort de la partie supérieure à la plaie, quand la partie inférieure reste vivante. Dans les choux, j'ai vu des exemplaires décortiqués, dont les feuilles étaient tombées et les jeunes pousses pourries, reprendre vie et vigueur à la suite de l'affran-

_____

[1] Je parle, bien entendu, de la greffe ordinaire et non de la greffe mixte.

chissement, c'est-à-dire à la suite d'un racinage adventif de la partie supérieure, quand celle-ci était à proximité du sol. Les parties nécrosées étaient ensuite isolées des parties saines par la formation d'un siège de cicatrisation. Les jardiniers sauvent ainsi certaines plantes ou des boutures, pourries partiellement, par des rognages suivis d'un bouturage dans de meilleures conditions (Pelargoniums, etc.).

Divers autres déséquilibres de nutrition, correspondant au cas $\frac{C'v}{Ca} < 1$, ont été observés dans le vignoble français sans qu'on en ait donné la véritable explication.

L'année dernière, M. Perraud ([1]) signalait des accidents de végétation *frappant les vignes d'une façon très irrégulière*. Ainsi, sur des *ceps isolés*, un bras ou deux seulement, parfois la totalité des bras avaient leurs *jeunes rameaux* détruits; ailleurs des *groupes de souches* se trouvaient dans le même état. Ces accidents, qui ont rarement entraîné la mort du cep, ont cependant causé de graves préjudices. Les parties atteintes présentaient des *thylles* et de la *gomme*. M. Perraud en a conclu que cette dernière substance est la cause directe des accidents observés; en cela, il a, comme M. Ravaz, pris l'effet pour la cause. Il n'y avait pas plus de raison d'attribuer la mort des pousses à la gommose qu'à la thyllose, puisque tout cela est la conséquence mécanique ou physiologique du déséquilibre de nutrition $\frac{C'v}{Ca} < 1$.

Les parties les plus jeunes sont les premières atteintes parce que leurs tissus sont plus gorgés d'eau. L'inégalité des effets sur un même cep provient de ce que les rameaux, suivant leur situation sur la plante, leur exposition par rapport aux agents cosmiques et la place relative des tissus cicatriciels dans le bourrelet, n'ont pas la même capacité fonctionnelle. Enfin, l'inégalité des accidents suivant les souches provient de la diversité des bourrelets.

Ces accidents sont apparus à la suite des abaissements de température survenus en avril et en mai. Il est facile de comprendre ce qui s'est passé. Avant les froids, l'on avait déjà $C'v$ un peu plus petit que Ca s'il s'agit, comme c'est sans doute le cas, de vignes greffées par les méthodes ordinaires. Au moment de l'abaissement de la température, l'appareil aérien, exposé directement au froid, a vu brusquement diminuer sa capacité fonctionnelle $C'v$, quand l'appareil absorbant, protégé par le sol, mauvais conducteur du calorique, conservait sensiblement sa valeur Ca. De là, l'augmentation du déséquilibre $\frac{C'v}{Ca} < 1$, qui atteint naturellement une valeur spéciale pour chaque plante greffée suivant l'état du bourrelet, valeur qui dépend encore de l'espèce considérée et de son accoutumance antérieure ([2]) aux variations de température.

La formation de la gomme sous l'influence du déséquilibre $\frac{C'v}{Ca} < 1$ ne semble point un phénomène particulier à la vigne. Il se retrouve souvent dans les arbres fruitiers à noyau, en particulier, quand, par une taille exagérée, on réduit brusquement Cv par rapport à Ca, en plaçant la plante en milieu humide.

Un exemple remarquable de ce déséquilibre particulier m'a été obligeamment communiqué par M. de Salvo ([3]), de Riposto (Sicile). Le citronnier est fréquemment atteint en Italie d'une affection vulgairement appelée *cagna*, caractérisée

([1]) PERRAUD. — *Dépérissement des rameaux de la vigne causé par la gomme* (Revue de viticulture, 13 juillet 1905).
([2]) L. DANIEL. — *L'accoutumance dans le greffage* Lyon horticole, 1903).
([3]) P. DE SALVO, *in litteris.*

par l'apparition de la gomme sur le tronc depuis le sol jusqu'à une certaine hauteur. Elle serait due, d'après cet observateur, à l'*abondance excessive* de la sève brute, et elle n'apparaît qu'à la suite des irrigations de l'été. En effet, les citronniers cultivés dans un terrain non submergé ne souffrent pas du tout ou du moins très peu. Mais, en Sicile, il fait très chaud, et l'on doit irriguer si l'on veut avoir une bonne production.

Pour éviter la mort du citronnier franc de pied, certains agriculteurs font des incisions longitudinales de l'écorce. On conçoit l'utilité de ces plaies, puisque par là s'écoule une partie de la sève, ce qui, en s'ajoutant à la partie de l'eau normalement vaporisée, contribue à rétablir l'équilibre de nutrition.

D'autres emploient la greffe sur bigarradier. Cette plante a une capacité fonctionnelle plus faible que le citronnier, le $\frac{1}{10}$ environ, d'après M. de Salvo. On réalise donc par là même le déséquilibre $\frac{C'v}{Ca} > 1$ qui, au moment de l'irrigation, contribue à atténuer le déséquilibre $\frac{C'v}{Ca} < 1$ dû à la submersion. Or, si le greffon est trop près du sol, il reçoit d'autant plus de sève par l'intermédiaire du sujet, et il est lui-même parfois en contact direct avec l'eau. On conçoit que, au fur et à mesure que le niveau de la greffe s'éloigne du sol, la quantité d'eau fournie en excès au citronnier va en diminuant. L'expérience a montré que, en greffant le citronnier à 0m70 du sol, la *cagna* n'apparaît plus.

Cette méthode, qui préserve de la *cagna* le citronnier, n'est cependant pas sans inconvénients pour le greffon qui, paraît-il, devient beaucoup plus sensible aux parasites.

Des effets de variations brusques de température s'observent fréquemment sur les arbres fruitiers de nos jardins. Il arrive parfois, quand les poires sont nouées ou au moment de la floraison, que la température s'abaisse tout à coup. Le poirier passe brusquement au déséquilibre $\frac{Cv}{Ca} < 1$ par suite de l'inégale protection contre le froid des parties aériennes et des parties souterraines. Le froid est insuffisant pour tuer les poires, puisque les jeunes pousses gorgées d'eau ne gèlent pas. Cependant on voit bientôt les poires tomber au niveau de leur insertion en noircissant plus ou moins. Elles ont été victimes de la réplétion aqueuse et se détachent par la base. Quelquefois, toutes ne tombent pas, car n'ayant pas toutes la même capacité fonctionnelle, elles ne sont pas forcément au même état biologique; suivant la valeur de l'appel particulier qu'elles exercent, elles atteignent chacune plus ou moins rapidement la réplétion aqueuse.

Ce sont là des faits bien connus des praticiens; ils sont si bien l'effet de variations brusques du rapport $\frac{C'v}{Ca} < 1$ qu'on peut les provoquer artificiellement par la taille ou par la suppression exagérée des bourgeons à fruits, des fleurs ou des fruits, ainsi que j'ai eu l'occasion de l'indiquer ailleurs [1].

Or, des faits comparables ont été signalés dans la vigne par M. Zaccha-riewicz [2]. Le 12 juin 1904, il a observé à Montagnac, dans le vignoble de l'Hérault, particulièrement sur les Aramons greffés, des grains de raisin qui ont été arrêtés dans leur développement à la grosseur d'un grain de plomb. Ces fruits

[1] En coupant partiellement par le milieu les poires que l'on veut supprimer, au lieu de les enlever complètement du premier coup, on ne produit pas la chute des fruits restants, par réplétion aqueuse (voir *Le Jardin*, 1904).

[2] *Revue de viticulture* et *Revue des hybrides*, 1904.

se sont détachés de la grappe avec leur pédicelle et couvraient le sol au pied des souches le matin du 12. Il suffisait d'ébranler une souche pour provoquer une abondante chute de ces grains. M. Zacchariewicz attribue ce fait exceptionnel au *refroidissement brusque qui a accompagné les pluies* au mois de juin. On a noté des phénomènes analogues dans les Bouches-du-Rhône, le Vaucluse, le Gard, etc.

N'est-ce pas exactement comparable à la chute des jeunes poires dans la période du printemps, sous l'influence des conditions qui viennent d'être décrites?

Enfin, je citerai encore, dans le même ordre d'idées, les observations de M. Jallabert (1) sur le Berlandieri et ses hybrides dans l'Aude, et qui offrent une certaine analogie avec les résultats de mes greffes entre Solanées de rusticité différente.

« J'ai eu, écrit-il, l'occasion de constater le peu de rusticité du Berlandieri dans nos régions. Presque sur la limite du versant méditerranéen et du versant océanien, assez rapprochés des Pyrénées, situés à une altitude assez élevée, nos vignobles sont exposés, au printemps, à des courants d'air froid on ne peut plus funestes. A l'automne, avant la chute des feuilles, de brusques changements de température, des gelées même précoces, nuisent souvent à l'aoûtement des bois de la vigne. J'ai eu l'occasion de constater qu'en présence de ces phénomènes le Berlandieri faisait assez mauvaise contenance, et que Riparia et Rupestris (je ne parle pas des Franco) se comportaient bien mieux que lui. Je l'ai vu perdre toutes ses feuilles sous l'influence d'une toute petite gelée blanche, un peu précoce, quinze jours au moins avant ses voisins Riparia × Rupestris, Solonis × Riparia, Franco-Rupestris, etc., et laissant apercevoir de grêles sarments *aoûtés seulement sur la moitié la plus rapprochée du tronc*. Et si l'aoûtement des bois est absolument insuffisant, que penser de son action sur le système radiculaire? Et dans ces conditions, peut-on considérer le Berlandieri comme un porte-greffe rustique, vigoureux, qui nourrira bien ses greffes? Pour ma part, je ne partage pas cette confiance. C'est que le Berlandieri est avant tout un cépage des pays chauds. »

Constatant ensuite que les hybrides demi-sang de Berlandieri présentent d'une manière atténuée chez lui les défauts de ce cépage parent, il ajoute, à propos du 157¹¹ (Riparia × Berlandieri), ces documents qui concordent si bien avec ma thèse :

« Les greffes sur 157¹¹, comme celles des autres hybrides de Riparia et Berlandieri, sont elles-mêmes très sensibles *aux variations brusques* et redoutent singulièrement les refroidissements trop considérables de l'atmosphère. J'ai vu assez souvent de *jeunes greffes* tuées net par de fortes gelées de printemps et même par une gelée précoce d'automne. A propos des terribles gelées d'avril 1903, M. Prosper Gervais a nettement établi la *différence comme résistance* entre les greffes sur Rupestris du Lot et 1202 d'une part, et les greffes sur Riparia et 157¹¹ d'autre part. Tandis que le réveil de la végétation en mai, après les gelées, se manifestait avec une vigueur étonnante dans les vignes greffées sur Rupestris du Lot et sur 1202, il était lent, inégal, paresseux, dans les vignes greffées sur Riparia... La partie greffée sur 157¹¹ a tout particulièrement souffert; il est vrai qu'elle est plus jeune et se compose de greffes de 3, 2 et 1 an faites sur place... J'ai fait des observations analogues dans ma plaine de l'Aude et sur le plateau de Bouziers. »

Il serait facile de relever dans les publications viticoles d'autres exemples de *mort brusque* ou relativement *rapide* des vignes greffées sous l'influence des déséquilibres inverses $\frac{C'v}{Ca} > 1$ et $\frac{C'v}{Ca} < 1$, agissant isolément ou alternativement (2),

(1) JALLABERT. — *Revue de viticulture*, 1904.
(2) Il y a lieu de regretter toutefois que nombre des observations publiées manquent de la précision voulue pour les faire rentrer dans l'un ou l'autre des deux cas de déséquilibre de nutrition. C'est ainsi que certains folletages peuvent fort bien avoir été produits par la dessiccation et d'autres par la réplétion aqueuse comme aussi par des variations alternatives de sécheresse et d'humidité. On conçoit que, seule, la connaissance des con-

conformément aux exemples que j'ai donnés dans un grand nombre de plantes herbacées, dans les rosiers de nos jardins, sur les pommiers de nos vergers, etc.

B. Effets généraux des variations modérées de l'eau dans les vignes greffées.

Les déséquilibres dont il vient d'être question sont des déséquilibres excessifs ayant des conséquences graves dans un délai rapproché, soit pour l'une ou l'autre plante greffée, soit pour les deux à la fois. Il est en somme plutôt exceptionnel que les choses tournent ainsi au tragique. C'est plutôt la règle que les plantes greffées souffrent plus ou moins à la suite de ces déséquilibres, mais ceux-ci sont en général assez modérés pour ne compromettre l'existence des conjoints qu'au bout d'un certain temps.

Mais alors ces souffrances ont des conséquences utilitaires de la plus haute importance pour le viticulteur, qui a tout intérêt à les connaître. Ce sont : les changements dans la vigueur relative, dans la floraison, dans la production et dans la qualité des produits, comme dans les résistances relatives aux agents extérieurs, particulièrement au phylloxéra et aux maladies cryptogamiques.

a) Vigueur relative. — Les vignes américaines, en milieu normal, quand elles peuvent fonctionner convenablement, sont plus vigoureuses que les vignes françaises. C'est là ce qui a été déjà dit et démontré.

Le greffon se trouve alors vivre en milieu plus humide, et il doit, toutes proportions gardées, se comporter comme les vignes submergées, dont il a été question au début de ce travail, à chaque fois que sera réalisé le cas $\frac{C'v}{Ca} < 1$. Or, ces vignes submergées ont une végétation plus vigoureuse, une production doublée, mais elles donnent des vins de qualité inférieure, sont plus sensibles aux maladies cryptogamiques et aux accidents produits par les variations météorologiques ; enfin, quelques-unes ne peuvent vivre avec ce mode de culture.

Il est facile, en parcourant le vignoble français et en étudiant les champs d'expériences, de constater des phénomènes du même ordre dans la majeure partie des greffes qui ne sont pas exposées à une sécheresse intense et de longue durée, c'est-à-dire quand ces vignes sont en milieu normal.

Par comparaison avec les francs de pied conduits de la même manière, on voit que les vignes greffées possèdent des entre-nœuds plus longs, souvent moins aoûtés, des feuilles plus larges, à pétiole plus long, à parenchyme plus épais. La tige et les feuilles présentent des différences de teintes parfois bien tranchées. Au repos de la végétation, il est même possible de reconnaître les bois provenant d'une même variété de vigne greffée et non greffée ; et les vignerons le font couramment, m'a-t-on affirmé en Gironde. S'il est plus difficile de caractériser botaniquement ces différences, elles ne surprennent point le physiologiste qui connaît l'influence de l'état biologique de la plante, en particulier de l'humidité interne, sur le développement et la nature même des substances colorantes (Giard).

Ces changements de vigueur ou de teinte sont plus frappants, pour un même

---

ditions extérieures qui ont brusquement fait varier l'équilibre entre Ca et C'v permet d'apprécier ce qui s'est passé exactement. L'étude anatomique peut être souvent un moyen de contrôle, *à la condition qu'elle soit faite à temps* et non quelques semaines après l'accident, quand les tissus morts par réplétion aqueuse sont desséchés, ont perdu en grande partie leurs caractères et ne se distinguent plus aussi facilement des tissus morts par dessiccation.

greffon, avec certains sujets qu'avec d'autres. Inversement, pour un même sujet, ils varient avec les greffons.

Au champ d'expériences de Haut-Gardère, à Léognan, il était facile, en 1904 et 1905, de reconnaître les vignes greffées à leurs dimensions en général plus grandes dans tout l'appareil aérien, au moins dans un grand nombre de cas.

Dans le Sauternais, M. Garbay, de Bommes, m'a montré dans son vignoble des différences de même ordre. C'est ainsi qu'il reconnaissait, à première vue, sans hésitation, les Sauvignons greffés sur Vialla, par exemple.

M. de Salvo, en Sicile [1], a observé de très remarquables variations dans les dimensions de l'appareil végétatif aérien de certaines vignes à la suite du greffage. Voulant vérifier la valeur de la théorie des capacités fonctionnelles, ce viticulteur a greffé comparativement, en 1901, le plant Jouffreau sur des Vinifera de 7 ans et de 25 ans, en même temps que sur des Riparia de 3 ans.

Les greffes sur Riparia de 3 ans ont pris un développement énorme, à tel point que l'on a pu récolter jusqu'à 40 mètres de bois sur un seul pied greffé, tandis que sur le Vinifera de 7 ans le greffon n'a donné que 5 à 6 mètres de sarments.

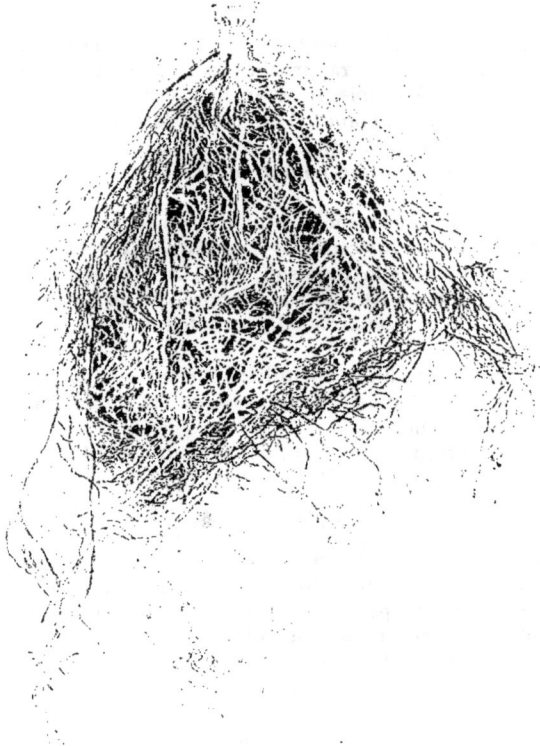

Fig. 25

Racinage d'un grand Soleil non greffé. — La racine possède son développement normal, bien qu'elle soit venue dans les mêmes conditions que le Soleil greffé, abstraction faite de la greffe.

Sur le Vinifera de 25 ans, le développement a été naturellement plus grand que sur le Vinifera de 7 ans, et on a récolté environ 20 mètres de bois, chiffre moitié plus faible que celui des greffés sur Riparia. Enfin, le développement de l'appareil assimilateur de Jouffreau, greffé sur Vinifera de 25 ans, a été triple au moins de celui des Vinifera de même âge non greffés et cultivés à côté des greffés.

M. de Salvo explique ainsi ces faits. Le Riparia, qui est le sujet de capacité fonctionnelle la plus forte, donne tout naturellement au Jouffreau le maximum de développement dans les conditions de l'expérience. Le Vinifera de 25 ans,

[1] P. de Salvo, in litteris.

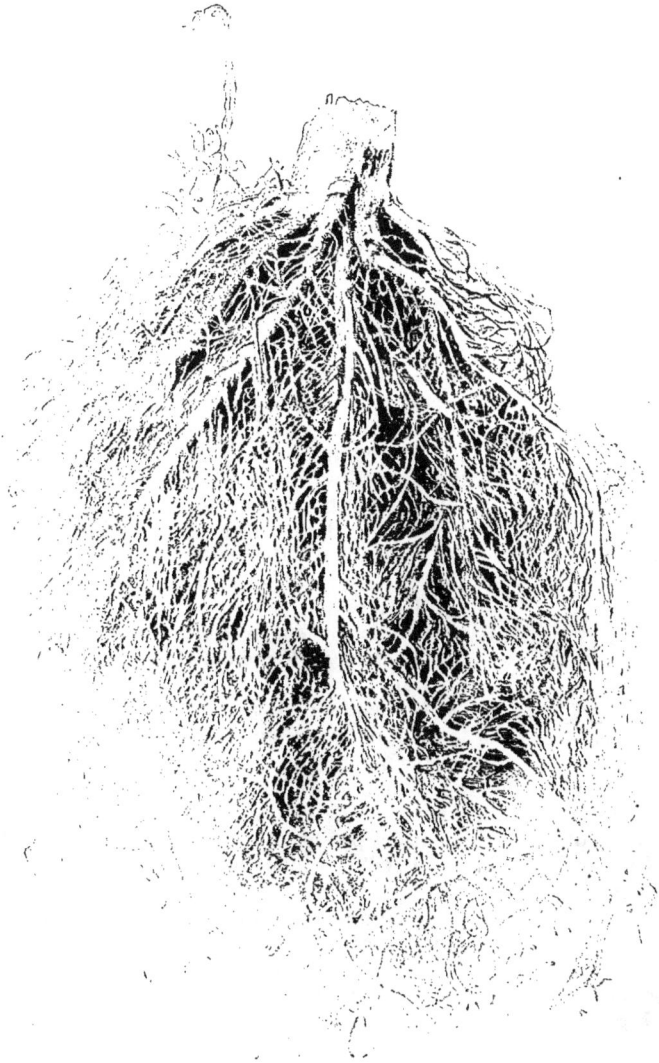

Fig. 26

Racinage d'un grand Soleil portant comme greffon un *Helianthus multiflorus*. — La racine
principale et les racines secondaires ont pris un développement considérable sous
l'influence du greffon.

dont le racinage est plus développé que celui du Vinifera de 7 ans, a une
capacité fonctionnelle plus forte que ce dernier et ne peut manquer de donner
des pousses plus longues ; c'est ce qui a lieu. Le plant Jouffreau, de capacité fonc-

tionnelle plus forte que le Vinifera, pousse plus vigoureusement que celui-ci, même greffé.

Des faits analogues ont été observés sur le 132" de Couderc et sur divers autres hybrides.

En parcourant les ouvrages et les revues concernant la reconstitution, on pourrait relever de nombreux exemples du même genre, où l'influence d'un sujet de capacités fonctionnelles plus grandes, malgré les effets inverses d'un bourrelet plus ou moins prononcé, se fait sentir, sur un greffon de capacités fonctionnelles moindres, par une augmentation très nette des dimensions de l'appareil végétatif et une vigueur plus grande dans les mêmes conditions de végétation.

Les variations de l'appareil aérien doivent être, en certains cas, accompagnées de changements divers dans l'appareil souterrain, comme cela a eu lieu dans les greffes d'un certain nombre de plantes herbacées; dans celles-ci, les exemples abondent; c'est ainsi que, en particulier dans les Soleils annuels servant de sujets à l'*Helianthus multiflorus*, le racinage du franc de pied *(fig. 25)* est beaucoup moins développé que celui du sujet greffé *(fig. 26)*.

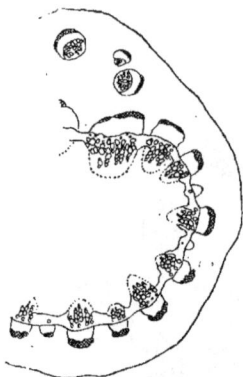

Fig. 27

Coupe du pédoncule de la feuille du Merlot franc de pied.

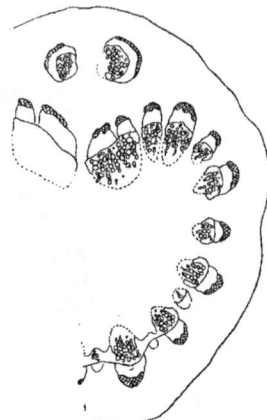

Fig. 28

Coupe du pédoncule de la feuille du Merlot greffé.

Pour relever des différences analogues dans les vignes greffées, il faudrait en sacrifier un grand nombre. Les faits de changements de racinage à la suite du greffage ont tout naturellement été peu observés dans la vigne pour cette raison. Mais on en trouverait sûrement si l'on voulait bien faire des observations sur ce point particulier.

Lorsque l'on fait l'étude anatomique comparée de la feuille ou de la tige dans les mêmes vignes greffées et franches de pied, on observe des variations en rapport avec les variations morphologiques externes. J'en donnerai ici quelques exemples, choisis parmi les plus caractéristiques, me réservant d'en donner d'autres à propos de l'appareil reproducteur.

En 1904, j'avais remarqué à Haut-Gardère, entre toutes les séries de greffes, la végétation luxuriante du Merlot greffé sur Jacquez par rapport à celle du franc de pied. Les feuilles étaient beaucoup plus développées comme limbe et comme pétiole. Celui-ci était plus long et un peu plus épais en même temps.

J'ai fait l'étude anatomique comparée de ces pétioles choisis sur des rameaux d'égale disposition sur les ceps et correspondant aux feuilles les plus développées venues à un même nœud. Les figures 27, 28, 29 et 30 permettent facilement de voir que les tissus sont plus développés en général dans les pétioles du Merlot greffé et qu'ils ne sont pas exactement de même nature.

En outre de ces différences qui intéressent la conduction des sèves, on remarque, en outre, que la distribution des cristaux d'oxalate de chaux est différente, ce qui montre que l'acidité n'était pas la même dans la vigne greffée et dans le franc de pied pendant la vie de la feuille considérée.

Les coupes transversales du limbe du Merlot franc de pied et du Merlot greffé sur Jacquez montrent des différences dans l'épaisseur relative et la forme des parenchymes, assez voisines de celles que j'ai figurées plus haut dans les plantes herbacées; elles sont dues à des causes analogues et ne peuvent manquer de causer des variations physiologiques dans la nutrition; il est inutile d'insister davantage sur ce point.

Quand on examine comparativement les tiges de vignes françaises, de vignes américaines ou de leurs hybrides, on trouve des modifications causées par les changements de nutrition dans le greffage. J'en ai observé de nombreux exemples; je citerai ceux du 580 Jurie et du 330^A Jurie, que j'ai pu étudier greffés et vierges de tout greffage, cultivés dans les mêmes conditions de sol et de climat.

Les rameaux dont j'étudie ici la structure ont été choisis par moi-même à Millery avec un soin scrupuleux par rapport à leur situation sur l'arbuste, à leur direction par rapport à la lumière et à leur vigueur moyenne; en un mot, ils sont aussi comparables que possible.

Les coupes ont été naturellement faites dans la même région d'un entrenœud de même ordre. Dans ces conditions, les variations observées ne peuvent être que la conséquence du greffage.

Le 580 franc de pied *(fig. 31 et 32)* possède une moelle bien développée, un bois bien aoûté; les vaisseaux régulièrement disposés ont un lumen

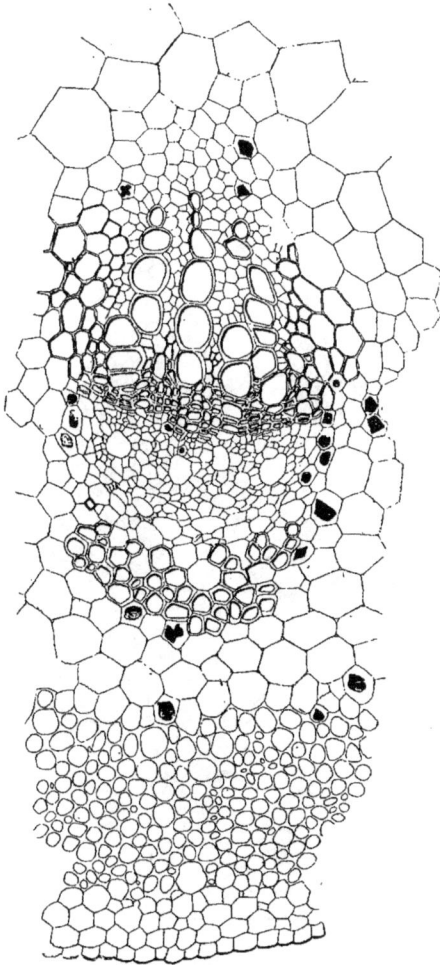

Fig. 29

Un faisceau libéro-ligneux du pédoncule de la feuille du Merlot greffé sur Jacquez.

moyen; les vaisseaux primaires possèdent des thylles; les fibres libériennes sont disposées sur une ou deux rangées dans le rameau choisi. Enfin l'on trouve de nombreux cristaux, témoignant de l'acidité élevée de ce cépage.

Le 41^B vierge de tout greffage *(fig. 33 et 34)* a une structure toute différente. La moelle est peu étendue; en revanche son bois est très développé par rapport aux autres tissus. Les vaisseaux sont plus serrés, riches en thylles, même dans le bois secondaire. Les rangées de fibres libériennes sont nombreuses:

suivant les faisceaux, il y en a trois à cinq rangées. L'épaisseur totale est plus faible que celle du 580 franc de pied. L'acidité est élevée si l'on en juge par le nombre relatif des cristaux d'oxalate.

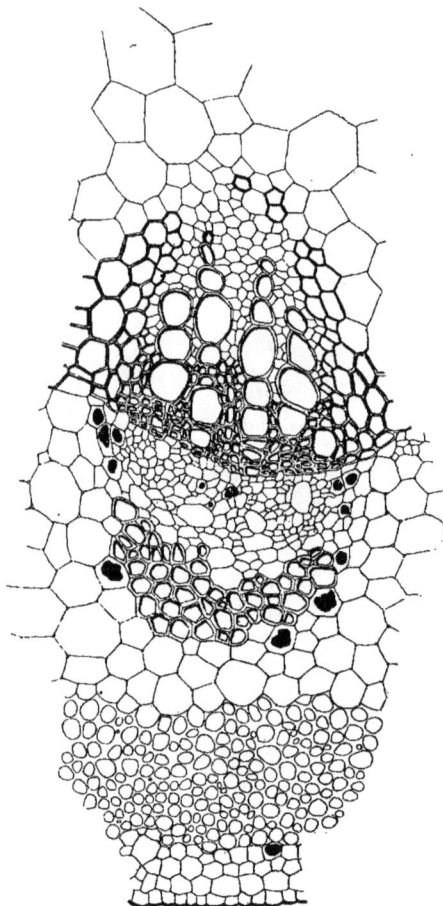

Fig. 3o

Un faisceau libéro-ligneux du pédoncule de la feuille dans le Merlot franc de pied.

Le 580 greffé sur 41ᴮ *(fig. 35 et 36)* possède une moelle un peu plus développée; le bois est aussi légèrement différent, avec des vaisseaux plus grands. Le liber est pourvu de deux à trois bandes de fibres. Le nombre des cristaux, toujours élevé, est cependant plus faible que dans le type normal. Les thylles existent au nombre de 20 environ et sont incomplètes. En somme, le rameau est de dimensions plus considérables et l'augmentation est surtout sensible pour la moelle, le bois et le liber.

Le 41ᴮ qui a servi de support au 580 présente aussi des différences marquées *(fig. 37 et 38)* avec le 41ᴮ vierge de tout greffage. Ainsi les thylles sont moins nombreuses; les vaisseaux du bois ont augmenté considérablement de dimensions; la moelle est beaucoup plus étendue; les rangées de fibres libériennes sont moins nombreuses.

Enfin on constate des variations dans le nombre des cristaux d'oxalate de chaux et dans leur répartition.

Le même 580 greffé sur Rupestris du Lot *(fig. 39 et 40)* présente d'autres changements également prononcés. Les thylles sont nombreuses dans le bois primaire et dépassent 3o. Le bois est peu développé par rapport à l'ensemble de la coupe et la moelle est au contraire très étendue. L'aoûtement laisse à désirer et les cristaux, très nombreux, montrent que l'acidité est très élevée.

L'hybride 33oᴬ Jurie franc de pied *(fig. 41 et 42)* et greffé sur 41ᴮ *(fig. 43 et 44)* ou sur Rupestris du Lot montrent des phénomènes de même ordre, plus ou moins prononcés, tant dans la moelle que dans les tissus conducteurs. Ces changements se retrouvent en plus ou en moins dans toutes les greffes suivant la valeur du rapport $\dfrac{C'v}{Ca} \gtrless 1$, et sont comparables à ceux que produisent les opérations d'horticulture ou l'action des milieux différents.

Dans les vignes greffées possédant un bourrelet normal, ils correspondent le plus souvent, par le fait du mode de reconstitution adopté généralement dans le

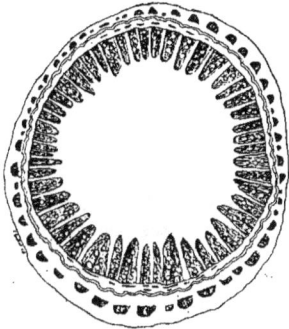

FIG. 31

Coupe de la tige du 580 vierge de
tout greffage.

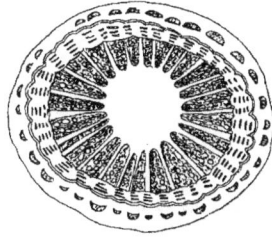

FIG. 33

Coupe de la tige du 41ᴮ vierge
de tout greffage.

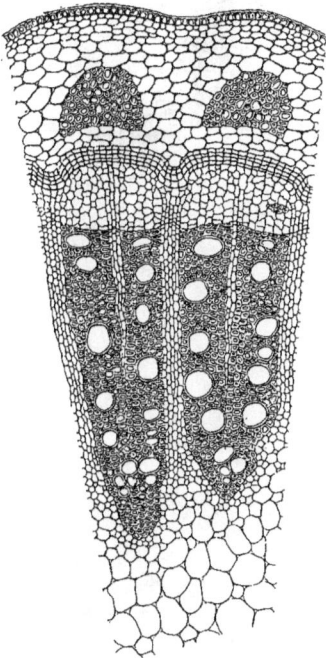

FIG. 32

Portion grossie de la coupe de la tige du
580 vierge, un peu schématisée.

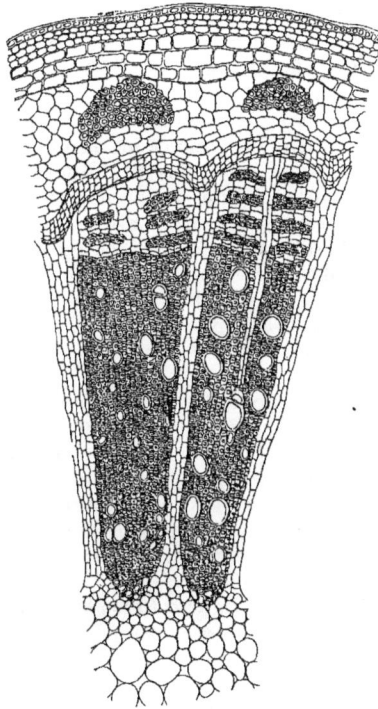

FIG. 34

Coupe un peu schématique d'une portion
de la tige du 41ᴮ vierge représentée dans
la *fig. 33*.

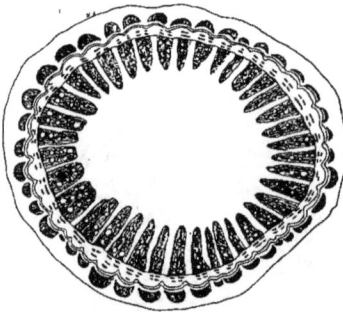

FIG. 35

Coupe de la ligne du 580 greffé sur 41B.

vignoble, à une augmentation de vigueur par les années normales ou humides, conformément à la théorie des capacités fonctionnelles.

On voit donc que l'anatomie confirme l'étude morphologique extérieure, ce qui était d'ailleurs à prévoir, et que la vigne sous le rapport des conséquences du greffage, ne fait nullement exception dans le règne végétal relativement aux modifications de la circulation des sèves considérées sous le rapport de la *quantité*.

Malgré cela, il s'est trouvé des écrivains viticoles pour prétendre qu'il n'y a aucune différence entre les vignes greffées et les vignes franches de pied capable de permettre de les distinguer les unes des autres dans la pratique courante !

Pour d'autres auteurs, il n'en est pas ainsi : « Ce que l'on constate dans la grande généralité des cas, disent MM. Viala et Ravaz [1] (excepté toutefois quand les variétés greffées sont identiques), c'est un *affaiblissement à peu près constant des ceps greffés.* »

Cet affaiblissement est loin d'être la règle, au moins au début, pour la plupart des greffes bien réussies. Les exemples que j'ai donnés précédemment le démontrent amplement, et l'on pourrait en citer des multitudes d'autres. A propos du champ d'expériences de Haut-Gardère, à Léognan, M. Verdié [2] écrivait récemment : « Il est impossible, en 1904, de constater à Haut-Gardère l'*action déprimante* attribuée au greffage, les plants greffés étant généralement plus vigoureux que les francs de pied. » En 1905, M. Marcel Ricard [3] arrivait à des conclusions analogues.

Il faut, pour être exact, ajouter que M. Ravaz professe depuis quelque temps des idées moins absolues et plus conformes à mes théories. Il admet maintenant [4] « qu'une vigne placée sur un sujet très vigoureux peut être plus vigoureuse que franche de pied ». De même il constate qu'un greffon vigoureux peut développer un sujet plus faible et *vice versa*. Il se base sur ces différences de vigueur (dues à des différences de capacités fonctionnelles) pour expliquer, par une sorte de calcul mathématique, « les inégalités de développement des diverses variétés de greffons sur un même sujet et que l'on a également attribuées à l'affinité ».

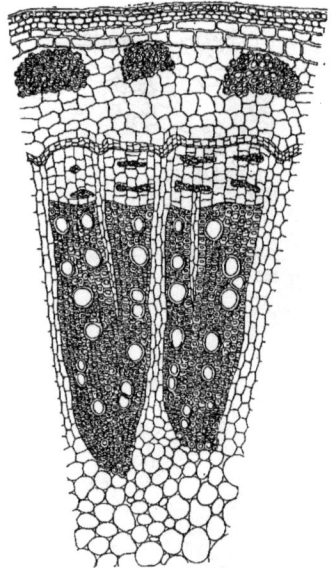

FIG. 36

Portion grossie et un peu schématisée de la coupe de la tige du 580 greffé sur 41B.

[1] VIALA et RAVAZ. — Loc. cit.
[2] VERDIÉ. — Rapport sur l'étude du champ d'expériences de Haut-Gardère. Bordeaux, 1905.
[3] Revue de viticulture, 7 septembre 1905.
[4] RAVAZ. — Les effets de la greffe (Congrès de Rome, 1903).

Sur ces faits, aujourd'hui admis enfin par tout le monde, il n'y a plus de contestation possible. Mais je ne puis adopter les conclusions de cet auteur quand il ajoute, sans confondre le développement dans l'espace (vigueur ou taille relative de la plante) et le développement dans le temps (durée)(¹), puisqu'il parle plus loin de la durée des vignes greffées :

« L'accroissement ou la diminution de la vigueur du sujet ou du greffon peut varier de zéro à l'infini; le développement de la plante greffée n'a donc pas de *limite maxima*(²); il en est de même des plantes franches de pied dont la puissance varie aussi de zéro à l'infini. Or, quelles sont les conditions qui règlent cette puissance? C'est le milieu, surtout le sol. »

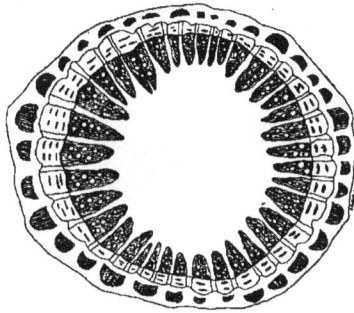

Fig. 37

Coupe de la tige du 41ᴮ ayant servi de sujet au 580.

On comprendrait difficilement, vu la multiplicité des plantes qui couvrent la surface du globe, que l'une d'elles puisse prendre un développement infini en tous sens et ne présente pas de taille maxima. Que deviendraient alors les autres ainsi privées brutalement par elle de leur place au soleil? Que se passerait-il si toutes les plantes s'avisaient à la fois, dans la lutte pour la vie, de prendre un développement infini? Elles ne pourraient, dans ce cas, le faire dans le sens latéral, car elles se gêneraient mutuellement dans leur croissance. Elles grandiraient alors en hauteur; la vigne en particulier, nouveau Titan, grimperait à la cime des arbres pour escalader le ciel et y chercher la chaleur et le soleil; l'homme devrait faire retour au singe pour pouvoir en cueillir les raisins!

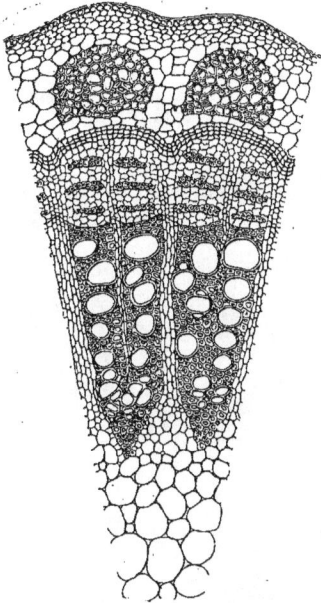

Fig. 38

Portion grossie et légèrement schématisée de la coupe de la tige du 41ᴮ sujet de 580.

Heureusement pareille extrémité n'est pas à craindre. Si tout le monde sait que les animaux ont une taille maxima spéciale à l'espèce et qu'ils ne peuvent dépasser, — le bon La Fontaine a ridiculisé la grenouille qui veut se faire aussi grosse que le bœuf, — chacun sait aussi que les végétaux, bien que certains soient plus plastiques et par conséquent susceptibles de varier de taille dans des limites plus étendues que les animaux, ne peuvent cependant prendre un développement infini dans l'espace. Un chou n'atteindra jamais la taille du chêne et si

(¹) PLINE a écrit : « *Vites sine fine crescunt,* » ce qui a fait dire à Moquin-Tandon que le naturaliste romain ne connaissait pas la portée de son assertion. De Candolle a émis aussi l'idée que la *durée* des végétaux est *infinie* et qu'ils ne meurent que d'accidents étrangers à leur âge. Mais il n'est pas allé plus loin et n'a pas parlé naturellement du développement infini dans l'espace.

(²) Voir mon livre sur la variation dans la greffe pour la définition de la *taille maxima* ou taille la plus élevée qu'un végétal peut prendre dans le milieu parfait, le plus favorable à l'exercice de ses fonctions végétatives.

certaines plantes vivaces se continuent dans le temps, elle ne dépassent pas pour cela une certaine taille dans l'espace, car les parties anciennes meurent d'usure organique quand elles sont remplacées par des parties plus jeunes et par conséquent plus capables d'assurer l'exercice de l'aliment. C'est ainsi que la taille maxima de ces végétaux, dans lesquels rentre la vigne, se maintient dans des limites déterminées. Elles sont si bien déterminées que les botanistes classificateurs[1] ont rangé la taille au nombre des caractères distinctifs des espèces ou des variétés. Il n'est point d'ailleurs besoin d'étayer son raisonnement sur les mathématiques pour le démontrer : c'est une simple question d'observation et de bon sens.

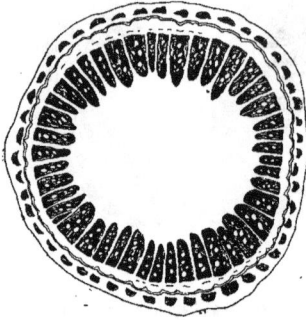

FIG. 39

Coupe de la tige du 580 greffé sur Rupestris du Lot.

Ce qu'il importe de retenir en théorie et en pratique de tout ceci, c'est que *le greffage modifie la vigueur des plantes associées.* Dans ces conditions, la reconstitution a obligé les vignerons à changer les *systèmes de taille* en usage dans chaque vignoble, et cela ne s'est pas fait sans inconvénients, comme le prévoyait M. Sahut[2].

« La taille, écrivait-il en 1884, selon qu'elle est plus ou moins allongée, est un des éléments essentiels de la production[3]. Nos vignerons le savaient bien quand, voulant augmenter leur récolte, ils laissaient, en taillant, un ou deux yeux ou bourres de plus à chacun des coursons, ou bien un sarment non taillé recourbé en arc au-dessus de la souche. La production augmentait considérablement et, si le temps était favorable pour permettre à la maturation des fruits de se faire d'une manière satisfaisante, les vignerons se réjouissaient parce que les foudres et les cuves se remplissaient plus amplement qu'à l'ordinaire.

» Il ne fallait toutefois pas *abuser de ce moyen*, car la vigne aurait pu s'en ressentir, et malgré les *copieuses fumures* qui pouvaient compenser en partie la perte de forces résultant de cet accroissement de production, on s'apercevait toujours un peu l'année suivante que la souche en avait éprouvé une certaine fatigue, se traduisant généralement par une diminution dans la récolte. C'est qu'en effet, par cette *opération intempestive,* on *surmenait* la vigne, et l'équilibre était rompu à son détriment, car, en lui faisant produire plus qu'elle ne pouvait, on l'épuisait momentanément, et on avait ensuite souvent beaucoup de peine pour la remettre complètement de la fatigue qu'elle venait d'éprouver.

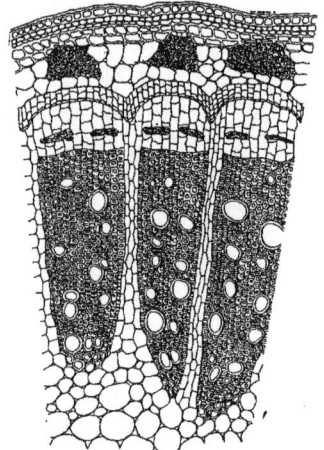

FIG. 40

Portion grossie et légèrement schématisée de la coupe de la tige du 580 greffé sur Rupestris du Lot.

[1] VESQUE. — *Traité de botanique agricole.* Paris, 1885.
[2] SAHUT. — *Loc. cit.,* p. 421 et suiv.
[3] Il en est de la vigne comme des arbres fruitiers de nos jardins; sa production et sa vigueur obéissent aux mêmes lois.

» Le *mode de taille* adopté dans les vignobles de chaque contrée avait été étudié partout et *de tout temps* comme étant celui qui convenait le mieux à la vigne, et il en était de même de la *distance* à laquelle était faite la plantation dans chacun de ces mêmes vignobles. Si on voulait lui faire produire davantage, on pouvait facilement réussir une première année, par une taille plus allongée ou en laissant même de longs rameaux à fruits, qu'on appelle des pisse-vins (¹). On obtenait ainsi une récolte plus abondante, mais cela ne pouvait pas durer longtemps sans *épuiser la souche* de même que le sol, qui avaient donné jusque-là tout ce qu'on avait jugé, par une vieille expérience,

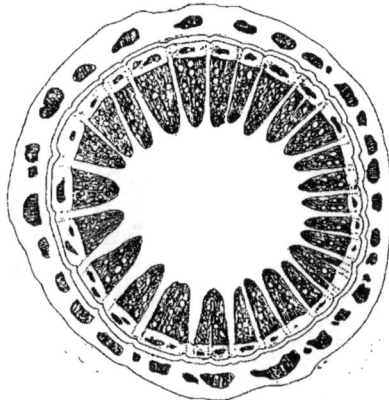

FIG. 41

Coupe de la tige du 33oᴬ non greffé.

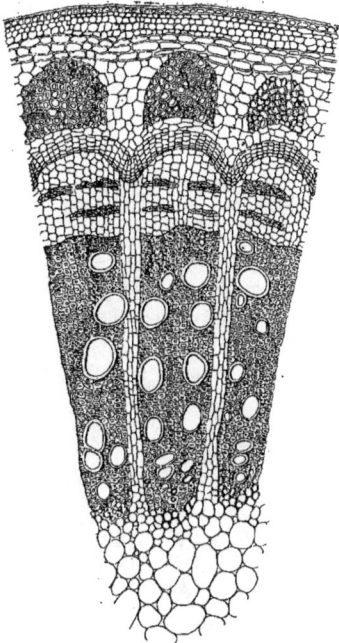

FIG. 42

Portion grossie et légèrement schématisée de la coupe de la tige du 33oᴬ franc de pied.

pouvoir leur demander utilement *sans compromettre l'avenir*.

» Les vignes ainsi surmenées ont pu produire jusqu'à deux fois et même trois fois plus qu'auparavant, dès la première année de ce traitement ; le résultat était magnifique quand on rencontrait une automne *chaude* et *pas trop pluvieuse* qui permettait à cette fructification exagérée de *mûrir suffisamment*. Mais la souche épuisée produisait déjà moins l'année suivante, et si l'on continuait le même traitement, on avait de la peine, vers la troisième année, à obtenir même une demi-récolte. Le vigneron s'effrayait de voir le bois diminuer progressivement de longueur (²) ; il craignait pour l'avenir et s'empressait bien vite de revenir à la taille normale. Quand il réussissait, non sans peine, à sauver sa vigne, même après avoir perdu complètement une ou deux récoltes, il s'estimait très heureux, surtout s'il parvenait à redonner aux souches leur vigueur primitive. »

M. Sahut, en praticien éclairé, appelait alors l'attention sur « la difficulté de soumettre la plupart des espèces ou variétés de vignes américaines au mode de taille tel qu'il se pratique dans nos vignobles européens... Cette taille a une grande influence sur la *durée de ces vignes*..., qu'elles soient cultivées franches de pied ou bien qu'elles portent un greffon européen... »

(¹) Il aurait pu ajouter, ce que l'expérience avait aussi révélé, que les vins ainsi obtenus en *grande quantité* n'avaient pas la même *qualité*. Nous y reviendrons.
(²) Principe de l'arboriculture déjà cité.

« Constatons, dit-il encore, que dans ma collection, ainsi que dans plusieurs autres que j'avais observées attentivement, la plupart des espèces ou variétés de vignes américaines dont les sujets étaient soumis à la taille ordinaire *se montraient très vigoureuses les premières années,* mais que leur végétation allait ensuite s'affaiblissant progressivement, jusqu'à leur entier dépérissement. » Et il est bon de rappeler que ceci se passait avant l'invasion du phylloxéra, et qu'en « disposant ses vignes sur de grandes surfaces », M. Sahut obtint une végétation meilleure et même luxuriante. Tout cela est d'ailleurs parfaitement conforme à la théorie.

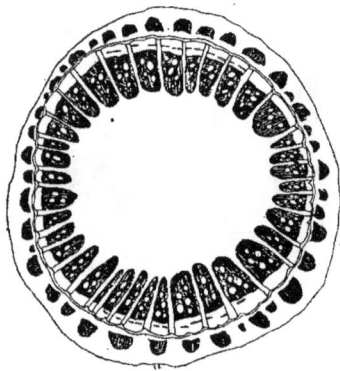

Fig. 43

Coupe de la tige du 330^A greffé sur 41^B.

La nécessité de cultiver les vignes greffées sous de grandes formes, à la *taille longue* au lieu de la *taille courte* d'autrefois, est *obligatoire* pour la plupart d'entre elles. C'est ce qui résulte de l'étude précédente où j'ai fait voir que le greffage, tel qu'il a été employé jusqu'ici, est caractérisé par la relation $\dfrac{C'v}{Ca} < 1$.

Cette obligation n'avait pas échappé à M. Sahut, qui cherchait le cépage permettant de *conserver* les systèmes de taille usités dans chaque pays, malgré la greffe.

Il citait, en 1885, l'York-Madeira comme un des rares cépages dont « les greffons n'auraient probablement pas besoin d'être élevés sur d'aussi grandes formes que ceux obtenus sur Riparia, Solonis, Vialla, etc., pour se conserver longtemps en bel état de végétation ».

M. Couderc a fait remarquer aussi que si l'on peut parfois cultiver greffés, avec la taille courte, des cépages qui, francs de pied, réclament la taille longue, c'est le plus souvent l'*inverse* qui se produit. Et c'est d'ailleurs ce qui a hypnotisé beaucoup de greffeurs séduits par l'appât de la quantité dans les régions à vins communs et, il faut le dire, parfois même dans les régions à vins fins.

On me dira qu'en *raisonnant* la taille des vignes greffées et en établissant un plus juste équilibre de capacités fonctionnelles, comme je l'ai indiqué à propos de l'arboriculture fruitière, on pourra vaincre ces difficultés inhérentes aux conditions mêmes de la reconstitution. Et nos vignerons sont assez habiles pour le faire, ajoutera-t-on.

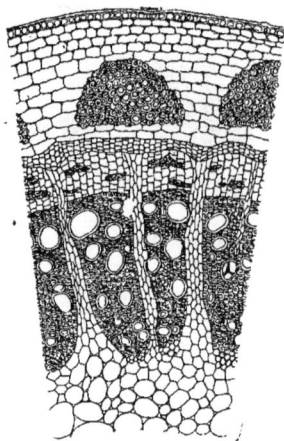

Fig. 44

Portion grossie et un peu schématisée de la coupe de la tige du 330^A greffé sur 41^B.

Certes, je ne conteste en aucune façon le talent des viticulteurs, qui, héritiers d'une expérience plusieurs fois séculaire, ont acquis dans la taille de la vigne franche de pied une habileté et un coup d'œil remarquables. Je ne doute pas que, sans la question du bourrelet, ils ne fussent arrivés par une suite de tâtonnements, par des observations longues et répétées sur la manière plus compliquée de se comporter de leurs vignes greffées sur un même sujet, dans le même terrain, à trouver le mode de taille qui ramènerait le mode ancien de végétation de leurs Viniféras, celui qui convient le mieux à chacun de leurs anciens cépages.

Mais, comme je l'ai montré en 1898 (¹), et répété bien des fois depuis, la taille de toute plante greffée doit être basée à la fois non seulement sur le mode de végétation du greffon et du sujet, mais encore sur la nature du bourrelet.

Or, la nature du bourrelet est une de ces données qui échappera toujours au vigneron, vu que cet obstacle est indépendant de l'opérateur, qu'il varie, comme il a été dit, sous des influences multiples, non seulement dans le moment de sa formation primitive, mais suivant les années et, dans une même année, suivant des conditions climatériques impossibles à prévoir.

Dans ce cas, comme toujours, le bourrelet, qui n'existe pas dans la plante normale, devient la *pierre d'achoppement* pour le vigneron quand il s'agit de tailler rationnellement une vigne greffée. Avec la greffe, chaque cep, pour ainsi dire, exigerait une taille spéciale, basée en outre sur la prévision du temps. Pourtant, presque partout, on applique une taille sensiblement uniforme dans les vignobles reconstitués, surtout pour les opérations de la taille en vert.

La difficulté plus grande de conduite des vignes greffées est reconnue par les praticiens eux-mêmes, et M. Salomon me l'a signalée dans les vignes cultivées pour la production du raisin de table. On l'a de même remarquée dans les vignes fournissant les raisins de cuve, ainsi qu'en fait foi l'entrefilet suivant, publié dans un journal de Bordeaux (²) en 1905, par un viticulteur qui n'a pas fait connaître son nom :

« Avant la destruction ou l'affaiblissement de nos vieilles vignes par le phylloxéra, écrit cet observateur, quelles merveilles de science et de goût nous offraient ces vénérables ceps chargés d'ans, bien établis sur leurs quatre bras, les deux plus anciens recourbés sur le fil de fer, chargés aux vendanges de superbes raisins.

» Qui ne se souvient de les avoir vus, ces vieux ceps centenaires, après avoir donné tant de belles récoltes, possédant encore les formes et les apparences de la jeunesse. *Malheureusement les vignes greffées ne se prêtent guère à semblables miracles.* Dès leur apparition, on avait cru pouvoir les tailler comme les vignes françaises et ne jamais voir tarir la source d'une végétation et d'une fructification luxuriantes.

» Aujourd'hui l'expérience a prouvé que les nouvelles vignes étaient bien plus difficiles à conduire que leurs aînées. L'absence ou la rareté des retours exigent une taille plus sévère, en espalier, sur trois ou quatre bras de trois boutons chacun, et la suppression à peu près absolue de ces astes à recourber sur le fil de fer, autrefois la grâce même. »

Or, le système de taille, avons-nous dit, a une influence considérable sur la production des vignes, sur la constitution du raisin, sur la santé de la plante et sur sa durée.

Dès l'instant que le changement des procédés séculaires de taille est obligatoire après greffage, et cela sous l'influence des différences de capacités fonctionnelles entre le sujet et le greffon et aussi du bourrelet, il y aura obligatoirement des variations de production, de valeur du raisin, de santé et de durée dans les vignes greffées par rapport aux francs de pied de même nature.

Avant de passer à l'étude de ces questions qui sera faite plus loin, il me faut

(¹) L. DANIEL. — *La variation dans la greffe et l'hérédité des caractères acquis.* Paris, 1898.
(²) *Feuille vinicole de la Gironde,* 13 avril 1905.

faire observer dès maintenant qu'en prenant le système de taille ou bien l'excès de la production comme cause de ces variations, on prend une fois de plus l'effet pour la cause. La cause première, c'est le greffage; et c'est lui qui est responsable, quel que soit le *bouc émissaire* que l'on charge à sa place de tous les péchés d'Israël, en vue de détourner l'attention des vignerons.

Aujourd'hui, quelques viticulteurs réclament le retour à la taille courte d'autrefois sans avoir l'air de se douter que ce retour n'est pas possible pratiquement pour toute greffe réalisant le rapport $\dfrac{C'v}{Ca} < 1$, car alors on n'aurait pas de fruits dans un bon nombre de cas, mais du bois et du feuillage.

D'autres, pour pratiquer à nouveau la taille courte, conseillent une nouvelle solution, basée sur mes études [1], et à laquelle semblent se rallier quelques greffeurs impénitents. Il s'agirait, pour supprimer les inconvénients des greffages jusqu'ici pratiqués, de ne plus chercher cette *vigueur* tant vantée du sujet américain, mais au contraire d'assortir les conjoints de façon à ce que, ayant mêmes capacités fonctionnelles, ils se rapprochent plus facilement de l'*équilibre de végétation*.

Bien qu'un tel mode de reconstitution soit évidemment supérieur à l'ancien, il n'en est pas moins vrai qu'il aurait toujours plus d'inconvénients que n'en présente la culture du franc de pied; cela, 1° parce qu'il est impossible de trouver deux vignes ayant exactement les mêmes capacités fonctionnelles [2], et 2° parce que, possédât-on pareil phénix, le bourrelet se chargerait de détruire rapidement cet équilibre artificiel en amenant la série des conséquences fâcheuses que l'on connaît.

On peut dire des greffes les mieux assorties ce que le poète Desmarets disait du mariage :

C'est la pierre philosophale
De n'être qu'un quand on est deux.

Aussi, si je comprends que l'on puisse conseiller ce mode de greffage $\dfrac{C'v}{Ca} = 1$ comme un pis aller moins mauvais que les modes actuels de greffage et comme *procédé provisoire* de culture en attendant le retour à la culture directe, autant je dois m'élever contre lui s'il était présenté comme une solution définitive. Les viticulteurs feront sagement d'y regarder à deux fois avant de se lancer dans de nouvelles dépenses s'ils veulent s'éviter de nouveaux déboires.

B. Appareil reproducteur.

Lorsque, après greffage, il y a des variations dans l'appareil végétatif, l'on a de grandes chances d'observer des modifications plus ou moins prononcées dans l'appareil reproducteur, car il existe entre leur nutrition une corrélation marquée. Ce sont ces modifications qu'il reste à envisager ici au point de vue de la quantité des sèves.

[1] L. DANIEL. — *La variation dans la greffe et l'hérédité des caractères acquis.* Paris, 1898.
[2] Voir l'ouvrage cité plus haut et la série de notes que j'ai publiées sur la vigne dans la *Revue de viticulture*, la *Revue des hybrides*, l'*Œnophile*, etc. L'équilibre de végétation, abstraction faite du bourrelet, ne peut exister que dans la plante greffée sur elle-même; cet équilibre n'existe jamais dans les plantes herbacées où ce bourrelet persiste avec ses effets, et, dans les plantes vivaces, il ne reparait que si le bourrelet s'atténue et disparaît à la longue.

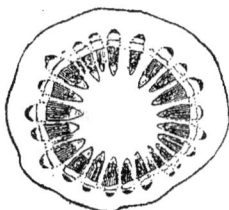

Fig. 47
Cabernet-Sauvignon
franc de pied.
Grossissement : 15 diamètres.

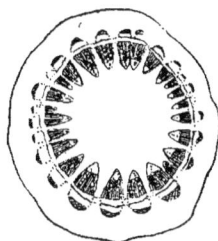

Fig. 49
Cabernet-Sauvignon
greffé sur Taylor-Narbonne.
Grossissement : 15 diamètres.

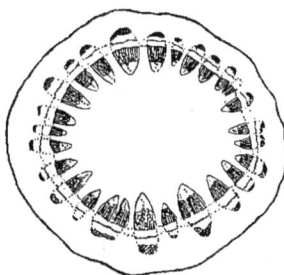

Fig. 50
Cabernet-Sauvignon
greffé sur Rupestris du Lot.
Grossissement : 15 diamètres.

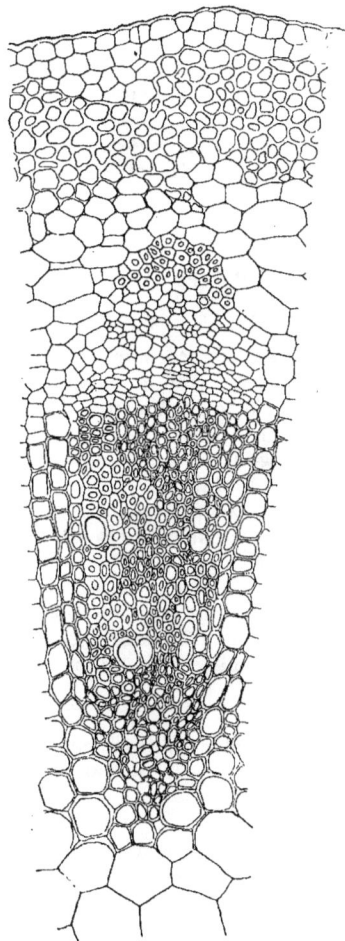

Fig. 48
Cabernet-Sauvignon franc de pied.
Portion de la fig. 47 au grossissement
de 185 diamètres.

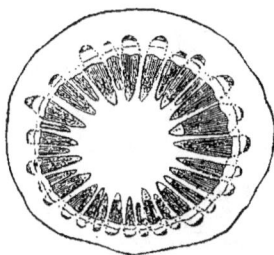

Fig. 51
Cabernet-Sauvignon
greffé sur Aramon-Rupestris Ganzin 1.
Grossissement : 15 diamètres.

L'appareil reproducteur comprend l'inflorescence et la fleur, le fruit et la graine.

L'inflorescence, dans le genre *Vitis*, est en grappe ou en cyme scorpioïde. Le pédoncule de la grappe s'insère sur le rameau sans porter de feuilles à sa base. Le rachis se divise en pédoncules secondaires et ternaires. Quelquefois le pédoncule de la grappe est très court et se ramifie près de sa base; alors les grappes sont *serrées*. Dans d'autres cas, la grappe est *allongée*, les grains de raisin sont distincts et bien séparés. Ces formes de la grappe sont utilisées en classification. Leur disposition a une grande importance au point de vue de la maturation des raisins et de leur sensibilité à certains accidents extérieurs, maladies ou insectes.

Tantôt la base du pédoncule est herbacée; tantôt elle est lignifiée plus ou moins. Ces différences de structure, suivant les types de vignes, se retrouvent dans les ramifications secondaires et autres.

La floraison de la vigne se fait, dans nos régions, à une même époque et toutes les fleurs apparaissent sensiblement au même moment. C'est donc une plante *euchrone* sous notre climat, dans les conditions ordinaires de sa végétation.

Dans certains pays chauds, au contraire, elle devient *polychrone*, c'est-à-dire que l'on trouve à la fois sur le même cep des raisins mûrs, des raisins verts et des fleurs épanouies. C'est une des raisons pour lesquelles on ne la cultive pas dans ces régions.

On peut modifier la floraison de la vigne à l'aide de certaines opérations d'horticulture, en particulier par le recépage et d'autres procédés de taille qui réalisent le déséquilibre $\dfrac{Cv}{Ca} < 1$, avec une valeur élevée.

Dans mon jardin d'Erquy, j'avais une vigne âgée, encore très vigoureuse, s'étendant sur une grande surface, mais atteinte de l'oïdium chaque année. Désireux de la remettre à bois neuf, je la recépai à 10 centimètres du sol. Je laissai un seul rameau vigoureux, qui donna des grappes coulardes, avec quelques grains bien formés. Bientôt des contre-sarments vigoureux apparurent, donnant une seconde floraison, suivie quelques semaines plus tard d'une troisième. Sur un même pied de vigne, j'avais, en septembre, trois catégories de raisins; bien entendu, étant donné notre climat, les premiers formés mûrirent seuls. L'année suivante, l'équilibre de végétation était rétabli et la floraison redevint normale.

Chacun sait qu'à la suite de rognages pendant la végétation, il se forme aussi des contre-sarments pour rétablir l'équilibre détruit, et des grappes apparaissent encore sur quelques-uns d'entre eux. On peut même obtenir d'autres grappillons sur des pousses nouvelles de remplacement qui se produisent quand on rogne les contre-sarments, si la valeur du déséquilibre $\dfrac{Cv}{Ca} < 1$ consécutif au rognage atteint une valeur suffisamment élevée. A ces grappes, plus petites et de deuxième ou troisième végétation, on donne le nom de *grappillons*, de *conscrits*, de *recoqués*, etc., suivant les pays.

La durée relative d'une même floraison varie suivant les vignes considérées. Elle varie aussi, sans doute, suivant les climats, les sols, la mode de culture, etc. L'on a malheureusement bien peu d'observations précises sur ce point particulier. Dans les graves de Brane-Cantenac, d'après M. Pineau, la floraison du Cabernet-Sauvignon durerait environ dix jours.

La fleur est située à l'extrémité d'un pédicelle portant un bourrelet. Elle est du type pentamère et comprend 5 sépales rudimentaires, 5 pétales soudés se détachant sous forme de capuchon à la floraison, 5 étamines à filets de longueur variable, dressés ou recourbés. L'ovaire, dans les fleurs hermaphrodites, est à deux loges, contenant chacune deux ovules. Mais l'ovaire manque dans beaucoup d'espèces, ou du moins avorte; la fleur est alors mâle et la vigne infertile. Les fleurs dont les étamines sont recourbées et incapables de se féconder elles-mêmes sont femelles physiologiquement.

La fécondation, toujours croisée d'après certains auteurs, a lieu à une température comprise entre 15° et 25° selon Millardet. Quand la fécondation se fait dans de bonnes conditions, la fleur noue et donne plus tard un grain de raisin avec quatre graines, dont la structure sera examinée plus loin.

Mais il peut arriver que la fécondation n'ait pas lieu. Deux cas peuvent alors se présenter :

1° Ou bien la fleur tombe en entier; elle *coule*, comme disent les horticulteurs et les viticulteurs. Rappelons que la coulure est provoquée soit par des causes extérieures (température trop basse empêchant la fleur de décapuchonner; humidité extérieure excessive amenant la pourriture des organes; pluies entraînant le pollen), soit par des causes internes, par exemple à la suite de l'humidité considérable des tissus de la plante elle-même. Cette dernière cause provoque ce que l'on a appelé la *coulure physiologique*.

La coulure physiologique est naturellement modifiable à l'aide des procédés habituels de la culture. Toute opération qui amènera dans la grappe le déséquilibre $\dfrac{Cv}{Ca} > 1$ réduira la coulure physiologique; toute opération réalisant le déséquilibre inverse $\dfrac{Cv}{Ca} < 1$ l'augmentera. Ce sont, d'ailleurs, des faits bien connus aujourd'hui.

2° Ou bien l'ovaire persiste plus ou moins, quelle que soit la cause première de son développement (peut-être une simple irritation mécanique). Mais alors il ne peut renfermer de pépins, les ovules n'étant pas fécondés. Les ovaires fournissent cependant des fruits qui peuvent être petits (millerandage) ou de taille ordinaire (raisin de Corinthe, etc.).

Si le greffage modifie l'appareil reproducteur de la vigne dans les mêmes

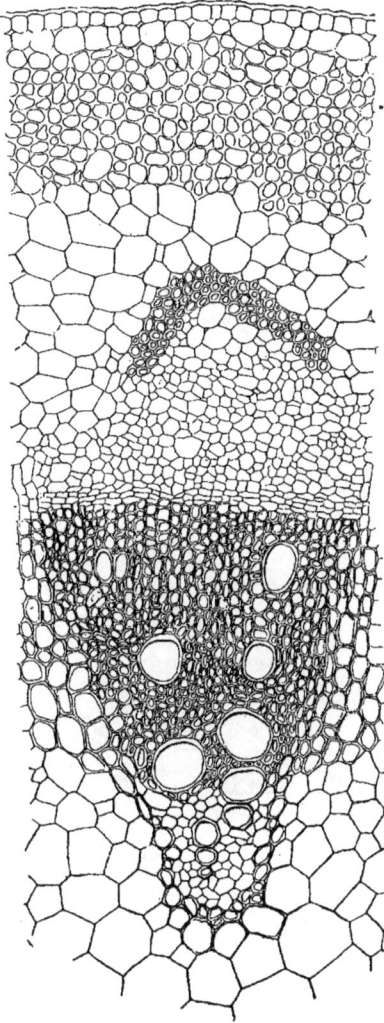

Fig. 52

Cabernet-Sauvignon greffé sur Taylor-Narbonne. Portion de la fig. 49 au grossissement de 185 diam.

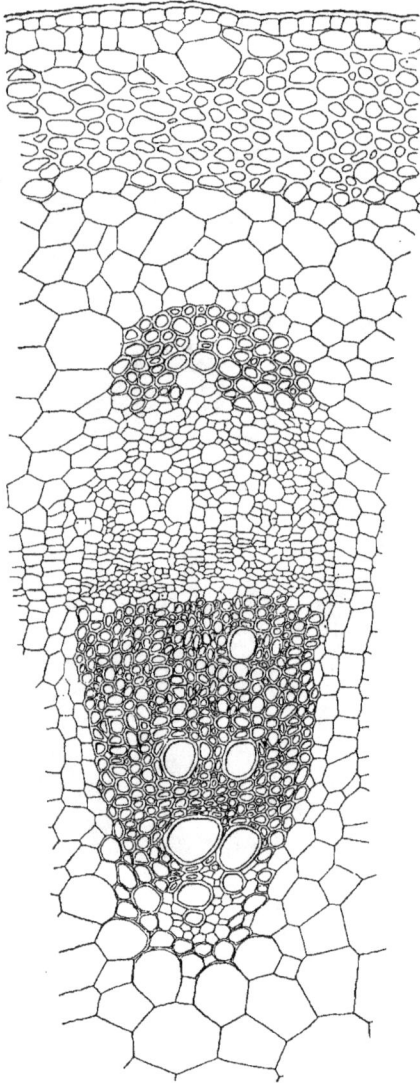

FIG. 53

Cabernet-Sauvignon greffé sur Rupestris du Lot.
Portion de la fig. 5o à un grossissement de 185 diamèt.

conditions qu'il fait varier le système conducteur des organes végétatifs, autrement dit si la corrélation que j'ai toujours constatée entre les diverses parties de la plante greffée en général se retrouve dans la vigne, il faut s'attendre à voir cette opération exercer une influence sur la floraison et sur sa durée, sur la coulure physiologique, etc.

Pour s'en rendre compte, il est nécessaire de faire une étude anatomique du pédoncule de la grappe au moment même de la floraison dans les mêmes vignes greffées et franches de pied [1].

J'ai recueilli, au moment de la floraison, des grappes de Cabernet-Sauvignon et de divers autres cépages de la Gironde, en ayant soin de les prendre comparativement sur des ceps de même vigueur et sur des rameaux d'égale disposition et de même taille, à un même nœud et dans des conditions semblables par ailleurs.

J'ai fait passer des coupes transversales dans le pédoncule à un même niveau, de façon à voir ainsi les variations de la structure imprimées par chaque sujet sur un même greffon, toutes conditions égales d'ailleurs sensiblement en dehors du greffage, puisque les grappes étaient alors à un même état physiologique.

Or, ces coupes *(fig. 47-54)* sont très démonstratives. Elles montrent non seulement des variations marquées dans les dimensions respectives des pédoncules des grappes, au point de vue de l'épaisseur totale, mais encore dans les rapports des diverses catégories de tissus entre elles.

Les tissus conducteurs, qui sont les vrais appareils enregistreurs de l'humidité interne, ont manifesté parfois d'énormes différences, à tel point que l'observateur qui n'aurait pas lui-même recueilli les matériaux sur place et n'aurait pas été sûr de leur provenance, se serait cru en présence de types différents et non d'une même variété de vigne.

[1] L. DANIEL. — *Nouvelles Observations sur les variations produites par le greffage dans la vigne française* (Œnophile, 1904).

Dans toutes les grappes des Cabernet-Sauvignon greffés, l'on peut remarquer que le système conducteur est formé de vaisseaux plus grands ou plus nombreux que dans le franc de pied. Les tissus parenchymateux sont plus développés et l'ensemble montre nettement que, à ce moment, *le greffage a augmenté l'humidité du milieu.*

C'est, d'ailleurs, ce que confirme l'observation journalière. A la suite du greffage, on observe « dans la grande généralité des cas, disent MM. Viala et Ravaz, une naissance plus nombreuses de grappes, qui sont *plus nourries.* » Rien de plus conforme à la théorie. Mais cette vigueur plus grande entraîne d'autres conséquences.

La floraison est modifiée comme durée et comme époque. M. Pineau de Brane-Cantenac, a remarqué que les Cabernet-Sauvignon greffés dans ses graves ont, en 1904, terminé leur floraison en trois ou quatre jours au plus, au lieu de fleurir pendant une dizaine de jours comme les francs de pied.

A Haut-Gardère, également en 1904, la floraison du Cabernet-Sauvignon greffé sur Riparia tomenteux a été avancée de cinq jours. Greffé sur Vialla, il y avait un retard de cinq jours par rapport au franc de pied, ce qui fait une différence de dix jours par rapport aux deux greffons, provenant pourtant de la même variété.

Il serait facile sûrement de trouver d'autres exemples de semblables modifications.

Une autre conséquence toute naturelle, c'est un changement dans l'intensité du parfum, car les proportions relatives de celui-ci varient, comme on sait, avec l'humidité du milieu. Des variations très nettes ont été constatées en 1904, à Haut-Gardère, sur divers types de vignes greffées, et je les ai fait remarquer à plusieurs personnes non prévenues, qui m'ont

Fig. 54

Cabernet-Sauvignon greffé sur Aramon-Rupestris Ganzin 1.
Portion de la fig. 51 au grossissement de 185 diamètres.

autorisé à me servir au besoin de leur témoignage. Le Cabernet-Sauvignon et la Muscadelle étaient, en particulier, très modifiés comme parfum. L'amplitude de la variation était naturellement plus ou moins grande suivant la variété de vigne

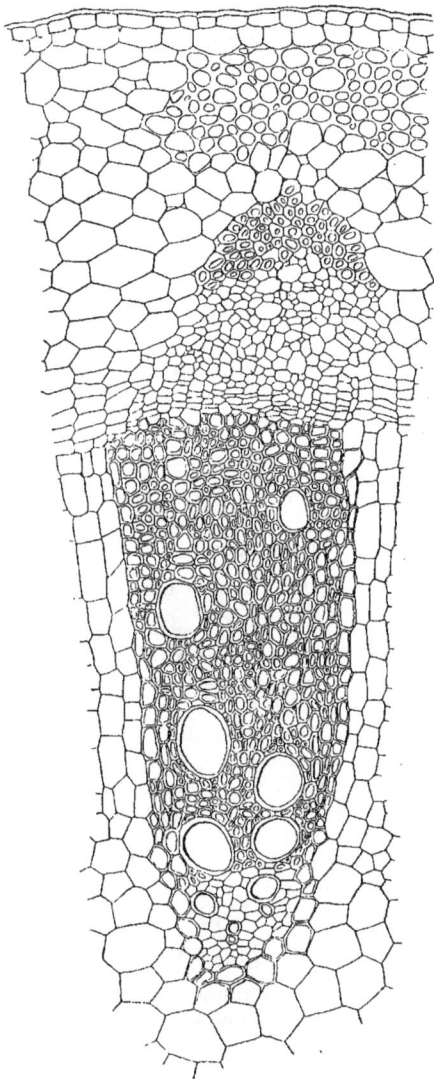

greffon, mais elle n'était pas la même, pour un même greffon, suivant le sujet sur lequel celui-ci était placé[1].

Ces changements dans l'humidité interne des vignes greffées au moment de la floraison ne peuvent manquer d'avoir une répercussion plus ou moins prononcée sur la coulure physiologique.

Le degré d'humidité interne d'un greffon donné dépend, comme il a été dit, du sujet sur lequel il est placé et de la nature du bourrelet.

Ainsi, si l'on considère deux vignes américaines sur lesquelles on place un même greffon et si la première a une capacité fonctionnelle Ca plus grande que la seconde, c'est la première qui fera passer plus vite son greffon à la vie en milieu humide, toutes conditions égales d'ailleurs.

De même, si deux vignes américaines de capacité fonctionnelle égale donnent avec le même greffon des bourrelets différents, celle qui, toutes conditions égales d'ailleurs, donnera le bourrelet le plus faible et ralentira le moins la vitesse v d'arrivée de la sève brute au greffon augmentera plus rapidement l'humidité interne de ce greffon, et, par conséquent, favorisera davantage la coulure physiologique.

Or, d'après MM. Viala et Ravaz[2], « l'on constate que, dans la très grande généralité des cas », après greffage, il n'y a « pas ou presque pas de coulure ».

S'il en était véritablement toujours ainsi, la théorie que j'expose serait en défaut. Il me sera facile de démontrer que, sur ce point particulier, comme pour beaucoup d'autres, ces auteurs n'ont examiné qu'un côté de la question.

Il est en effet facile de comprendre que tout greffage réalisant le cas $\dfrac{C'v}{Ca} > 1$, c'est-à-dire tout greffage ayant pour résultante du bourrelet et des différences de capacités fonctionnelles entre le sujet et le greffon une diminution de l'humidité du milieu au moment de la floraison, doit fatalement atténuer la coulure physiologique.

C'est ce qui se produit en un certain nombre de cas pour des raisons variées[3], bien connues des praticiens.

Ainsi la greffe de la plante sur elle-même atténue forcément la coulure à cause des effets du bourrelet vis-à-vis de la sève brute : c'est le cas, par exemple, du Terras n° 20 greffé sur lui-même, du Chasselas gros coulard, etc.

La greffe d'une vigne coularde sur une vigne de capacités fonctionnelles plus faibles donne un résultat analogue. M. de Salvo est parvenu à empêcher la coulure de l'Auxerrois-Rupestris en le greffant sur Vinifera.

Le rapport $\dfrac{C'v}{Ca} \lessgtr 1$, variant avec l'humidité extérieure, c'est-à-dire suivant les années, et avec l'humidité interne de la plante qui dépend aussi de l'âge de celle-ci, on conçoit que la coulure physiologique varie parallèlement puisqu'elle est fonction de ce rapport. Telle vigne française, greffée sur vigne américaine, coule au début de la greffe, puis la coulure disparaît et s'atténue avec l'âge quand le rapport $\dfrac{C'v}{Ca} < 1$ fait place au rapport inverse sous l'influence de la *décrépitude sénile* si largement favorisée dans les vignes greffées par l'action du bourrelet et des modes différents de vie des plantes obligées de vivre à l'état de symbiose au lieu de se servir de leurs appareils propres mieux adaptés à leurs besoins.

---

[1] L. DANIEL. — *Influence du greffage sur l'odeur des fleurs de la vigne.* Rennes, 1904.
[2] *Loc. cit.*
[3] A. JURIE. — *Influence de la greffe contre la coulure (Revue de viticulture,* 28 juin 1902).

Mais ce cas $\dfrac{C'v}{Ca} > 1$ ne peut être la règle générale, vu la grande capacité
fonctionnelle des vignes américaines par rapport aux vignes françaises. Il y a
fatalement des greffages qui provoquent la coulure physiologique et c'est ce que
M. Couderc a fait remarquer pour diverses vignes, ainsi que d'autres observa-
teurs, sans toutefois en indiquer la véritable cause.

Sous ce rapport, d'ailleurs, les observations deviennent de plus en plus nombreuses, et plusieurs sont particulièrement intéressantes.

En 1904, d'après la *Vina americana*, on a remarqué que le Rupestris du Lot et
le Riparia prédisposent à la coulure beaucoup de cépages indigènes.

M. Cuccinota, en Sicile, a constaté que les 132ⁱⁱ Couderc greffés sur Riparia
coulent plus que les francs de pied du même cépage.

M. Marius Dumas[1] rapporte que « le Grenache ou Alicante greffé n'est plus
ce qu'il était franc de pied. Il était déjà coulard, mais ce défaut s'est tellement
aggravé depuis la greffe qu'il a été abandonné partout. »

Cette coulure du Grenache est si bien une conséquence de l'augmentation de
l'humidité du milieu interne à la suite du greffage sur un sujet de capacité fonctionnelle plus forte que, par la *taille tardive* du greffon, en 1902, un propriétaire
du Roussillon a pu supprimer la coulure quand elle s'est manifestée fortement sur
les ceps taillés à l'époque ordinaire et n'ayant par conséquent pas perdu autant
d'eau à la suite du phénomène des pleurs.

Ces faits de coulure causée par la greffe sont d'autant plus probants et caractéristiques que la taille longue, appliquée après la reconstitution, aurait dû
pousser le greffon à donner du fruit, en vertu du principe d'arboriculture bien
connu.

M. P. Gouy[2] considère comme « probable que la nature du porte-greffe
influe sur l'intensité de la coulure. Une enquête à ce sujet serait à entreprendre. »
Toutefois, « il ne connaît sous ce rapport qu'un seul fait observé par M. Giraud,
de Taulignon, dans la Drôme : c'est la coulure plus sensible des plants greffés sur
Solonis. »

Dans les Pyrénées-Orientales[3], M. Ferrer indique la coulure plus marquée
des greffes sur Rupestris, quelle que soit la variété de Rupestris.

Chez M. de Cursay, en Poitou, la coulure en 1904, a été plus forte sur le
Rupestris du Lot que sur 1202 pour la Folle blanche, ainsi que j'ai pu le constater
sur place. Cette coulure était variable suivant le cep considéré, montrant bien
encore à cet égard l'action des bourrelets différents.

Les citations que je viens de faire ne permettent pas de préciser d'une façon
suffisante si la coulure vient exclusivement de l'état biologique du greffon ou de
causes extérieures. L'on pourrait peut-être objecter pour cette raison qu'elles ne
sont pas suffisamment concluantes.

Ce reproche ne peut être fait à la suivante, puisée dans le *Bulletin de la Société
des viticulteurs de France*, numéro de juillet 1904.

« On peut dire, écrit l'auteur d'un article sur la situation viticole du moment,
que le mois de juin s'est achevé, pour l'ensemble de nos régions viticoles, dans
de bonnes conditions. La floraison s'est effectuée presque partout très heureusement. De-ci de-là, on signale bien quelques avaries causées par des humidités du
matin, par les brouillards et par la pluie, pendant la fleur, mais en général les
dégâts, à ce point de vue, sont peu importants.

[1] *Revue de viticulture,* 7 juillet 1902.
[2] *Revue des hybrides,* août 1902. L'on touche ici à la *variation spécifique,* et c'est le cas de beaucoup de
variations de nutrition dans le greffage.
[3] *Revue de viticulture,* 1898.

» Toutefois on a observé, surtout pour les cépages à grands rendements, comme l'Aramon dans le Midi, *qu'il y avait de la coulure malgré une floraison favorisée par le beau temps*. On admet notamment que, dans la région méditerranéenne, ces cépages ont perdu au moins *un quart* de la récolte qu'ils promettaient. »

Il est impossible de mieux mettre en évidence par les faits le rôle que la greffe d'une vigne sur un sujet de grande capacité fonctionnelle joue par rapport à la coulure physiologique.

Et alors, l'on peut se demander comment cette action n'a pas été remarquée et signalée plus tôt. De deux choses l'une : ou bien on l'a observée, mais sans en parler, conformément au mot d'ordre donné de taire les inconvénients de la reconstitution ; ou bien la coulure ne s'est pas manifestée dès les premiers temps du greffage.

Laissons de côté la première hypothèse, qui se passe de commentaires, pour ne nous occuper que de la seconde. Si celle-ci est vraie, cela justifierait une fois de plus le cri d'alarme que je jetais au Congrès de Lyon en 1901, et montrerait combien est à craindre l'action progressive de greffages répétés sur les résistances ainsi que *l'accumulation de séries d'influences en apparence minimes*, mais qui, en répétant, finissent à la longue par devenir *très importantes*. Combien ces résultats doivent donner à réfléchir au viticulteur dépourvu de tout parti pris !

Non seulement la nature du sujet employé et la structure propre du bourrelet joue un rôle obligatoire dans l'intensité relative de la coulure physiologique, mais le système de taille a lui-même de l'influence à cet égard. Si l'on taille court, comme autrefois, certains cépages greffés, la coulure physiologique est accentuée au point que l'on n'obtient plus que des récoltes insignifiantes.

J'en ai vu un exemple très caractéristique chez M. Bussier, à Maizeris-Fronsac (Gironde). Greffé sur 1202, le Cabernet-Sauvignon, conduit à un aste, présente une coulure des plus intenses. Conduit à deux astes, la coulure est beaucoup moindre, mais elle est cependant plus marquée que dans les francs de pied.

Il n'y a pas lieu d'insister davantage, car ces conséquences sont toutes naturelles d'après la théorie. Mais c'est une preuve de plus de la nécessité de changer le mode de taille des vignes reconstituées par greffage et c'est une justification de mes conclusions précédentes au sujet de la recherche de l'équilibre de végétation dans le greffage. *Cet équilibre est impossible à obtenir*, au moins d'une façon suivie et régulière.

Il est bien probable aussi que la fréquence plus grande du millerandage provient, au moins en partie, de la même cause[1].

La manière dont se font la floraison et la fécondation règle la production avec le système de taille employé. C'est donc ici qu'il faut examiner la production des vignes greffées, comparativement avec celle du franc de pied.

MM. Viala et Ravaz[2] indiquent que, à la suite du greffage, « dans la grande généralité des cas, on observe une *surfructification*, une production de grains plus gros, plus juteux et aussi fréquemment plus sucrés, une maturation plus hâtive... ».

Or, chose curieuse, il y a quelque temps, M. Ravaz[3] a invoqué la *surproduction* comme la cause des dépérissements observés sur les vignes de Tunisie, greffées ou franches de pied. Il est clair que cette cause d'affaiblissement bien

---

[1] Je fais ici, à dessein, abstraction des variations spécifiques, c'est-à-dire de l'influence exercée peut-être par le sujet, à fleurs mâles ou incomplètes physiologiquement, sur un greffon hermaphrodite. Je reparlerai plus loin de la *stérilisation des greffons* qui en est la conséquence, et de l'*influence stérilisante* des Rupestris.

[2] *Loc. cit.*

[3] RAVAZ. — *Sur le dépérissement de quelques vignes en Tunisie et en France*, 1905.

connue, comme d'ailleurs M. Sahut l'avait fait remarquer, n'est pas négligeable. Mais du fait même que les vignes greffées donnent lieu à une *surfructification*, ce sont elles qui ont surtout à craindre la cause d'épuisement invoquée par M. Ravaz. En incriminant la surproduction, il fait donc purement et simplement le procès de la reconstitution telle qu'on l'a organisée, puisque la plupart des greffages employés conduisaient obligatoirement, comme nous l'avons vu, à la recherche de la quantité et à la taille longue.

Toutefois, il ne faudrait pas croire que la surfructification soit une règle absolue, générale, comme l'ont indiqué les auteurs cités plus haut qui n'ont encore envisagé qu'un des côtés de la question.

Conformément à la loi qui régit les rapports entre la vigueur et la production, la fructification des vignes greffées dépend de la valeur du rapport $\frac{C'v}{Ca} \gtrless 1$ qui correspond à l'état biologique du greffon à un moment considéré. Or, ce rapport variant, ainsi qu'il a été dit, suivant les caractères spécifiques des plantes, suivant l'âge, les conditions extérieures, etc., il serait singulier que le greffage produisit ainsi constamment un même résultat, c'est-à-dire une *surproduction*.

M. Couderc était absolument dans le vrai quand il écrivait : « Les vignes greffées sur Riparia sont d'abord plus fructifères que les vignes franches de pied; mais, *avec l'âge*, la différence s'atténue et pourrait même changer de sens.

» Cette augmentation de fertilité est surtout remarquable pour certains cépages peu fertiles normalement et qui souvent font le meilleur vin, comme les Pinots, les Cabernets, la Syrah. »

M. Pineau, de Brane-Cantenac, m'a donné des chiffres recueillis dans le domaine qu'il dirige depuis de longues années. Ses vignes greffées sur Riparia sont, jusqu'à sept ans environ, plus fruc-

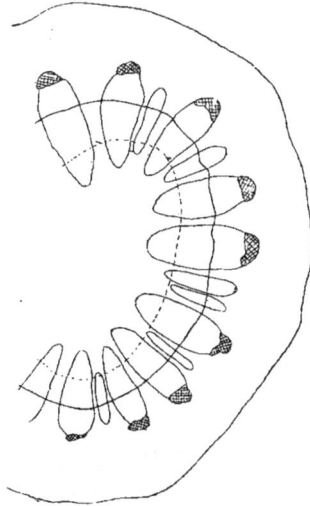

FIG. 55.

Folle blanche franche de pied : moitié de la coupe transversale du pédoncule de la grappe.

tifères que les francs de pied correspondants; à partir de cette époque, la surfructification des greffes va en diminuant, tandis qu'au contraire la fertilité des francs de pied va en augmentant. A dix ans, la fertilité est sensiblement la même dans les deux catégories de vignes, mais elle devient rapidement inférieure pour les ceps greffés, qui ne tardent pas à périr épuisés au bout d'un nombre variable d'années de faible production.

Cette manière de se comporter du Riparia, qui provoque ainsi chez ses greffons un *vieillissement prématuré* [1], conséquence d'un état biologique poussant à la surproduction, ne se retrouve pas au même degré dans les Rupestris, comme M. Couderc l'a fort bien montré.

« Les vignes greffées sur Rupestris, » dit-il, « sont, en général, tout d'abord moins fertiles que franches de pied, mais tendent à le devenir autant avec l'âge. Les Rupestris sont portés, en outre, avec certains greffons, avec la Syrah, par exemple, à ne produire que tous les deux ans une récolte, très belle il est vrai, tandis que les mêmes cépages greffés sur Riparia produisent tous les ans une

[1] Voir plus loin les conséquences du greffage au point de vue de la durée des vignes.

récolte moyenne. *Pour chaque porte-greffe, par rapport à chaque greffon, il y aurait d'ailleurs ainsi des observations particulières à faire.* »

Tout en faisant ainsi ressortir le caractère particulier de chaque symbiose, M. Couderc montre bien par conséquent qu'il n'y a point cette uniformité à laquelle on s'était attendu; les influences spécifiques ont donc un rôle très marqué, même au point de vue de la nutrition générale, et c'est là un fait important à retenir.

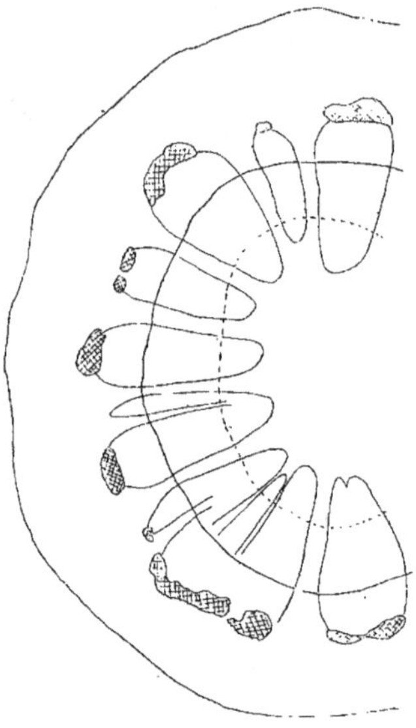

La production des raisins bons pour la cuve et mûrissant normalement n'est pas seule influencée par le greffage. Les grappillons de deuxième et de troisième végétation (conscrits ou recoqués) sont eux-mêmes en nombre variable dans les greffés et les francs de pied et, pour un même greffon, suivant les sujets considérés.

J'ai pu facilement m'en rendre compte à Haut-Gardère en 1904, sur les diverses combinaisons du champ d'expériences de M. Ricard. On peut dire que, dans tous les cas où le sujet avait une capacité fonctionnelle plus forte que le greffon, le nombre des conscrits, sur les greffes réussies convenablement, était plus grand que sur les francs de pied correspondants soumis à des rognages et à des traitements identiques en 1904, année sèche.

FIG. 56.
Folle blanche greffée :
moitié de la coupe transversale du pédoncule de la grappe.

Les chiffres suivants, qui concernent la série du Cabernet-Sauvignon, permettent de s'en rendre compte :

NATURE DES CÉPAGES	Nombre des grappillons de 2ᵉ végétation.
Cabernet-Sauvignon franc de pied	0
Cabernet-Sauvignon sur Rupestris du Lot (1)	42
Cabernet-Sauvignon sur Vialla (2)	50
Cabernet-Sauvignon sur Riparia tomenteux	67
Cabernet-Sauvignon sur Taylor Narbonne	69
Cabernet-Sauvignon sur Aramon. Rup. G. 1	69
Cabernet-Sauvignon sur 101 14	111

Évidemment je ne donne pas ces chiffres comme absolus et représentant d'une façon sûre le nombre exact de tous les grappillons de deuxième et de troisième floraison. Comme l'écimage avait été pratiqué à plusieurs reprises, il est possible qu'on ait ainsi supprimé des grappillons, et le classement fait au moment voisin des vendanges doit fatalement s'en ressentir. Cependant le 101 14 se distinguait assez nettement des autres sujets par l'abondance considérable de ces productions pour être classé à part.

Toutes les greffes étant en bloc, fort riches en grappillons par rapport au franc de pied, c'est bien une nouvelle démonstration par les faits de l'exactitude de la théorie.

(1) Quelques ceps seulement portaient des grappillons, les autres n'en avaient pas.
(2) Même observation que pour le Rupestris du Lot.

Des coupes anatomiques faites dans le pédoncule de la grappe *(fig. 72 à 77)* montrent fort nettement que l'humidité était différente du franc de pied, particulièrement dans les Cabernets Sauvignon greffés sur 101 1⁴, au moment de la formation des grappillons, conformément à cette théorie.

Lorsqu'il y a ainsi augmentation de la production, la grappe a un volume plus considérable et les grains de raisins sont plus gros. Les vignerons de diverses régions reconnaissent, aux vendanges, les grappes de vignes greffées mêlées aux grappes des vignes franches de pied, même après l'égrappage, et j'ai pu, en 1904, leur faire faire l'expérience moi-même sans qu'ils s'y soient trompés.

L'anatomie du pédoncule de la grappe confirme les indications de la morphologie extérieure, ainsi qu'on peut s'en rendre compte par les figures suivantes concernant la Folle blanche, et provenant d'échantillons que j'ai recueillis en 1904 dans le Poitou.

A l'œil nu, on constate que les grappes, provenant de rameaux et de vignes comparables en dehors du greffage, sont moins grosses dans les francs de pied *(fig. 55)* que dans les ceps greffés *(fig. 56)*. En coupe transversale, on voit que cette différence est due à un développement général plus grand des tissus, particulièrement du bois et de l'écorce.

A un fort grossissement les différences sont plus nettes encore. La couche de bois secondaire est moins étendue dans le franc de pied *(fig. 57)* que dans le type greffé *(fig. 58)*, montrant bien ainsi que la conduction de la sève brute a varié par le fait de l'opération. Des modifications correspondantes se retrouvent dans le liber et l'écorce, qui sont moins développés

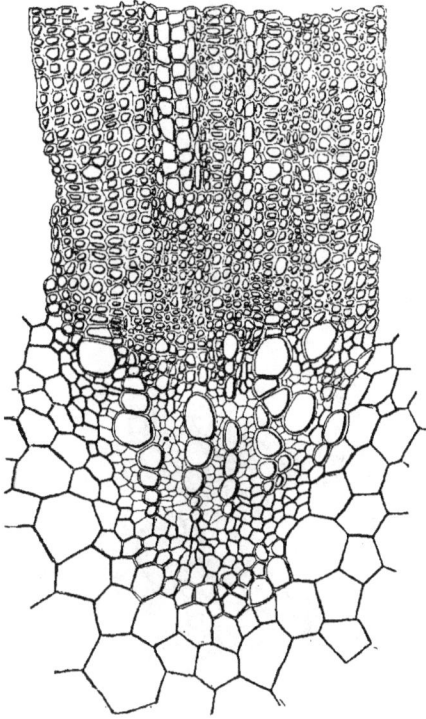

FIG. 57.

Bois d'un faisceau du pédoncule de la grappe de la Folle blanche franche de pied.

dans le type non greffé *(fig. 59)* que dans la vigne greffée *(fig. 60)*. Les fibres péricycliques ont un lumen différent, plus grand dans la grappe de la Folle greffée. Tous ces faits sont bien conformes à ce qui a été dit sur l'action relative des milieux et montrent que la grappe de la vigne ainsi greffée s'est développée en milieu plus humide que celle du franc de pied, pendant une grande partie de sa végétation.

Enfin, la proportion différente des cristaux d'oxalate de chaux montre aussi que l'acidité n'est pas la même dans les deux cas, et que l'état biologique de cet organe important est influencé par le greffage.

La grappe des vignes, greffées avec le mode actuel, étant alimentée par une sève plus abondante, on conçoit facilement que si ces conditions persistent pendant la croissance et la véraison, les grains de raisin eux-mêmes doivent en subir les conséquences.

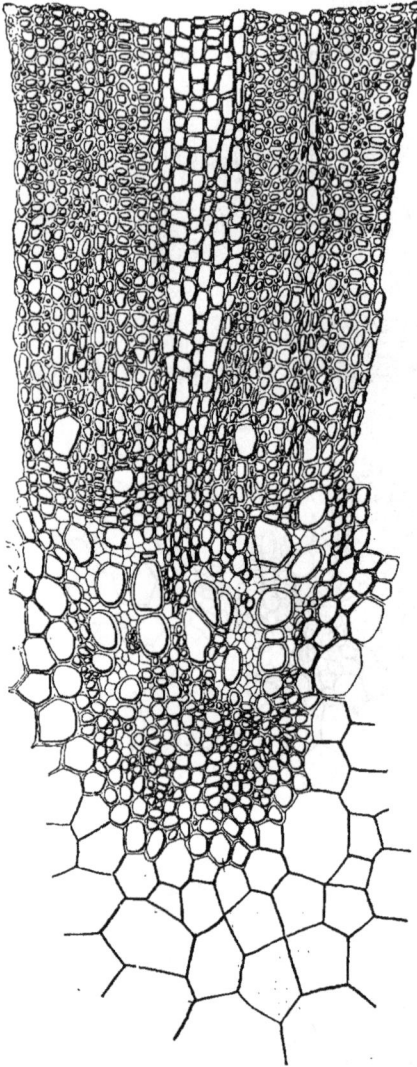

FIG. 59.

Écorce, au sens ancien du mot, du pédoncule de la grappe dans la Folle blanche franche de pied.

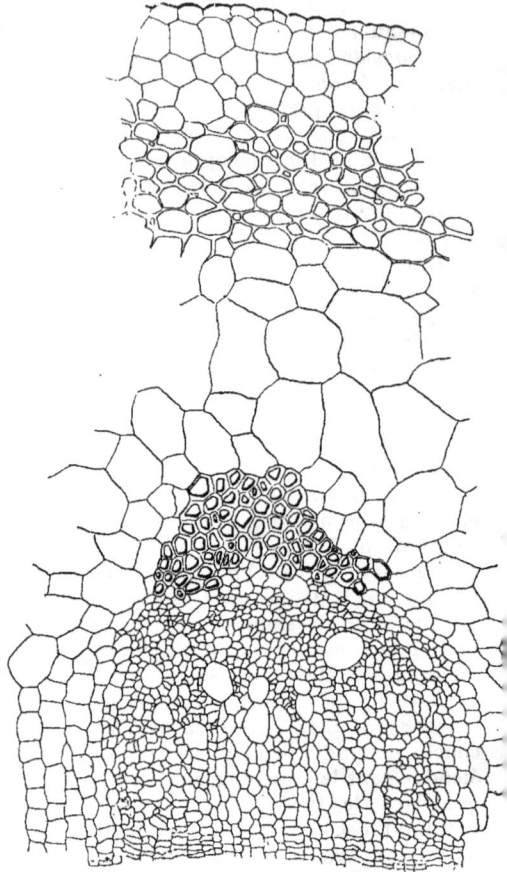

FIG. 58.

Bois d'un faisceau du pédoncule de la grappe de la Folle blanche greffée.

Les grains devenant plus gros, la récolte est augmentée d'autant. Cette augmentation de la taille du raisin n'est pas toujours un avantage, ainsi qu'on pourra s'en rendre compte par l'étude du raisin. Mais, dès maintenant, on peut faire remarquer que l'état plus serré de la grappe, qui est la conséquence du grossissement, a des inconvénients sérieux dans les vignes à grappes déjà serrées dans le franc de pied.

Le Cabernet franc, greffé dans les graves et surtout dans les paluds de la Gironde, mûrit avec plus de difficulté ses divers grains et il a plusieurs fois, par sa maturité plus inégale, causé des ennuis aux vignerons.

La résistance aux maladies cryptogamiques et aux parasites est aussi, comme nous le verrons, modifiée défavorablement par cet état de la grappe, qui empêche l'accès de la lumière et de l'air à l'intérieur ([1]).

Une autre conséquence intéressante, surtout au point de vue théorique, c'est la rupture accidentelle de certaines parties de la grappe sous l'influence du développement très rapide des acini sous-jacents. Dans les grappes serrées, les parties internes pressent sur les externes avec une force d'intensité croissante. Or, les pédoncules secondaires et ternaires n'ont qu'une élasticité limitée. Dès que leur résistance est dépassée, ils se rompent progressivement et l'on voit alors les grains qu'ils portaient se flétrir lentement eux-mêmes. Ce flétrissement, par son aspect extérieur, ne diffère guère de celui qui

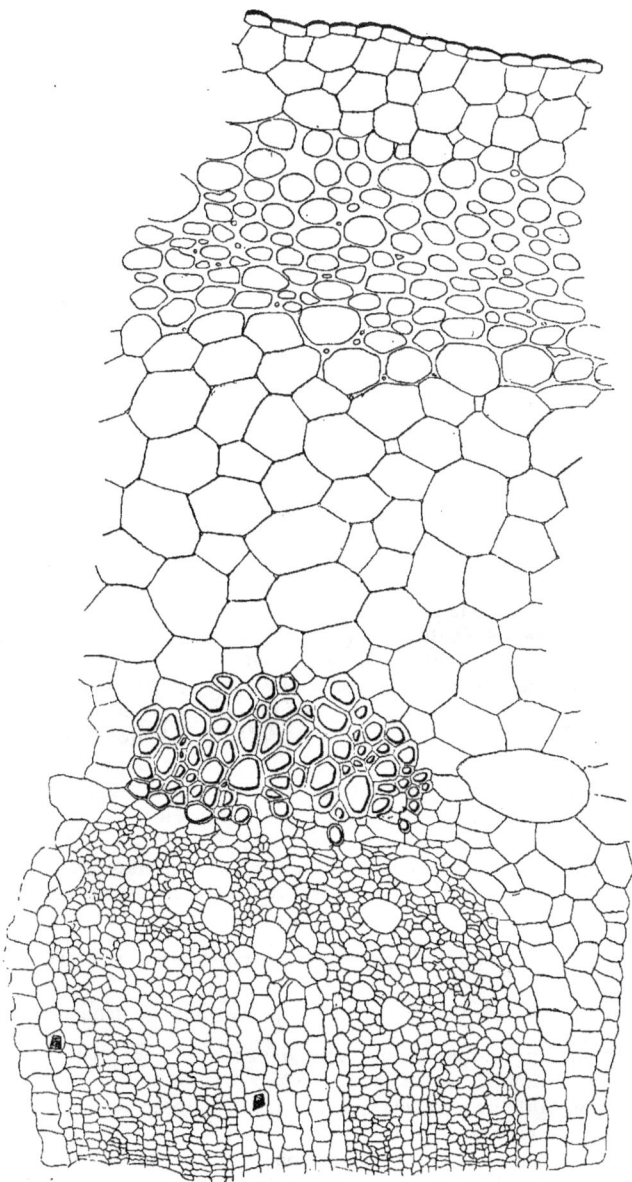

FIG. 60.

Écorce, au sens ancien du mot, du pédoncule de la grappe dans la Folle blanche greffée.

([1]) C'est ainsi que la Cochylis et l'Eudemis, qui craignent la lumière, se logent de préférence dans les grappes plus serrées des vignes greffées, que les attaques du Black-rot sont plus vives, etc.

se produit à la suite de l'attaque de certains insectes ou d'une sécheresse prolongée. Mais l'origine en est bien différente et valait la peine d'être indiquée ici.

Le raisin n'est pas seulement modifié dans ses dimensions, il l'est dans sa structure et sa nature.

L'on sait que, une fois noué, le grain de raisin reste assez longtemps de couleur verte. Quand il a atteint sa grosseur définitive, il change de teinte : c'est le moment de la véraison. La teinte verte s'affaiblit progressivement et le raisin prend peu à peu sa coloration définitive. La véraison achevée, le raisin est mûr; la peau s'affaisse sous le doigt et le grain se détache facilement du pédicelle.

Dès l'instant qu'il y a des variations dans la floraison, il ne peut manquer d'y en avoir dans la véraison après greffage. Mais comme les conditions climatériques sont alors bien différentes de celles de la floraison, il faut s'attendre à ce que les variations de véraison ne concordent pas d'une façon absolue avec celles de la floraison.

Peu d'observations ont été jusqu'ici relevées à ce point de vue particulier. Cependant M. Rachel Séverin a signalé, en 1905, l'irrégularité de la véraison dans le vignoble girondin[1]. Malheureusement, il n'indique pas les différences qui ont dû se présenter à cet égard entre les vignes greffées et les francs de pied.

J'ai pu, en 1904, étudier le grain de raisin lui-même, au champ d'expériences de Haut-Gardère, au moment des vendanges. La peau du raisin a une consistance variable suivant les sujets sur lesquels un même greffon est placé : il était facile de s'en rendre compte en dégustant des raisins pris comparativement. On sentait fort bien l'impression différente donnée par l'écrasement du raisin et l'épaisseur inégale de la peau. J'ai remarqué, pour le Chasselas de Fontainebleau, par exemple, que, dans la période de maturation fort sèche traversée par le raisin, le Vialla et surtout le Rupestris du Lot avaient durci considérablement la peau du fruit de leurs greffons. Dans les diverses combinaisons du champ d'expériences, on remarquait aussi des différences, mais elles ne concordaient pas d'une façon absolue avec les variations du Chasselas, et chaque cep différait plus ou moins du voisin, suivant son état biologique, commandé par le bourrelet. Il ne pouvait en être autrement d'après la théorie.

Dans ces dernières années, plusieurs écrivains viticoles se basant surtout sur le cas de la Folle blanche greffée dans les Charentes, ont cependant affirmé que d'une façon générale la greffe amincissait la peau du raisin. Il en est de ce phénomène comme de toutes les autres variations de la nutrition. Lorsque, au moment de la véraison, l'état biologique de la symbiose réalise le cas $\dfrac{C'v}{Ca} < 1$, la peau s'amincit; mais c'est le contraire si la symbiose se trouve dans le cas $\dfrac{C'v}{Ca} > 1$, où la peau durcit. Ici encore, tout dépend du bourrelet, des différences de capacités fonctionnelles entre le sujet et le greffon et des conditions extérieures : c'est la résultante de tout cela qui imprime à la peau du raisin ses caractères; c'est là ce qu'on n'a pas su voir.

Le microscope confirme l'observation des caractères extérieurs, et les déductions de la théorie.

L'on sait que l'étude anatomique du fruit de la vigne a été faite en 1883 par Portele et qu'elle a été complétée par M. Gy. de Istvänffi[2]. D'après les travaux

[1] RACHEL SÉVERIN. — *Revue agricole, viticole, horticole, illustrée*, Code conseil, Bordeaux, 1er septembre 1905.
[2] GY. DE ISTVANFFI. — *Études sur le rot livide de la vigne*. Budapest, 1902.

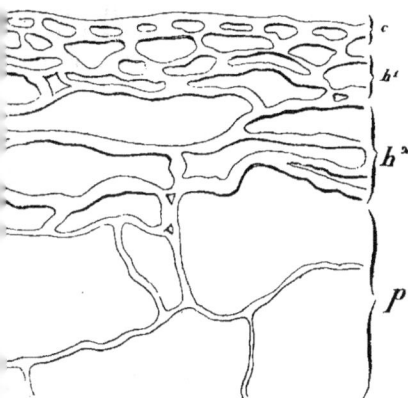

FIG. 61.

ucture de la peau du raisin du type *Muscat de Lunel*.
(D'après M. de Istvánffi.)

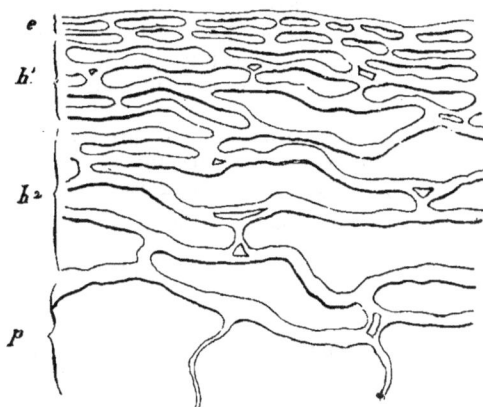

FIG. 62.

Structure de la peau du raisin du type *Puritain*.
(D'après M. de Istvánffi.)

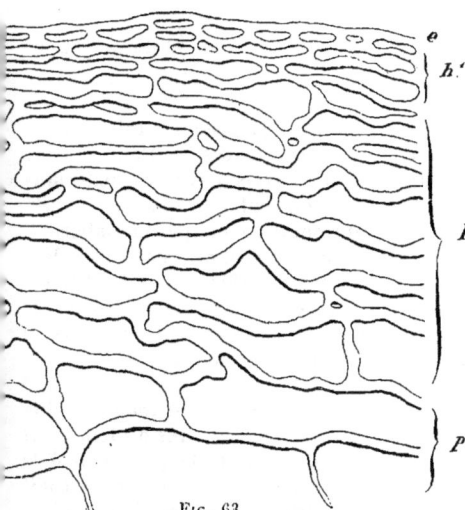

FIG. 63.

ucture de la peau du raisin du type la *Hongrie de Mille ans*.
(D'après M. de Istvánffi.)

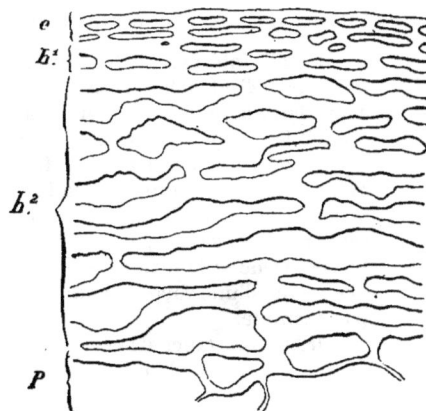

FIG. 64.

Structure de la peau du raisin du type *Rouge Traminer*.
(D'après M. de Istvánffi.)

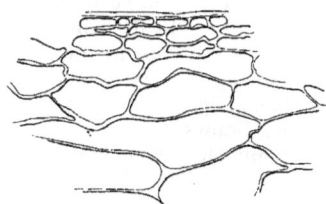

FIG. 65.

Cabernet-Sauvignon type.

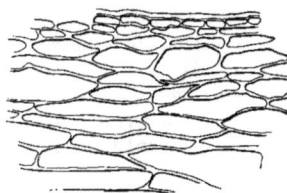

FIG. 66.

Cabernet-Sauvignon sur Vialla.

de ce savant botaniste, la peau du raisin comprend un épiderme *e* recouvrant un hypoderme formé de deux parties d'aspect différent : une couche collenchymateuse externe h[1] à cellules plus étroites et plus courtes, et une collenchymateuse interne h[2] à cellules de grandes dimensions et à membranes moins épaisses que les précédentes.

On peut faire rentrer, d'après M. de Istvänffi, les diverses catégories de raisins dans quatre types de structures :

1° Le type *Muscat de Lunel (fig. 61)*, dans lequel l'épaisseur de la couche externe rapportée à la couche interne est de $\frac{1}{2}$ environ.

2° Le type *Puritain* (hybride américain) *(fig. 62)*, dont le rapport des deux couches précédentes est de $\frac{1}{3}$ environ.

Ces deux premiers types ont une forme de cellules assez voisine : celles de la couche externe sont courtes et étroites; celles de la couche interne sont larges et longues.

3° Le type *Hongrie de mille ans*, qui possède une couche interne à cellules ondulées, très large par comparaison avec la couche externe; le rapport de ces deux couches est de $\frac{1}{3}$ *(fig. 63)*.

4° Enfin, le type *Rouge Traminer*, formé d'une couche externe et d'une couche interne aplaties, dont le rapport est de $\frac{1}{6}$ environ *(fig. 64)*.

Il était intéressant de voir comment se comportait la peau du raisin après greffage; l'étude des raisins provenant du champ d'expériences de Haut-Gardère a été faite à mon laboratoire par M. Colin[1], à qui j'avais passé les matériaux recueillis comparativement au cours de ma mission, en septembre 1904.

Il suffit de comparer la figure 65, qui représente la coupe du Cabernet-Sauvignon franc de pied, à la figure 66, qui représente la peau du raisin du même cépage greffé sur Vialla, par exemple, pour voir l'énorme différence entre l'épaisseur relative de la peau, l'état plus ou moins serré de la couche interne de l'hypoderme et la forme des cellules. L'épaisseur des membranes cellulaires varie elle-même d'une façon notable : figures 67 et 68 comparées aux figures 65 et 66, par exemple.

Or, l'importance de ces changements dans la peau du raisin est incontestable pratiquement, car l'on sait que si le Cabernet-Sauvignon pourrit très difficilement et ne coule presque jamais, l'augmentation de l'épaisseur de la peau *nuit à la qualité* du vin de ce cépage. Donc, en 1904, par la sécheresse, ce défaut s'est fait sentir d'une façon plus intense sur certains sujets plus sensibles au défaut d'humidité que le franc de pied.

Les raisins de table présentaient des différences de même ordre avec les variantes causées par la nature particulière de chaque symbiose, vu qu'il s'agit de greffons semblables placés sur des sujets différents. Il suffit de comparer la peau du raisin du Chasselas franc de pied *(fig. 69)*, à celle du même cépage greffé sur 101[14] *(fig. 70)*, ou placé sur Rupestris du Lot *(fig. 71)*, pour remarquer les changements profonds amenés par la greffe dans l'épaisseur relative des hypodermes, la forme des cellules, l'épaisseur des membranes, etc.

À quoi peuvent tenir ces variations? Évidemment aux changements de valeur

---

[1] Ch. Colin. — *Recherches sur la structure comparée de la peau du raisin dans quelques vignes greffées et franches de pied* (Œnophile, 1905).

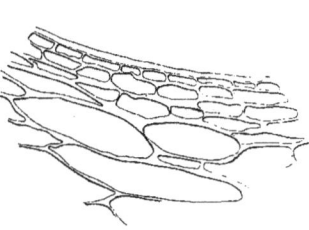

FIG. 67

Cabernet-Sauvignon sur Aramon
Rupestris Ganzin.

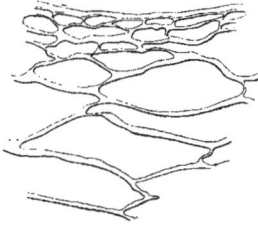

FIG. 68

Cabernet-Sauvignon sur Riparia
tomenteux.

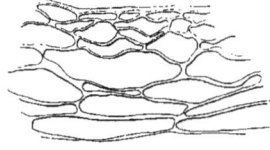

FIG. 69

Chasselas franc de pied.

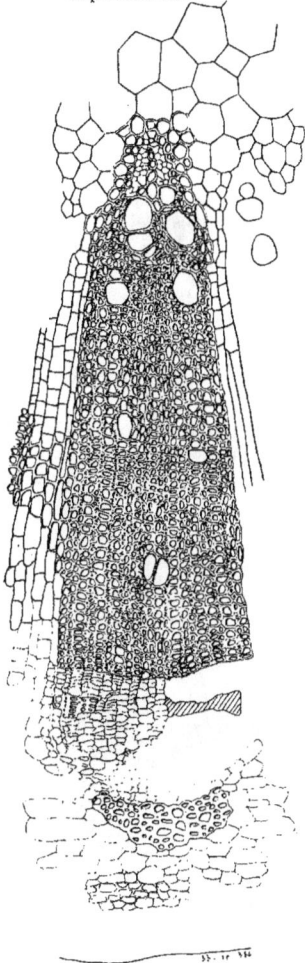

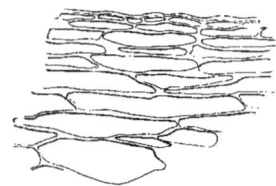

FIG. 70

Chasselas sur 101[14].

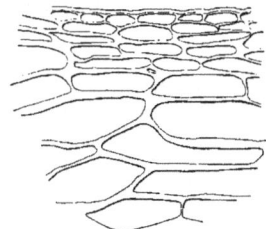

FIG. 71

Chasselas sur Rupestris du Lot.

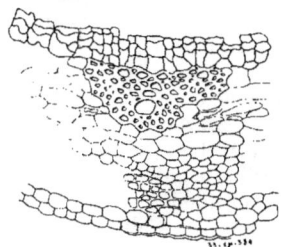

FIG. 72

Cabernet-Sauvignon franc de pied.
Faisceau libéro-ligneux (gr. 233).

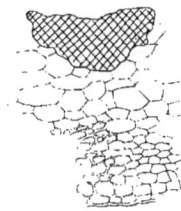

FIG. 73

Cabernet-Sauvignon franc de pied.
Région externe (gr. 238).

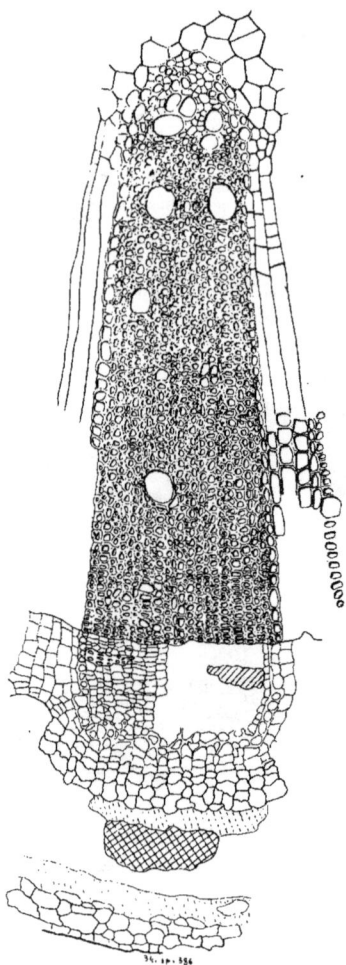

FIG. 74

Cabernet-Sauvignon sur Rupestris du Lot.

Faisceau libéro-ligneux (gr. 238).

du rapport $\dfrac{C'v}{Ca} \gtrless 1$ suivant l'état biologique que chaque symbiose au moment du développement du grain du raisin et en particulier au moment de la véraison et de la maturation. Mais la valeur de ce rapport dépend à la fois de la *quantité* et de la *qualité* des sèves. Si la quantité seule est en jeu et a déterminé les modifications de structure observées après greffage, nous devrons trouver une relation absolue et constante entre le système conducteur du pédoncule de la grappe et la nature de la peau du raisin au moins pendant la période où celui-ci a pris sa structure définitive.

L'étude du pédoncule de la grappe a été également faite par M. Colin[1], sur les matériaux recueillis à Haut-Gardère, c'est-à-dire sur le Cabernet-Sauvignon et le Chasselas.

Chaque grappe a passé par une période printanière d'humidité très nette à laquelle correspond une zone de bois secondaire à larges vaisseaux; puis est venue une longue période de sécheresse où les fibres ligneuses prédominent et où se forment de rares vaisseaux.

Les figures 72 à 78 données par M. Colin, et correspondant au Cabernet-Sauvignon dont j'avais étudié la structure au moment de la floraison *(fig. 47 à 54)*, considérées au point de vue de la première période, où l'humidité était élevée, confirment purement et simplement les déductions que j'avais faites à propos des différences d'état biologique existant à ce

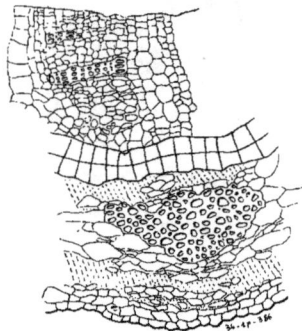

FIG. 75

Cabernet-Sauvignon sur Rupestris du Lot.

Régions libérienne et externe (gr. 238).

moment (période de printemps).

Elles sont tout aussi instructives dans la partie correspondant à la période d'été. Tandis que le Cabernet-Sauvignon type *(fig. 72 et 73)* possède une structure plus uniforme, n'étant pas autant influencé par les rares pluies superficielles qui ne pénètrent pas dans les couches profondes où puisent seulement ses racines pivotantes, les Cabernet-Sauvignon

[1] Ch. COLIN. — *Recherches sur la structure comparée de la grappe dans quelques vignes greffées et franches de pied* (Œnophile, 1905).

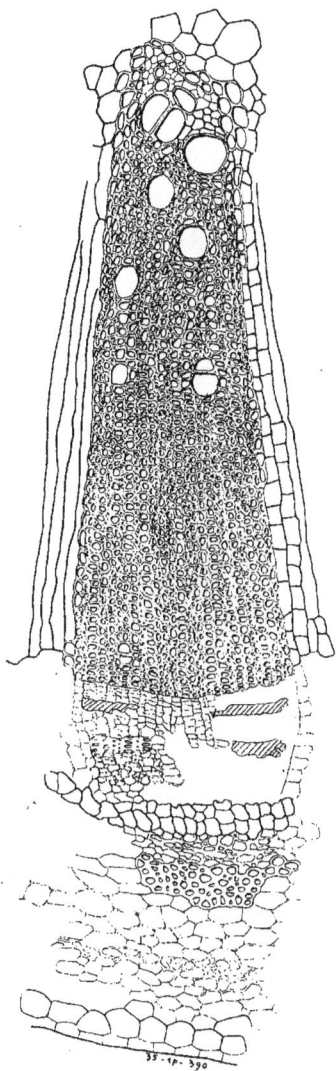

FIG. 76

Cabernet-Sauvignon sur Aramon Rupestris
Ganzin.

Faisceau libéro-ligneux (gr. 238).

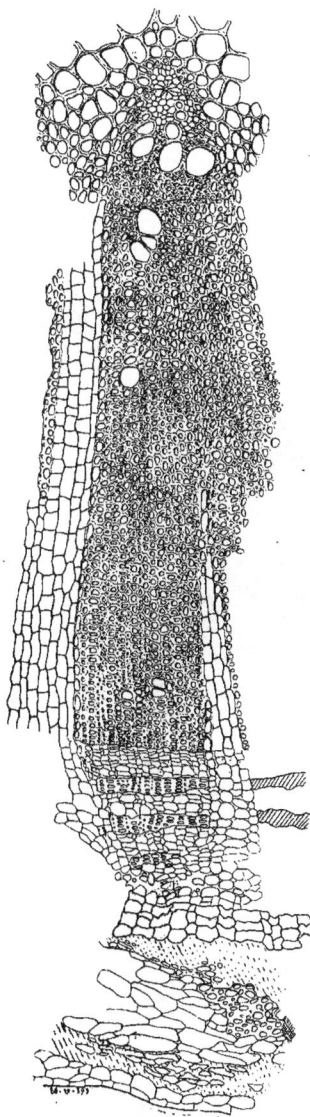

FIG. 77

Cabernet-Sauvignon sur Riparia
Tomenteux.

Faisceau libéro-ligneux (gr. 238).

greffés (*fig. 74-81*) présentent, au contraire, parfois des différences de calibre marquées et un mode différent de répartition des vaisseaux tenant à ce que leur racinage peut absorber plus facilement l'eau de pluie et est aussi plus sensible

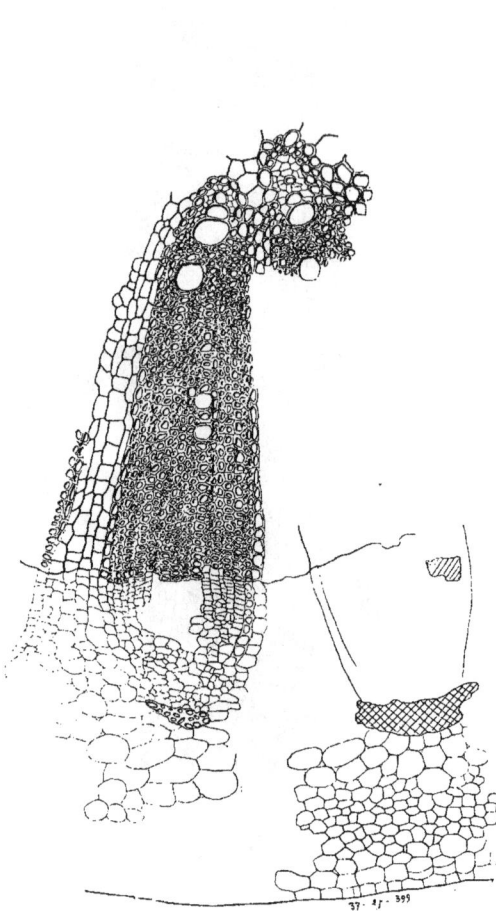

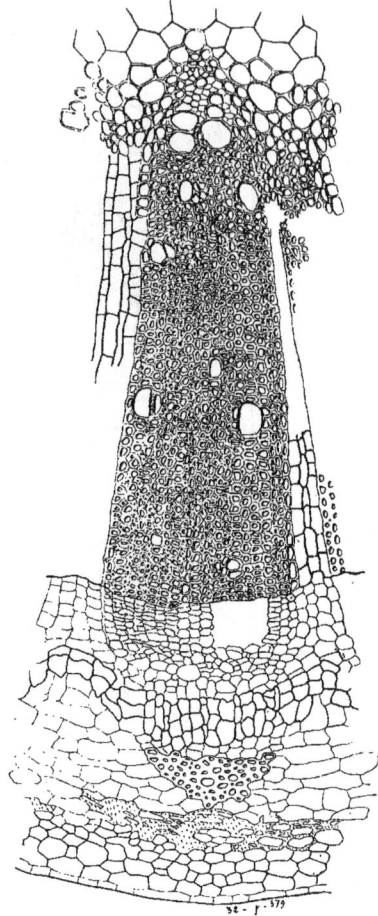

Fɪɢ. 78	Fɪɢ. 79
Cabernet-Sauvignon sur Riparia Gloire.	Cabernet-Sauvignon sur Vialla.
Faisceau libéro-ligneux (gr. 265).	Faisceau libéro-ligneux (gr. 238).

à la sécheresse prolongée (¹). L'épaisseur relative des divers tissus est également variable.

L'épaississement relatif des membranes cellulaires de la peau du raisin est fonction de la toute dernière période de végétation. C'est donc la couche ligneuse

(¹) Les différences eussent été plus accentuées si le franc de pied avait été plus âgé, vu que, à cinq ans d'âge, ses racines n'avaient pas encore eu le temps de pénétrer suffisamment en profondeur. Ces vignes jeunes étaient, par conséquent, moins résistantes à la sécheresse.

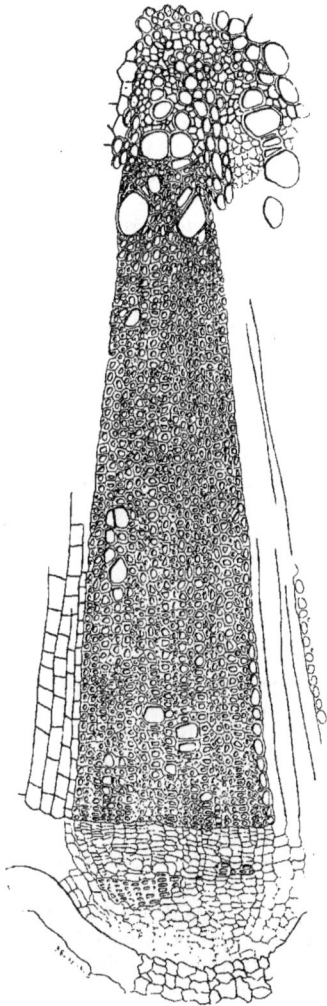

Fig. 80

Cabernet-Sauvignon sur Taylor.

Faisceau libéro ligneux (gr. 238).

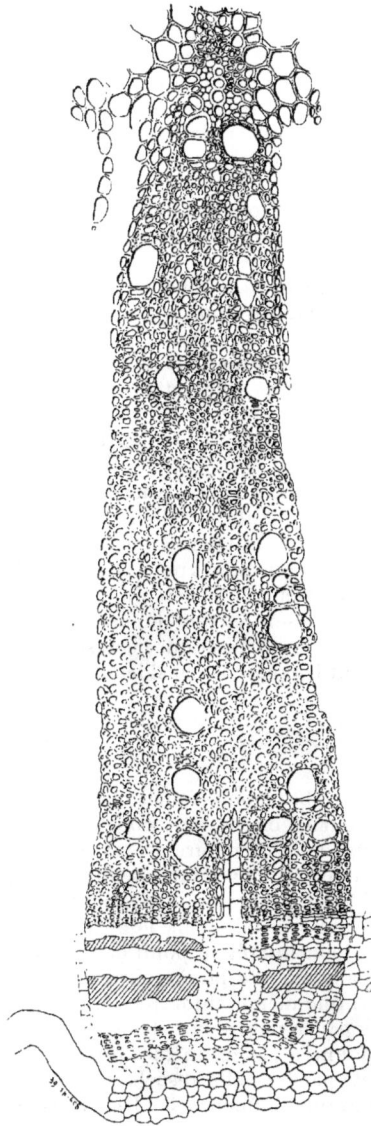

Fig. 81

Cabernet-Sauvignon sur 101¹⁴.

Faisceau libéro-ligneux (gr. 238).

la plus voisine du liber et la couche la plus interne de celui-ci qui nous renseigneront sur l'état biologique de chaque plante au moment de la véraison, relativement à la quantité de la sève fournie, si la végétation de la grappe continuait à ce moment.

Or, l'on remarque que les variations de la conduction vasculaire et de la conduction libérienne ne correspondent point exactement aux épaississements relatifs de la peau du raisin d'un même type de vigne greffée. Cela prouve(1) que si la quantité des sèves fournie au raisin joue son rôle, la qualité de cette sève a elle-même une importance fondamentale. Cela ne peut surprendre, car nous verrons plus loin combien l'adjonction ou la suppression, la diminution ou l'augmentation d'un élément déterminé de l'aliment a une répercussion considérable sur la nature des tissus et la structure même de la membrane. Et l'on conçoit aussi que la variation de nutrition générale puisse ne pas être seule en cause ici et que la variation spécifique intervienne pour sa part.

Quoi qu'il en soit de l'origine de la variation, ce qu'il importe de retenir, c'est qu'il y a variation dans la nature et la consistance de la peau du raisin à la suite du greffage et que cette variation n'est plus, comme dans le franc de pied, influencée exclusivement par les conditions extérieures, mais aussi par la nature du sujet et celle du bourrelet. L'on sent l'importance d'un pareil fait en pratique viticole.

Non seulement une variété de raisin, comme le Cabernet-Sauvignon, donnera un vin de qualité variable, si la membrane augmente ou diminue de dureté, mais la résistance du raisin à l'éclatement sera augmentée ou diminuée suivant le sujet sur lequel on aura greffé et même, étant donné le rôle du bourrelet, suivant le cep considéré. Il en sera de même pour les autres résistances.

C'est donc encore là une de ces conséquences du greffage auxquelles on n'avait pas songé et qui nécessiterait un choix rationnel des sujets et des greffons suivant les régions considérées et le but utilitaire poursuivi.

B. Qualité des Sèves.

Dans beaucoup d'effets du greffage (adaptation, perfection relative des soudures, changements de composition et de structure, variation des résistances, changement de nature des produits d'assimilation et même variations spécifiques), la qualité des sèves intervient parfois plus que la quantité des sèves.

L'étude de la qualité des sèves est loin d'être faite d'une façon complète dans le règne végétal. Mais l'on possède un certain nombre de données générales d'un haut intérêt au point de vue particulier qui sera envisagé ici.

La qualité de la sève élaborée est en relation étroite avec celle de la sève brute. Ainsi une même chlorophylle, mise en présence de sèves brutes différant entre elles par la nature des éléments minéraux ou par les proportions de ces éléments, ne donnera pas les mêmes produits. Les matières dissoutes qui pénètrent dans la plante par les poils absorbants ont en effet, ainsi que l'expérience l'a démontré, une grande influence sur l'activité des échanges gazeux et autres, qu'il s'agisse de substances nutritives, catalytiques ou vénéneuses.

Or, sous le rapport de l'absorption des matières minérales, toutes les plantes sont loin d'avoir des besoins identiques. Chacune d'elles se comporte à cet égard suivant les propriétés particulières, *spécifiques*, de ses poils absorbants. Rien n'est plus différent que les propriétés osmotiques des membranes considérées non seulement dans des plantes d'espèces, de races ou de variétés différentes, mais encore dans une même plante suivant la catégorie des tissus auxquels appartient la membrane cellulaire et même suivant les conditions dans lesquelles la plante a vécu.

Tout cela est aujourd'hui bien connu des physiologistes. Aussi, dit avec raison le célèbre botaniste allemand Pfeffer([1]), « en présence du développement si varié de ces propriétés spécifiques, doit-on être très prudent pour généraliser les résultats obtenus sur un nombre limité d'organismes. »

L'on sait encore que les éléments absorbés par la racine sont *nécessaires, indifférents, utiles* ou *nuisibles*. Les aliments nécessaires doivent être fournis dans une proportion *minima*, indispensable au développement complet. En plus grande quantité, jusqu'à une certaine limite toutefois, ils deviennent un *aliment de luxe*, qui permet à la plante d'atteindre une taille plus élevée, et d'arriver, lorsque le milieu est parfait, à la taille maxima propre à l'espèce.

Un aliment isolé est *solidaire* d'autres éléments dans des conditions déterminées. Il peut se faire que le fonctionnement de la plante soit compromis en présence d'un aliment assimilable, parce qu'un élément accessoire manque ou devient nécessaire dans certaines conditions de vie, qu'il s'agisse de la vie normale ou surtout de la *vie anormale* quand le végétal réagit contre les produits toxiques qu'il fabrique lui-même ou qui lui arrivent de l'extérieur.

En outre, — et c'est là un fait d'une extrême importance, — une action très sensible est produite par de *très petites quantités* d'un élément utile ou nuisible quand bien même il se trouve dans la sève en traces si minimes qu'il est impossible de les déceler à l'aide des réactifs habituels.

On conçoit donc très facilement qu'une même plante se comporte très différemment suivant l'abondance relative de la nourriture qui dépend de la facilité avec laquelle peut se faire l'exercice de l'aliment, mais aussi suivant la nature de l'aliment. Tel végétal s'accommode mal d'un élément qui est utile à d'autres ou que ceux-ci peuvent supporter à des doses plus élevées : les plantes calcicoles ou calcifuges, par exemple, sont dans ce cas. Tel autre végétal s'accommode au contraire des conditions de sol les plus variées (plantes ubiquistes).

Sans insister outre mesure sur ces questions, on peut affirmer que, malgré la généralité des phénomènes de la nutrition, les capacités et les propriétés qui s'y rapportent sont constituées de manière très diverses « par suite de leurs relations avec le genre de vie spécifique »([2]). Et le tout est encore sous la dépendance étroite des conditions extérieures, car des circonstances qui semblent insignifiantes ont une répercussion considérable sur les propriétés et la croissance d'une plante.

Le résultat final du mécanisme nutritif dépend à la fois de la nature de l'organisme et du mélange des substances offertes. Dans la plante, comme dans tous les mécanismes qui se règlent d'eux-mêmes, les substances offertes comme aliment n'agissent pas d'une manière purement mécanique, mais aussi par des *excitations* et des *actions d'ensemble*, suivant leur *qualité* et leur *quantité*. Qui ne connaît aujourd'hui l'action si curieuse des substances catalytiques, amenant des déclanchements, et celles des enzymes diastasiques, sécrétées de tant de manières différentes et qui sont si répandues partout dans le règne végétal? Comme tous les échanges de substances, la sécrétion et la production des enzymes sont soumises à une influence régulatrice et *à l'action des milieux*.

Les diverses fonctions végétatives sont influencées par l'absorption, et la sève élaborée s'en ressent obligatoirement. Des expériences précises ont montré que des quantités très minimes d'une substance contenue dans le sol ou dans une

([1]) Pfeffer. — *Physiologie végétale*. Paris, 1906, et éditions allemandes.
([2]) Pfeffer, *loc. cit*.— Nous verrons plus loin que si l'on admet dans le greffage les influences de nutrition générale, on admet aussi les influences spécifiques, certains caractères de la nutrition étant spécifiques ou en relation avec des caractères spécifiques.

solution nutritive font varier parfois, d'une façon considérable, la transpiration ou l'assimilation et ont une répercussion profonde sur la nature des tissus et du contenu cellulaire.

Il en est de même si l'on fait varier les proportions de l'aliment; la structure s'en ressent aussitôt.

Ces généralités concernent les plantes *autonomes*, fonctionnant exclusivement avec leurs appareils, sans emprunter quoi que ce soit à d'autres êtres vivants. Leur nutrition a été désignée sous le nom de *nutrition autotrophe*.

Mais la nutrition autotrophe est beaucoup plus simple que la *nutrition hétérotrophe*, c'est-à-dire que celle d'une *association*, qu'il s'agisse de symbioses *antagonistiques* ou de symbioses *mutualistiques*.

Ces symbioses, fréquentes dans la nature, comprennent les greffes naturelles ou artificielles. Elles végètent avec plus ou moins de facilité suivant leur nature et les conditions de milieu où elles se trouvent. C'est d'une *capacité d'adaptation* très variable que dépend pour un organisme la possibilité de prospérer dans les conditions symbiotiques, c'est-à-dire de *s'adapter* à ce mode de vie spécial [1].

Dans toute symbiose, il n'y a pas seulement ainsi une question d'adaptation immédiate plus ou moins parfaite, il y a encore *réaction mutuelle* des deux associés. La tendance à *l'isolement*, et la *neutralisation de l'activité vitale* de chaque associé à l'aide de secrétions spéciales, sont des formes de la lutte pour l'existence que soutiennent l'un contre l'autre les plantes quand il y a symbiose antagonistique.

Certains de ces phénomènes sont fréquents dans la greffe. C'est ainsi que l'affranchissement du sujet par l'intermédiaire de bourgeons adventifs et celui du greffon à l'aide de racines adventives se montrent sur un grand nombre de greffes herbacées ou ligneuses quand les conditions sont favorables, révélant ainsi un état d'antagonisme plus ou moins marqué.

On peut aussi observer des réactions très nettes des tissus. Dans la greffe de diverses Solanées vivaces, les racines adventives du greffon ne sortent pas toutes à l'extérieur. Quelques-unes pénètrent parfois directement dans la moelle du sujet. Si celui-ci possède une moelle bien développée, comme dans le cas de la tomate, cette moelle repasse à l'état de méristème et s'isole de la racine parasite par un manchon de liège. Les racines du greffon, quand elles finissent par digérer la moelle du sujet, ne peuvent se ramifier latéralement, car elles sont gênées par le bois du sujet qui les enveloppe comme un cylindre; elles prennent alors une forme en pinceau très caractéristique, et peuvent se fascier plus ou moins.

Ces considérations montrent bien déjà quelles complications entraîne la nutrition hétérotrophe, et combien elle doit être variable suivant les unions réalisées et les milieux dans lesquels les greffes se trouvent placées.

Si l'on examine, à la lumière des données précédentes, les écrits ou les parties d'écrits ayant trait aux variations de nutrition des vignes franches de pied et greffées, on est non seulement frappé des divergences de vue et des contradictions qu'ils renferment, mais surtout de l'insuffisance des connaissances scientifiques sur lesquelles la plupart de leurs auteurs se sont appuyés pour étayer des conclusions parfois purement dogmatiques [2].

[1] Voir, pour le cas particulier des symbioses artificielles : L. DANIEL, *Conditions de réussite des greffes.* Paris, 1900.

[2] On me dira sans doute qu'il est inutile de s'attarder à critiquer des écrits sans valeur qui se réfutent d'eux-mêmes. C'est paraître ainsi donner de l'importance à des conclusions qui n'en ont aucune. Si je m'adressais exclusivement au monde savant, l'objection serait fondée. Mais j'écris aussi pour les viticulteurs dont beaucoup, n'ayant pas le temps de se tenir au courant des recherches scientifiques, acceptent sans contrôle les affirmations de ceux qui, par situation, sont chargés de les renseigner. On verra par la suite de ce travail que si beaucoup d'entre ces derniers s'acquittent correctement de leur mission et sans bruit, il y en a d'autres qui ne sont pas à la hauteur de la tâche qu'ils ont assumée.

Aux débuts de la reconstitution, les américanistes ne se préoccupèrent même pas des changements possibles de nutrition et de leurs conséquences. Ce ne fut qu'à la suite d'insuccès retentissants[1] que l'on se préoccupa de l'adaptation au sol et de l'affinité. L'on trouvera, sur ce point, d'intéressants documents historiques dans le livre de MM. Viala et Ravaz sur les vignes américaines[2].

Ces auteurs admettent que le greffage *peut modifier l'influence du sol*[3] et ils différencient ainsi les vignes françaises et les vignes américaines :

« Nos vignes françaises appartiennent toutes à une seule espèce, le *Vitis Vinifera*, dont les aptitudes et les propriétés s'étendent avec des différences en somme insensibles, à toutes les variétés cultivées.

» Avec les vignes américaines on a affaire à des espèces non-seulement différentes du *V. Vinifera*, mais encore très différentes les unes des autres. Leurs nombreuses variétés devaient donc par suite se comporter chacune à sa manière et donner des résultats fort dissemblables dans des conditions identiques. »

Donc pour ces auteurs, la vigne française est essentiellement *ubiquiste;* les vignes américaines sont ou *calcicoles,* ou *calcifuges,* ou, en tout cas, *plus difficiles* sur la nature des milieux. Il est bien probable qu'une étude précise montrerait que l'adaptation des vignes françaises à tous les sols n'est que *relative* et l'on sait d'ailleurs fort bien que certaines variétés sont plus exigeantes que d'autres. Cette distinction n'est donc justifiée que jusqu'à un certain point.

Un autre écrivain viticole[4], en se basant sur les *à priori* et non sur l'expérience, est allé plus loin et a parlé des différences entre la qualité des sèves de la vigne française et des vignes américaines.

« Dans le cas de la vigne, dit cet auteur, la greffe est effectuée entre végétaux ligneux et non pas entre espèces appartenant à des genres différents, espèces qui n'offrent pas la même constitution générale, qui élaborent des matériaux de réserve distincts : c'est plutôt le contraire, car on sait que le groupe des *vraies vignes* est assez *homogène.* »

Voilà déjà une première contradiction avec les distinctions si nettes établies par MM. Viala et Ravaz entre les vignes françaises et les vignes américaines. En outre l'homogénéité des *Euvitis* est basée sur la parenté botanique, qui n'a pas de *rapports obligatoires* avec la parenté physiologique, c'est-à-dire avec le mode de nutrition[5].

« D'autre part, ajoute-t-il, on n'utilise presque exclusivement que la partie radiculaire du porte-greffe, ce qui diminue d'autant son action. Or, quel est le rôle des racines dans la vigne? La racine contient-elle des substances de réserve ou autres qu'on n'observe pas dans la tige ou dans la feuille? Pas du tout. Son rôle, dans ce cas, est à peu près exclusivement *conducteur* et de *soutien.* Son rôle physiologique *unique*[6] est d'extraire du sol l'eau et les substances qu'elle contient en dissolution, en un mot la sève brute qui est ensuite transportée à travers la tige et les feuilles.

» Cette sève brute diffère *évidemment* d'espèce à espèce puisque ces espèces ont

---

[1] Voir la préface de ce travail.

[2] *Loc. cit.*

[3] Cela ne s'accorde guère avec les affirmations ultérieures de M. Ravaz sur le rôle du greffage par rapport à l'action du sol (voir plus loin la question des crus).

[4] GUILLON. — *Les porte-greffes et la qualité des vins.* Paris, 1904.

[5] Voir L. DANIEL, *Conditions de réussite des greffes.* Paris, 1900.

[6] Comment, si ce rôle est *unique,* est-il à la fois *conducteur* et de *soutien?* Quiconque a lu un traité de botanique, même très élémentaire, comme un manuel de baccalauréat, sait que la racine, en dehors des fonctions physiologiques générales (respiration, transpiration, réserves, etc.), a trois rôles physiologiques principaux et spéciaux : 1° elle *fixe* la plante au sol; 2° elle *absorbe* dans le sol l'eau et les substances dissoutes; 3° elle *conduit* cette eau chargée de sels à la tige et *ramène* de la tige vers les radicelles la sève élaborée dans les feuilles. « Fixer, absorber et conduire sont les trois fonctions principales de la racine » (Van Tieghem).

des exigences différentes quant à la nature du sol[1]. Mais elle *doit* être fort peu différente chez les espèces qui manifestent des adaptations analogues[2]. *Nous ne savons pas encore*[3] jusqu'à quel point ces différences sont accentuées, mais on peut dire *a priori* que la constitution des sèves brutes *doit* peu varier (il n'est pas question des vignes traitées spécialement par engrais, fumures, etc.), tandis que celle des sèves élaborées *doit* varier profondément d'espèce à espèce.

» Les influences réciproques du greffon sur le sujet ont, du reste, dans certains cas, été contredites par Warming[4]. »

Ainsi, si ces *a priori* étaient vrais, *la composition des sèves brutes des vignes de même adaptation serait constante.* L'on conçoit fort bien que ceux qui cherchent à justifier la reconstitution, même dans ses incohérences, essayent de torturer la physiologie végétale pour y trouver un point d'appui. S'il y avait vraiment constance de composition, on pourrait dire que le greffon dont la chlorophylle reste la même et qui reçoit les mêmes éléments, puisque les racines américaines absorbent exactement comme ses propres racines, fonctionne exactement de la même façon que le franc de pied quand il est greffé et donne par conséquent les mêmes produits !

Malheureusement pour cette conception, elle est *absolument erronée*. Considérons en effet deux plantes greffées appartenant à des espèces ou à des races différentes. Comment se fait l'absorption dans le sol? S'il s'agit de la greffe ordinaire, la plus usitée jusqu'ici dans la pratique courante, l'absorption se fait exclusivement par les poils absorbants du sujet. Elle est donc commandée par les propriétés spécifiques de la membrane de ces poils qui règlent, comme il a été dit, l'osmose des matières solubles, non seulement sous le rapport de la quantité, mais aussi sous celui de la qualité.

Par le fait même de l'extrême variété de ces propriétés osmotiques, il pourra se faire qu'une substance dont le greffon a besoin comme aliment nécessaire ou comme catalyseur, ne lui soit pas fournie par un sujet dont l'appareil aérien normal n'utilise pas la substance en question. De même une substance pourra être fournie en quantité trop forte ou trop faible ou arriver à un moment où le greffon n'en a pas ou n'en a plus besoin, étant données les différences de passage à l'état de vie ralentie.

Enfin le sujet pourra au contraire laisser pénétrer dans le greffon des substances inutiles ou nuisibles qui ne passaient pas quand l'absorption était faite par ses racines propres dans la nutrition autotrophe. Or, de toutes ces variations possibles, la conception *à priori* de la constance de composition des sèves brutes ne tient aucun compte, et pour cause[5].

Il faut encore ajouter à ces variations directes de l'absorption dans le sol la possibilité de la modification osmotique de la sève brute dans les parenchymes du

---

[1] Comment concilier ce passage avec l'homogénéité remarquable des vraies vignes que l'auteur invoquait plus haut?

[2] DE CANDOLLE, a montré depuis longtemps qu'il existe des races physiologiques dans les espèces végétales qui viennent à l'état spontané (1878). Or, si ces races apparaissent dans les types sauvages, elles sont beaucoup plus fréquentes encore dans les espèces en voie de variation sous l'influence de la culture, comme c'est le cas pour la vigne.

[3] Comment l'auteur peut-il alors être aussi affirmatif sur des questions qu'il avoue ignorer?

[4] On est quelque peu étonné de voir invoquer ici l'autorité du célèbre botaniste Warming qui n'a jamais écrit sur la greffe, ni contesté par conséquent aucune de mes conclusions. Semblable erreur est faite aussi par MM. Viala et Ravaz dans leur livre sur les vignes américaines, où sans doute M. Guillon a puisé son renseignement sans se donner la peine de remonter aux sources. Ainsi se créent les légendes à l'usage des viticulteurs !

[5] La pratique sait bien à quoi s'en tenir à cet égard. Si la similitude était même approchée, l'on n'aurait pas eu besoin de recourir à l'hybridation sexuelle pour obtenir des sujets convenant à certains sols et à divers greffons récalcitrants. Malgré les louables efforts de toute une légion d'hybrideurs, le problème n'est pas encore résolu et l'on ne possède pas encore le sujet idéal, sous le double rapport de l'adaptation au sol et au greffon. N'est-ce pas là une preuve expérimentale que les vignes d'espèces ou de variétés différentes ont, comme les autres végétaux, une *capacité osmotique* différente, tant en qualité qu'en quantité?

bourrelet, l'introduction d'enzymes diastasiques ou des produits sécrétés par le sujet en vue de se défendre contre le parasite qu'on lui a imposé(¹).

Toutes ces conséquences de la nutrition hétérotrophe vis-à-vis de l'absorption des éléments nutritifs sont faciles à prévoir. Si l'on quitte le raisonnement pour aborder l'étude expérimentale de la nutrition des plantes greffées, on constate que l'expérience est d'accord avec les théories scientifiques modernes.

Les variations dans la qualité des sèves, après greffage, peuvent être étudiées expérimentalement de deux façons :

1° Par la méthode des cultures en solutions nutritives ;

2° Par l'analyse comparative des parties de plantes greffées et des témoins venus dans les mêmes conditions en dehors de la greffe.

1. Cultures en solutions nutritives.

Pour étudier l'absorption des matières minérales par les plantes greffées, j'ai, en collaboration avec M. V. Thomas, pour la partie chimique, opéré sur deux variétés de haricots : le haricot noir de Belgique et le Soissons gros (²).

Ces plantes ont été élevées en serre, dans des conditions identiques, avec la même solution nutritive, de composition chimique bien déterminée, qui seule pouvait subvenir à leurs besoins. La culture en serre éliminait l'influence d'une différence accidentelle de milieu extérieur ou d'exposition, etc., de telle sorte que les plantes se trouvaient toutes, en dehors de la greffe, dans les mêmes conditions de végétation.

La greffe fut faite par les procédés du greffage sur germinations dont, le premier, je me suis servi en 1891 pour la greffe des plantules de taille suffisante, végétaux herbacés ou ligneux (³). Pendant toute la durée de la reprise, qui exige la mise à l'obscurité pendant quelques jours, les témoins ont subi le même traitement, afin de conserver autant que possible les mêmes conditions de vie.

Le tableau ci-contre résume les résultats de l'expérience.

Un des résultats sur lesquels j'appelle l'attention consiste dans l'apparition de la chlorose sur les plantes ainsi cultivées, grâce à ce que nous avions été obligés, pour permettre d'espérer sur des poids de substance suffisants, de nous servir de solutions concentrées légèrement au-dessus de la dose normale.

Sous le rapport de cette chlorose, il se produisit des différences marquées *tenant à la nature de la variété et au greffage.*

Dans la première série, les plantes sont devenues chlorotiques avant la chute complète des cotylédons, c'est-à-dire de très bonne heure (haricot noir de Belgique). Les deux feuilles opposées ont seules achevé leur complète végétation ; la troisième feuille a subi un arrêt de développement ; de jeunes pousses décolorées ont apparu à l'aisselle des premières feuilles et l'axe principal chlorotique lui-même n'a donné que des pousses rudimentaires. Les feuilles nouvelles peu développées ont jauni, puis rougi par places ; elles sont devenues plus velues et finalement recroquevillées. A la longue, les bourgeons se sont flétris en laissant, adhérant à la tige, un moignon légèrement renflé, en forme de tubercule. Ce sont bien là les caractères de la chlorose du haricot.

(¹) Combien d'auteurs ont ainsi négligé le rôle fondamental du bourrelet dans la biologie des greffes de la vigne ! On a vu plus haut que MM. Viala et Ravaz ne tiennent pas compte de cet obstacle.

(²) L. Daniel et V. Thomas. — *Sur l'utilisation des principes minéraux par les plantes greffées* (C. R., 1902).

(3) L. Daniel. — *Sur la greffe des plantes en voie de germination* (Congrès de Pau, 1891). Cette note fut présentée au Congrès de Pau par M. Maxime Cornu, et cela sans commentaires et sans aucune réclamation de sa part. Or, plus tard (1894), il publiait une note sur le greffage de diverses plantules ligneuses et, dans une notice sur ses travaux scientifiques, il s'attribuait la découverte du procédé. La priorité n'est pas discutable.

Numéro des expériences.	Nombre de feuilles complètement développées.	Volume de la solution nutritive employée.	Volume total de solution employée.	Volume total après absorption.	Moyenne de l'absorption pour 1 litre.	1 litre de la solution nutritive laisse comme résidu après l'expérience[1]:

Ire Série. — *Haricots noirs de Belgique témoins.*

1	2	1,650				
2	2	—				
3	2	—				
4	2	—				
5	2	—	14,850	12,816	226	0gr 916
6	1	—				
7	2	—				
8	2	—				
9	2	—				

IIe Série. — *Haricots de Soissons témoins.*

1	4	1,650				
2	3	—				
3	5	—				
4	3	—				
5	6	—	14,850	11,835	335	0gr 895
6	4	—				
7	2	—				
8	2	—				
9	3	—				

IIIe Série. — *Soissons sur Noirs de Belgique.*

1	5					
2	6	1,650	6,800	5,724	219	1gr 000
3	7					
4	7					

IVe Série. — *Noirs de Belgique sur Soissons.*

1	5					
2	6					
3	3	1,650	8,250	7,184	213	0gr 972
4	5					
5	2					

[1] Ces déterminations ont été faites sur des quantités de liquide considérables. La quantité du résidu pesé à la balance a dans tous les cas été supérieure à 6 grammes.

Dans la deuxième série (haricot de Soissons), les cotylédons, plus riches en fer, ainsi que l'a révélé l'analyse, ont persisté plus longtemps. Les feuilles opposées ont acquis une dimension plus forte que dans le sol et leur vigueur était remarquable. Quelque temps après la chute des cotylédons, la chlorose s'est aussi manifestée, mais avec une intensité moindre que dans le haricot noir de Belgique. Plusieurs feuilles nouvelles ont pu se développer à peu près normalement dans la plupart des échantillons, mais au bout de quelque temps, cependant, la chlorose a fini par achever son œuvre.

Les haricots de Soissons greffés sur haricots noirs de Belgique (3e série) étaient restés verts, mais de plus petite taille. Ils ont poussé presque normalement pendant toute la durée de leur végétation, jusqu'en juillet où des chaleurs intenses firent apparaître la chlorose dans plusieurs échantillons, mais non dans tous, montrant bien le rôle particulier de chaque bourrelet par rapport à l'intensité relative du phénomène.

Enfin les haricots noirs de Belgique, greffés sur Soissons (4e série), avaient acquis à peu près la taille de haricots de même variété greffés dans des pots contenant du terreau.

La chlorose apparut, dans cette quatrième série, plus rapidement que dans les Soissons greffés, mais plus tardivement que dans tous les témoins, ce qui met nettement en évidence le rôle modificateur joué par le bourrelet vis-à-vis de l'absorption des matières minérales puisées dans le sol par le sujet.

En examinant les quantités d'eau absorbées et les résidus minéraux dans chaque série, on voit que l'absorption moyenne de l'eau est plus grande dans les témoins que dans les plantes greffées. Pourtant, vu le nombre plus grand des feuilles des haricots greffés donnant une surface totale plus considérable, le contraire se serait produit si le bourrelet n'avait pas existé ; c'est une preuve nouvelle que cet obstacle joue bien le rôle qui a été décrit précédemment par rapport à la circulation des sèves.

La transpiration étant tout naturellement en rapports étroits avec l'absorption de l'eau, on peut dire que la *greffe modifie la transpiration du greffon;* c'est une vérification de ce que j'avais déjà établi par la mesure directe de la transpiration dans des haricots cultivés dans l'eau, greffés et non greffés ([1]).

La *quantité totale de matières minérales absorbées pendant un laps de temps donné est considérablement modifiée par le greffage;* elles sont absorbées en quantité plus faible par la plante greffée que par la plante normale, dans le cas des haricots examinés.

Pour compléter cette étude, il resterait à étudier séparément l'absorption de chacun des éléments des matières minérales dont nous n'avons que la variation d'ensemble. Dans les expériences qui viennent d'être décrites, nous n'avions pas assez de matières pour faire cette étude chimique comparative, en restant en dehors des limites d'erreurs d'expériences, et nous nous étions proposé de continuer ces recherches à ce point de vue important, quand le départ de M. V. Thomas pour Clermont nous a fait ajourner ces essais.

Bien qu'incomplètes à ce dernier point de vue, ces expériences n'en suffisent pas moins pour réfuter d'une façon absolue la thèse de la constance des sèves brutes à la suite du greffage, si vraiment cette opinion était soutenable.

L'on voit, en effet, deux races de haricots, ayant sensiblement une même adaptation, manifester des différences d'absorption fort nettes et se comporter, une fois greffées, d'une façon très différente de la plante témoin.

Or, ces résultats ne sont pas sûrement spéciaux aux haricots, car beaucoup

---

([1]) L. DANIEL. — *De la transpiration dans la greffe herbacée (C. R.,* 10 avril 1893).

de plantes et certaines vignes greffées présentent des phénomènes de même ordre, d'autant plus accentués qu'il s'agit d'espèces ou de variétés d'adaptation différente.

Chez M. Salomon, à Thomery, j'ai pu observer, en septembre dernier, des chasselas greffés sur Aramon-Rupestris-Ganzin, qui présentaient des feuilles recroquevillées, gaufrées et révolutées, dont la forme, la consistance, l'épaisseur et la couleur non seulement différaient des feuilles des témoins, mais aussi variaient suivant les pieds considérés et même suivant la position du rameau. Si ces variations s'expliquent par l'effet de bourrelets différents et l'inégalité des points d'appel sur une même plante greffée, l'aspect si spécial des greffons de chasselas sur Aramon-Rupestris Ganzin n° 1 me rappela d'une façon frappante mes cultures de haricots chlorotiques, quand la végétation restait encore suffisante. Et c'est sûrement à une perturbation dans l'absorption de certains éléments de la sève brute qu'il faut attribuer ce résultat. Comme on pouvait s'y attendre, la nature du sujet jouait aussi son rôle dans les phénomènes observés, car les chasselas greffés sur d'autres espèces de vignes ne présentaient pas de chlorose, ou étaient plus rarement chlorotiques (Riparia).

On pouvait remarquer que les grappes elles-mêmes avaient subi le contre-coup du changement d'absorption. Aux feuilles les plus modifiées correspondaient des raisins plus volumineux, et ces faits n'avaient pas échappé à M. Salomon, qui suit attentivement ses cultures avec la compétence que lui donnent une longue pratique et un grand talent d'observation.

Les exemples de modifications chlorotiques des vignes greffées sont d'ailleurs fréquents et MM. Viala et Ravaz en ont cité eux-mêmes des exemples :

« Si, disent-ils, l'affaiblissement du cep, à la suite du greffage, est le cas le plus fréquent, l'effet inverse paraît se produire quelquefois. On a vu des ceps faibles, chlorosés, redevenir vigoureux après le greffage. L'Herbemont, qui jaunit si vite dans les terrains calcaires, reste vert quand il est greffé avec la Clairette ; le Merlot sur Vialla, dans les sols calcaires de la Vendée, reste vert et vigoureux, tandis que le porte-greffe, franc de pied, jaunit et se rabougrit, etc. »

M. Couderc n'est pas moins affirmatif, et, en admettant que l'adaptation au sol est largement modifiée par le greffage, il est absolument dans le vrai.

Pour lui, « le greffage *diminue* l'adaptation dans une forte proportion. Les Riparias francs de pied, par exemple, après avoir jauni d'abord, restent souvent assez verts et finissent par bien pousser dans la plupart des sols calcaires. *Ils n'y jaunissent jusqu'à la mort que greffés.* Le jaunissement est plus ou moins marqué suivant le greffon qui agit ainsi sur le sujet. »

J'en ai constaté un exemple bien net chez M. Bussier, dans la Gironde. Le tertre de Canon-Fronsac, quoique d'étendue restreinte, présente une composition assez variable comme sous-sol. Un coin est particulièrement riche en calcaire, puisque, d'après M. Bussier, cet élément atteint environ 80 %. Le phylloxéra ayant détruit la vigne française qui y poussait fort bien, c'est en vain que l'on a essayé depuis d'y faire pousser la même vigne, malgré l'essai de la plupart des sujets résistant au calcaire.

Il serait facile de multiplier les exemples si c'était nécessaire pour les besoins de la cause.

Toutefois, il me faut encore faire ici une remarque, c'est que sous le rapport de l'adaptation comme sous celui de tous les phénomènes de végétation, la modification peut s'effectuer dans le sens de la détérioration et dans celui de l'amélioration, suivant les cas considérés. Mais l'augmentation de la faculté d'adaptation touche alors de très près à la variation spécifique, et c'est pour cela sans doute qu'elle n'a été signalée qu'avec réserve par MM. Viala et Ravaz, dans leur livre sur l'adaptation, dont le passage suivant est cependant fort suggestif :

« La Clairette reste verte, quoique greffée, dans des sols calcaires où d'autres variétés meurent de la chlorose ; on a même cité ce fait que, greffée sur Herbemont, *elle a atténué* la chlorose de cette vigne(¹). Le Merlot souffre peu de la chlorose ; on pourrait presque dire qu'il *améliore* la végétation du sujet si ce fait avait été suffisamment contrôlé. Greffé sur Vialla, il reste vert, greffé où le sujet franc de pied était chlorosé. Dans le Saint-Émilionnais, on le cultive dans des sols calcaires où le Cabernet et le Malbec souffrent de la chlorose... La Folle blanche, placée à côté du Merlot, jaunit où ce cépage reste vert. Le Jurançon blanc jaunit encore plus... »

Récemment, M. Ponsart (²), professeur départemental d'agriculture, a cité des faits du même genre à propos des cépages greffés de sa région et il attribue à *l'affinité* le supplément de résistance à la chlorose, explication qu'a critiquée avec raison M. Jurie (³), car on voit difficilement l'affinité, même au sens particulier de l'adaptation au sol, intervenir entre *caractères antagonistes* (⁴).

Enfin l'on retrouve, dans ces questions de l'adaptation, l'influence très visible du bourrelet : c'est en outre une preuve du rôle osmotique que remplissent les parenchymes restés plus abondants à ce niveau que dans les régions normales.

La chlorose n'apparaît pas en général sur tous les ceps à la fois dans un même vignoble et elle affecte une intensité variable suivant les ceps chlorotiques considérés. Je sais bien que, dans certains cas, le sol peut se modifier plus ou moins à la distance de quelques ceps. Mais si l'on peut alors arguer d'un changement de composition du sol pour expliquer l'inégalité des atteintes de la chlorose, cette explication ne peut rendre compte des différences de tenue des ceps de même catégorie dans des terrains de composition sensiblement constante. Il faut alors faire intervenir le bourrelet comme unique cause de variation, bien que MM. Viala et Ravaz prétendent que « le bourrelet qui existe au point de soudure n'est lui-même pour rien dans l'affaiblissement des vignes greffées, pas plus que la soudure ».

Tous ces faits, concernant les variations de l'adaptation, sont encore en contradiction avec l'hypothèse de la constance de composition des sèves brutes, et il est inutile de s'y attarder davantage. Ils montrent aussi que la vigne française n'est pas aussi ubiquiste qu'on l'a dit, mais que ses variétés possèdent en somme des adaptations parfois bien différentes (⁵).

Le changement d'adaptation au sol, consécutif au greffage, touche à une question d'une importance capitale en viticulture : celle des *crus* (saveur, couleur, degré alcoolique, conservation des vins, qualité des eaux-de-vie, etc.). Chacun sait quelle est l'action du sol au point de vue de la qualité du vin et des eaux-de-vie ; celle-ci est, dans les conditions ordinaires de la culture, la résultante de trois principaux facteurs, le *sol*, le *climat* et la *variété de vigne* cultivée.

Au point de vue de la qualité des produits, tout aussi bien pour les vins communs que pour les vins fins, le sol agit par sa nature même et par les fumures qu'il peut recevoir. S'il s'agit de plantes greffées, il faut encore tenir compte de la

(¹) Fait obtenu par M. Vialla dans l'Hérault et constaté officiellement d'ailleurs.

(²) Ch. Ponsart. — *Les porte-greffes dans le canton de Saint-Florentin (Yonne).* (*Revue des hybrides* janvier 1906).

(³) A. Jurie. — *Lettre à M. Gouy (ibid.).*

(⁴) Je laisse de côté certaines variations plus nettement spécifiques encore, qui portent sur les variations de couleur de l'appareil végétatif, et qui affectent la totalité de certaines catégories de greffes.

(⁵) On pourrait ici parler des adaptations au climat, etc. Elles seront étudiées plus loin avec les variations spécifiques.

facilité relative avec laquelle le sujet assure l'exercice de l'aliment par rapport au greffon.

Si la vigne française paraît s'accommoder plus facilement de tous les terrains que les vignes américaines, elle ne donne point pour cela des *produits uniformes* dans tous les sols. Tout le monde sait, que sa production peut varier en *quantité* et en *qualité,* mais que quantité et qualité sont deux caractères absolument *antago- nistes.* Ce qu'on gagne en quantité, on le perd en qualité : c'est là une notion fondamentale en viticulture, reconnue exacte depuis la plus haute antiquité, ainsi que l'a fort bien montré M. Valéry-Mayet (¹). D'après cet auteur, Virgile a dit : « *Vitis amat colles,* » ce que tous les vignerons traduisaient librement ainsi : « Si tu veux de bon vin, plante ta vigne sur coteaux. » Et l'expérience ajoute : « Si tu as de bon vin, tu n'en auras guère. » La fertilité du sol, son degré d'humidité, ont donc une importance comparable à celle de la taille en certains cas, ou à celle des variations climatériques.

Mais tous les sols fertiles ou pauvres n'ont pas la même composition. Si l'on trouve des grands vins dans toutes les formations géologiques, il n'en est pas moins démontré par une expérience séculaire que la nature du sol est un élément fondamental dans la formation des propriétés caractéristiques des vins et des eaux- de-vie. Sous le rapport des vins, on peut citer l'influence heureuse des graves, particulièrement des cailloux siliceux ; celle du calcaire vis-à-vis de l'alcool et de la chlorose dont il a été parlé ; celle de l'humus qui produit des vins âpres, se conservant mal et aptes à contracter des maladies.

La couleur elle-même est sous la dépendance du sol, et cela se comprend, étant données les relations de la couleur avec la nutrition dont il a été question à pro- pos de l'absorption en général. Les vins les plus colorés, pour un même cépage, proviennent des vignes cultivées dans les terrains les plus riches en oxyde de fer.

On a signalé ce fait que, en certaines régions comme la Côte-d'Or, on voit presque une relation directe entre la gamme colorante des vins et celle des terrains· en rouge. De même, en Champagne, les terrains les plus riches en cendres pyri- teuses sont aussi ceux qui donnent les vins les plus colorés. Et des analyses com- paratives, faites en tenant compte de l'élément fer, ont bien prouvé les relations de cette substance avec la coloration.

Au contraire les vins blancs les plus parfaits proviennent des sols les plus blancs.

L'action relative d'un sol sur les produits de la vigne française peut être modi- fiée par l'apport d'éléments nutritifs mis à sa portée. Cet apport constitue les fumures, dont le rôle est très important et sera étudié plus loin. Bornons-nous pour le moment à l'action du greffage vis-à-vis du sol.

S'il y a des modifications dans l'absorption à la suite du greffage, confor- mément aux expériences qui viennent d'être rapportées, *c'est comme si l'on chan- geait de sol* une vigne donnée ; par conséquent, l'on doit, en greffant, *modifier le cru.* Or, cette modification peut se faire en bien ou en mal, si elle est de même ordre que les autres modifications causées par le greffage ; on conçoit aussi que les variétés donnant des produits communs aient moins à perdre ou plus à gagner suivant le cas que les variétés donnant les grands crus, qui ont atteint la perfection et ne peuvent, par conséquent, que se détériorer. Quel est à ce point de vue spécial le rôle de la greffe vis-à-vis de l'action du sol?

Il est indispensable d'être renseigné sur ce point capital. En l'absence d'expé· riences précises qui n'ont pas été faites ou qui n'ont pas été publiées au moins avant 1901, on ne peut guère citer que des opinions. Parmi celles qui ont été émises, celle de M. Ravaz mérite d'être examinée tout spécialement.

(¹) VALÉRY-MAYET. — *Les insectes de la vigne.* Paris et Montpellier, 1890.

Dans son rapport au Congrès de Lyon (¹), cet auteur fait de la greffe le panégyrique suivant, qu'aurait pu signer Champin et que je soumets à l'appréciation du monde savant et des propriétaires de grands crus :

« La greffe est une opération si simple, si facile à faire — on peut très bien y employer des aveugles, — si peu coûteuse — le bas prix des greffés soudés en témoigne actuellement — si bien entrée dans les habitudes des vignerons ! Et elle présente tant d'avantages ! N'est-on pas *maître* avec elle de la fructification (²) ; ne peut-on pas *l'augmenter* ou la *diminuer* à volonté (³), *supprimer* ou *atténuer la coulure* (⁴), supprimer ou retarder, bref, *assurer la bonne maturation* des fruits et *augmenter la qualité des produits*, suppléer encore avec elle à la *richesse*, à la *fraîcheur du terrain* (⁵) et à la *culture* même (⁶) ? Et ne peut-on aussi cultiver, *avec le même succès partout*, les cépages qui autrefois exigeaient des terrains spéciaux (⁷), soit pour y prospérer, soit pour y donner de bons produits ? A ces questions, *on ne peut répondre que par l'affirmative*. C'est qu'en effet le sujet agit sur le greffon comme le *sol* sur les vignes franches de pied qu'il nourrit (⁸).

» Il suffira, pour s'en convaincre, de se rappeler que toutes les particularités, toutes les variations dans la végétation, la fructification, la qualité des produits que nous avons énumérées plus haut sont également subordonnées à la nature du sol. Un sol *maigre* diminue la végétation et *augmente* souvent la qualité ; de même un sujet faible... Un sol *fertile*, riche, accroît la végétation et *diminue* souvent la qualité ; de même un sujet vigoureux... Un sol sec expose la plante à la sécheresse, de même un sujet qui craint la sécheresse, d'où diminution de la qualité des produits ; et nous pourrions continuer le parallèle sur tous les points... Il en résulte pour les vignes greffées que *l'action du sujet s'ajoute algébriquement à celle du sol* (⁹) ; on voit comment on peut augmenter ou diminuer les effets de l'un ou de l'autre ; la pauvreté du terrain sera compensée en partie par un sujet vigoureux ; l'excès de fertilité par un sujet faible ; la sécheresse par un sujet adapté aux terrains secs ; *l'humidité en excès par un sujet craignant la sécheresse*.

» Telle variété ne peut donner de bons produits que dans les terrains frais ; c'est qu'elle craint la sécheresse. Donnons-lui des racines ou un sujet l'irriguant bien, et cette vigne greffée sera dans un terrain sec comme franche de pied dans un terrain frais, etc. *La greffe affranchit le vigneron de l'influence du sol ;* elle multiplie ses moyens d'action sur la plante ; *elle en fait le maître absolu du développement de la vigne* (¹⁰). Pourquoi la considérer comme un *pis-aller*, alors qu'elle est un progrès réel ? Revenir exclusivement aux francs de pied, c'est revenir en arrière. Conservons donc la greffe... »

A ce plaidoyer *pro domo*, que les greffeurs les plus acharnés ne pourront s'empêcher de trouver eux-mêmes exagéré et peu conforme à la réalité des faits journaliers qu'ils ont sous leurs yeux, j'ai déjà par avance répondu en partie dans les pages qui précèdent. Me réservant d'étudier plus loin en détail la question

---

(¹) RAVAZ et BOUFFARD. — *Les producteurs directs à l'École de Montpellier.* Lyon, 1901, p. 464.
(²) Affirmation contredite par les faits (voir ce qui a été dit pour les systèmes de taille).
(³) Cela ne s'accorde guère avec les constatations de l'auteur sur les *effets de la surproduction.*
(⁴) Voir plus haut ce qui a été dit pour la coulure.
(⁵) Voir l'étude précédente à propos des effets de la sécheresse et de l'humidité et plus loin pour les fumures.
(⁶) Mais alors pourquoi les façons culturales sont-elles devenues plus onéreuses avec les vignes greffées ?
(⁷) Le *Vitis vinifera* n'est donc pas ubiquiste, comme l'admettent MM. Viala et Ravaz.
(⁸) Voir plus loin les parties relatives aux fumures et à l'action du sol sur la qualité des produits dans les vignes greffées.
(⁹) Ainsi il n'y a pas à s'inquiéter de *l'adaptation* du sujet au greffon et réciproquement, bien que cette adaptation ne soit pas niable. Il est vrai que M. Ravaz a depuis prétendu qu'il n'y a pas lieu de se préoccuper de *l'affinité*, ni des changements de *résistance*. La stabilité est complète dans le vignoble, en *théorie* du moins !
(¹⁰) Voir plus loin l'étude sur la durée des vignes greffées par rapport aux francs de pied.

de la qualité et de la couleur des produits, je me bornerai pour le moment à relever quelques-unes des nombreuses inexactitudes contenues dans les affirmations si catégoriques de M. Ravaz et à poser quelques questions troublantes.

Comment cet auteur peut-il concilier son équation sur l'action du sujet s'ajoutant *algébriquement* à celle du sol, c'est-à-dire sans adaptation réciproque sous ce rapport, avec les modifications de l'adaptation à la suite du greffage, qu'ont précisément indiquées MM. Viala et Ravaz dans leur ouvrage(¹)?

Si le greffage a vraiment rendu les vignerons maîtres absolus du développement de leurs vignes, comment se fait-il qu'il y ait tant de morts et de mourants dans les vignes greffées(²) et que les remplacements soient plus fréquents que dans les mêmes vignes franches de pied? Pourquoi éprouve-t-on tant de difficultés, quand il s'agit de conduire les vignes greffées (³), ainsi qu'il a été dit précédemment?

Si le greffage permettait en outre de s'affranchir de l'influence du sol, est-ce que l'on aurait laissé la vigne émigrer du coteau dans la plaine au grand détriment de la qualité? On ne laisserait pas incultes les sols arides qui fournissaient autrefois les meilleurs vins; on ne chercherait pas encore aujourd'hui des producteurs directs en vue d'utiliser à nouveau ces terrains impropres à d'autres cultures. Il n'en serait pas ainsi si l'on pouvait vraiment suppléer par la greffe à la richesse du sol et compenser la sécheresse par un sujet adapté aux terrains secs.

Ne paraît-il pas paradoxal d'essayer de corriger l'humidité en excès dans un sol par un sujet craignant la sécheresse, c'est-à-dire adapté à un milieu humide et dont les tissus se gorgent plus facilement d'eau? Comment ce sujet, qui pompe fatalement plus que ne le fait normalement son greffon, pourra-t-il empêcher celui-ci de vivre en milieu plus humide à moins d'un bourrelet compensateur!

Comment expliquer les phénomènes de la chlorose des vignes greffées? Le vigneron, maître absolu de sa vigne, ne devrait pas les laisser se produire.

Enfin, pourquoi, en vue d'obtenir la *qualité*, ce qui était, avant le greffage, la première préoccupation du vigneron digne de ce nom, n'a-t-on pas jusqu'ici employé le *sujet faible* (⁴) dont parle M. Ravaz pour corriger l'*excès de fertilité* quand on a planté les vignes greffées dans les terres riches, où l'on se gardait bien autrefois de cultiver la vigne, vu les vins inférieurs obtenus? Pourquoi tout le monde reconnaît-il aujourd'hui la nécessité du retour à la recherche exclusive de la *qualité*, même dans le Midi, ce pays de la *quantité,* comme l'appelle M. Ravaz lui-même?

Dans les conceptions dogmatiques de M. Ravaz, il y en a une qui présente par

(¹) *Les vignes américaines*, p. 6.
(²) Chaque jour, pour ainsi dire, les faits (et j'en ai déjà cité de nombreux exemples) se chargent à cet égard d'opposer un démenti au plaidoyer de M. Ravaz. Tout récemment, M. J. Goulard constatait, dans la *Revue de viticulture* du 12 juillet dernier, que toute une série de viticulteurs de l'Armagnac ne pouvaient, malgré l'emploi des porte-greffes les plus réputés, arriver à reconstituer leurs vignes. « En résumé, dit-il, nous n'avons pas jusqu'à présent un porte-greffe qui résiste d'une façon évidente en Armagnac, et je crains bien d'être dans le vrai en disant que les vignes américaines ne peuvent pas durer avec les moyens de reconstitution employés jusqu'à ce jour. »
Craignant de voir, « après les énormes dépenses de la reconstitution, la crise viticole devenir irréparable, si l'on se trouve en présence de vignes américaines qui ne résistent pas, » ce viticulteur « demande à la science de lui venir en aide ». N'est-ce pas caractéristique? Et, cruelle ironie du sort, cela se passe non loin de la région de Cognac où M. Ravaz a pendant quelque temps dirigé la reconstitution et où son successeur M. Guillon, actuellement, est à même de mettre en pratique ses *a priori*.
(3) Voir ce qui a été dit à propos des systèmes de taille de la vigne.
(4) Au contraire, ainsi que je l'ai déjà fait remarquer, on a choisi les sujets les plus vigoureux, car jusqu'ici, pour tout le monde, la *grande vigueur* était la principale raison d'être du cep américain ou de ses hybrides. Or, on voit que, d'après M. Ravaz lui-même, *un sujet vigoureux diminue la qualité du vin* et il prétend en même temps que le *greffage augmente la qualité des produits*. Dans d'autres brochures, il admet que *le greffage n'a aucune action fâcheuse sur la composition et la qualité des vins*. Comment se reconnaître dans ce maquis de la contradiction?

ailleurs une singulière gravité économique. Si la greffe affranchissait le vigneron de l'influence classique du sol, si l'on pouvait à l'aide de sujets convenablement choisis cultiver *avec succès durable* les cépages qui exigeaient autrefois des terrains spéciaux pour y prospérer ou pour y donner de bons produits, ce serait alors le *nivellement complet des vins et des eaux-de-vie, l'extension indéfinie* de tous les crus et, par suite, la suppression définitive du monopole que certaines régions de la France tiennent de la nature de leur sol, du climat et de la variété sélectionnée depuis des siècles. Ce serait en un mot la perte de notre joyau national.

Heureusement le greffage, ainsi que le démontrent les études physiologiques comparatives ne permet point de se passer du sol. Le cépage n'est point à lui seul le facteur complet de la qualité : il faut qu'il trouve en même temps le sol [1] et le climat qui lui conviennent et auxquels il est adapté depuis des siècles, sans intermédiaires entre l'absorption (greffage) ou l'assimilation [2].

Malgré le peu de fondement de la conception que M. Ravaz a faite sienne, car elle ne date malheureusement pas d'hier, mais des *débuts* de la reconstitution, l'on n'a pas manqué de suivre, en France et à l'étranger, des conseils qui empruntent à la situation de leur auteur une sorte de consécration officielle.

Dans certaines régions à vins communs de notre vignoble, on a fait venir des greffons des bonnes variétés de la Bourgogne, de la Gironde, etc. Et ce sont les raisins de ces derniers cépages, vinifiés seuls ou en mélange, qui ont été comparés à ceux des cépages anciens francs de pied jusqu'alors cultivés dans la contrée et leur ont paru supérieurs ou au moins égaux [3]. En citant ces cas comme exemples de l'amélioration des vins par le greffage, on commet une confusion regrettable, parfois voulue et, dans ce cas, malhonnête. Il ne s'agit point d'une amélioration causée par le greffage d'un cépage donné, mais d'une amélioration par substitution, ce qui est tout différent.

Il serait bien intéressant d'avoir des documents comparatifs sur les vins de ces cépages fins, introduits par greffage depuis la reconstitution en terrains communs. Il est possible qu'ils se soient transformés plus ou moins vite sous l'influence du changement de sol et de climat et sous celle de la greffe. En Poitou, un de ces cépages de substitution ne s'est maintenu que peu de temps, et a dégénéré rapidement, si les renseignements qui m'ont été fournis par des personnes dignes de foi sont exacts, comme j'ai tout lieu de le croire.

Il est donc bien probable que l'amélioration ainsi obtenue est passagère dans la grande majorité des cas. Fût-elle durable que les greffages de substitution ne seraient pas toujours à conseiller, vu les inconvénients multiples de la greffe : changements de résistance aux maladies cryptogamiques, déséquilibres de constitution des raisins, variations de résistance des moûts et des vins vis-à-vis des agents pathogènes, diminution de la conservation des vins, abréviation de la durée des vignes, etc.

Des efforts considérables ont aussi été faits à l'étranger en vue d'acclimater les meilleures vignes françaises et de leur faire produire les vins caractéristiques de chaque cru, en choisissant le porte-greffe capable de remplacer le sol. De nouveaux venus dans la lutte pour la vie pensent ainsi cesser d'être nos tributaires et espèrent même nous concurrencer sur notre propre marché.

Cela n'est pas à craindre si, dans les régions à grands crus, l'on sait par la

---

[1] Cela s'applique aussi bien aux eaux-de-vie qu'aux vins. « On a reconnu, dit M. Mouchet, dans sa *Carte des crus d'eaux-de-vie charentaise*, que la valeur des eaux-de-vie était due surtout à la composition du sol qui les produit. »

[2] C'est ce que soutiennent depuis longtemps M. Bellot des Minières et ceux qui ont conservé les vieilles vignes françaises, si nombreux encore dans les régions des grands crus, bien qu'on cherche à faire croire la reconstitution entièrement achevée en France.

[3] Frantz Malvezin. — *Moniteur vinicole*, 1905.

culture des francs de pied conserver à chaque cru le cachet spécial qui en a fait la renommée. Mais on conçoit que cela pourrait arriver si l'on continuait à abâtardir les vins, à les dénaturer par des greffages détériorants et à les amener ainsi au rang de vins communs. Il y a là un danger national qu'il me faut signaler.

Que des viticulteurs, obligés par la nature de leur sol et de leur climat à produire éternellement des vins communs, acceptent les idées de M. Ravaz et soient comme lui désireux de *propager partout* le greffage, ce *niveleur de la qualité* comme l'a baptisé M. Couderc, cela se comprend fort bien par l'éternelle lutte de la *médiocrité* contre ce qui lui est *supérieur;* mais qu'il se trouve, dans les régions de crus dignes de ce nom, des gens qui prêchent les mêmes théories au risque de *compromettre à tout jamais le monopole* que leur a octroyé la nature, cela paraîtrait plus surprenant si l'on ne voyait clairement qu'ayant vainement cherché à réaliser le miracle d'unir la quantité et la qualité, choses inconciliables, ils en sont aujourd'hui réduits à jouer le rôle fameux, mais éternellement humain, du *renard à la queue coupée*, immortalisé par La Fontaine. On ne saurait autrement s'expliquer que certains propriétaires de grands crus, *qui ne vendent pas de bois de vignes américaines,* puissent engager leurs voisins qui ont conservé leurs vieilles vignes à les arracher pour les remplacer par des greffes. Or, ne pas vouloir reconnaître que l'on s'est trompé quand on le sait fort bien, soutenir même le contraire contre l'évidence, et essayer d'entraîner les autres dans sa débâcle, c'est, on en conviendra..., au moins de l'amour-propre mal placé !

2. *Analyse comparative des plantes greffées et franches de pied venues dans les mêmes conditions en dehors de la greffe.*

On sait combien les conditions extérieures ont une influence considérable sur la composition du contenu cellulaire tant au point de vue de la quantité que sous celui de la qualité. Les expériences de Schlœsing sur le tabac ont fait voir que les variations de la proportion des substances dans la sève brute produisent des modifications chimiquement appréciables dans les tissus des feuilles. A plus forte raison, les variations qui portent sur la nature même des substances sont plus considérables encore.

Nous venons de voir qu'il y a dans la greffe des modifications de *quantité* et de *qualité* dans la sève brute pompée par le sujet. Elles entraînent dans la nutrition du greffon des changements profonds, et les fonctions de l'appareil aérien ne s'effectuent plus de la même manière : ainsi la transpiration est modifiée, comme il a été dit plus haut; la respiration et l'assimilation subissent elles-mêmes le contre-coup des variations de l'absorption, ainsi qu'il sera démontré plus loin par l'expérience directe.

Dans ces conditions, il paraît à peu près certain que les contenus cellulaires et les tissus du greffon auront une composition chimique différente des parties correspondantes de la même plante franche de pied, et que des produits élaborés par le greffon pourront arriver dans le sujet ou inversement, de même que d'autres produits ne pourront pénétrer de l'un à l'autre.

Pour s'en rendre compte, il suffit de cultiver comparativement, toutes conditions égales d'ailleurs, les mêmes plantes greffées et non greffées, puis d'en faire simultanément l'analyse aux diverses périodes de leur végétation. On se rend ainsi compte des modifications provoquées par le greffage.

Les premières données précises sur cette question sont dues au célèbre botaniste allemand Strasburger qui, en 1884, constata le passage de l'atropine d'un

Datura greffon dans les tubercules d'une Pomme de terre sujet(¹). Cette expérience, aujourd'hui classique, a une grande importance : à elle seule, elle suffit en effet à renverser le dogme de la constance de composition des produits après greffage, dogme qui est une des bases fondamentales de la reconstitution, et il est étonnant qu'on n'y ait pas prêté plus d'attention en viticulture.

J'ai montré le premier, en 1891 (²), que toutes les substances ne se comportent pas comme l'atropine dans les greffes étudiées par Strasburger. C'est ainsi que l'inuline, en particulier, ne passe pas du sujet au greffon dans diverses chicoracées. Trois ans plus tard, Vöchting (³) constatait aussi que cette substance s'arrête au niveau du bourrelet dans les greffes d'*Helianthus tuberosus* sur *Helianthus annuus*.

Dès le début de mes recherches sur la greffe, je signalais les variations curieuses de l'amidon dans les plantes greffées, et faisais voir que cette substance s'accumule en grande quantité dans le greffon quand certains sujets en sont dépourvus(⁴). M. Leclerc du Sablon a constaté aussi, à l'analyse chimique, des variations dans les proportions de l'amidon suivant les sujets(⁵).

Tous ces faits montrent que l'activité cellulaire est modifiée par la greffe, le dépôt d'amidon étant en raison inverse de la consommation par les tissus.

Van Leersum(⁶), au point de vue pharmaceutique, a étudié les variations profondes que le greffage du *Cinchona Succirubra* sur le *Cinchona Calisaya*, var. *Ledjeriana*, amène dans la production de la cinchonine, de la cinchonidine et autres substances thérapeutiques.

Ch. Laurent(⁷), dans une série de recherches entreprises à mon laboratoire, a essayé de préciser autant que possible l'influence générale du greffage sur la composition chimique de quelques plantes greffées. Reprenant sous toutes ses formes la question de l'atropine dans les greffes ordinaires et dans les greffes mixtes, il a montré que cette matière descend du greffon dans la racine de la tomate, mais que, dans le greffon ordinaire, le sujet Belladone ne fournit pas d'atropine à la Tomate. Les résultats sont quelque peu différents avec le greffage mixte : l'atropine se constate physiquement et physiologiquement dans la Tomate feuillée portant un greffon de Belladone, et sa répartition varie suivant les parties considérées. Tout cela n'a rien d'anormal, vu la manière dont varient le mécanisme et la nature des échanges de substances sous l'influence des changements de milieu interne et externe.

La composition de plantes alimentaires par leurs feuilles, comme les choux, ou par leur graine, comme les haricots, lui ont permis de constater que la plante greffée varie non seulement au point de vue de la composition centésimale des plantes, mais encore sur la composition centésimale des cendres. Bien entendu, les greffes étudiées étaient des greffes bien réussies. Les variations augmentent tout naturellement lorsque la reprise est imparfaite.

(¹) STRASBURGER. — *Ueber Veredlungen*, etc., 1884. Dans ses expériences, cet auteur avait trouvé des traces d'atropine dans les tubercules de Pommes de terre, mais, depuis, il n'a pas parlé de la répartition de cet alcaloïde dans les diverses parties du sujet.

(²) L. DANIEL.— *Sur la greffe des parties souterraines des plantes* (C. R., 21 sept. 1891).

(3) VÖCHTING.— *Ueber die durch Pfropfen herbeigeführte Symbiose des Helianthus*, etc. (12 juillet 1894).

(⁴) L. DANIEL. — *Ibid.* et *Recherches morphologiques et physiologiques sur la greffe* (*Rev. gén. de bot.*, 1894).

(⁵) LECLERC DU SABLON. — *C. R.*, 1904.

(⁶) VAN LEERSUM. — *Over den invloed die de Cinchona succirubra onderstam en de daarop geënte Ledjeriana*, etc Batavia, 1899.

(⁷) Ch. LAURENT. — *Sur la présence de l'atropine dans les greffes de Belladone et de Tomate* (AFAS, Congrès de Cherbourg, 1905). — *Sur les variations de composition de certaines plantes alimentaires après greffage*. Rennes, 1905, etc.

Ces recherches confirment de la façon la plus nette la théorie des capacités fonctionnelles et ses applications à la greffe, ainsi qu'on peut s'en rendre compte par les tableaux suivants :

I. — Choux

Première Série.

Tableau n° 1. — Composition centésimale à l'état sec.

	TIGES *(b)*			FEUILLES TENDRES *(b)*			GROSSES FEUILLES *(b)*		
	T.	C. F.	C. S.	T.	C. F.	C. S.	T.	C. F.	C. S.
Cendres	7.75	6.75	6.80	8.38	7.40	8.33	15.20	16.10	12.53
Matières azotées.	16.90	17.81	17.65	32.44	31.25	30.66	23.94	23.21	20.51
Matières grasses.	1.26	1.32	1.17	3.55	3.77	2.82	2.81	2.79	2.96
Cellulose brute	23.50	26.14	32.78	9.14	10.15	10.44	10.16	10.44	11.91
Matières hydrocarbonées digestibles dont :	51.59	47.98	41.60	46.40	47.43	47.75	47.89	47.46	52.09
Matières saccharifiables . . .	12.61	14.20	14.84	14.20	15.49	16.46	16.37	15.87	15.49

(b) T. = témoin.
C. F. = Chou cabus sur chou-fleur.
C. S. = Chou cabus sur *Sinapis*.

Tableau n° 2. — Composition centésimale à l'état naturel.

	TIGES			FEUILLES TENDRES			GROSSES FEUILLES		
	T.	C. F.	C. S.	T.	C. F.	C. S.	T.	C. F.	C. S.
Eau	83.20	85.40	87.13	91.03	89.67	91.07	82.47	85.00	85.79
Cendres	1.33	0.90	0.87	0.75	0.76	0.74	2.66	2.41	1.78
Matières azotées.	2.84	2.60	2.27	2.91	3.23	2.73	4.20	3.48	2.91
Matières grasses.	0.21	0.19	0.15	0.32	0.39	0.25	0.49	0.42	0.42
Cellulose brute	3.78	3.83	4.23	0.82	1.05	0.93	1.78	1.57	1.69
Matières hydrocarbonées digestibles dont :	8.67	7.00	5.35	4.17	4.90	4.28	8.40	7.12	7.41
Matières saccharifiables . . .	2.12	2.03	1.91	1.26	1.60	1.47	2.87	2.38	2.16

Tableau n° 3. — Composition centésimale des cendres.

	TIGES			FEUILLES TENDRES			GROSSES FEUILLES		
	T.	C. F.	C. S.	T.	C. F.	C. S	T.	C. F.	C. S.
Potasse.	30.45	31.30	33.23	36.00	36.60	33.43	32.93	32.25	34.72
Chaux.	19.39	18.83	15.23	14.11	13.11	14.92	15.41	14.69	13.34
Magnésie.	3.20	2.90	2.10	1.70	1.40	2.20	2.30	2.30	1.50
Fer et Alumine.	1.70	1.40	1.80	1.40	1.10	1.80	1.40	1.40	1.60
Silice	14.80	15.40	12.40	8.40	8.20	10.30	12.20	12.40	9.30
Acide phosphorique. . . .	7.43	7.75	8.79	9.93	10.18	8.90	8.10	8.03	9.46
Non dosés	22.98	22.42	26.45	28.46	29.41	28.45	27.66	28.93	30.08

2ᵉ Série.

Première Catégorie

CHOU VIOLET GREFFON CHOU BLANC SUJET	CHOU VIOLET TÉMOIN			CHOU VIOLET SUR CHOU BLANC		
	Échantillon n° 1	Échantillon n° 2	Échantillon n° 3	Échantillon n° 1	Échantillon n° 2	Échantillon n° 3
Composition centésimale à l'état sec.						
Cendres.	11.56	12.62	11.51	9.48	10.14	9.14
Matières azotées	18,33	17.67	18.34	19.26	18.15	18.48
Matières grasses	1.40	1.40	1.40	1.50	1.40	1.50
Cellulose brute	11.43	12.20	11.54	12.97	13.36	13.28
Matières hydrocarbonées digestibles . . .	57.39	56.87	57.97	56.81	56.98	57.68
dont :						
Matières saccharifiables.	30.08	29.68	30.60	34.57	33.38	34.98
Composition centésimale à l'état naturel.						
Eau	92.49	91.75	91.87	94.10	92.69	93.31
Cendres.	0.81	1.00	0.93	0.56	0.74	0.61
Matières azotées	1.37	1.48	1.48	1.13	1.32	1.23
Matières grasses	0.10	0.11	0.11	0.08	0.10	0.10
Cellulose brute	0.86	1.00	0.94	0.77	0.98	0.90
Matières hydrocarbonées digestibles . . .	4.30	4.69	4.71	3.35	4.15	3.76
dont :						
Matières saccharifiables	2.25	2.44	2.48	2.03	2.44	2.34
Composition centésimale des cendres.						
Potasse	34.20	33 50	33.15	42 08	38,01	39.70
Chaux	6.33	6.54	6.43	4.84	5.24	4.73
Magnésie	3.34	3.36	3 43	3 99	3.87	4 18
Fer et Alumine	3.68	3.25	3.82	4.44	4 32	4.57
Silice	5.54	4.72	5.26	1.25	2.86	1.40
Acide phosphorique	6.82	6.35	6.71	10.34	8.18	9.64
Non dosées	41 09	42.28	41.20	33.26	37 52	35.78

2ᵉ Catégorie

CHOU BLANC GREFFON CHOU VIOLET SUJET	CHOU BLANC TÉMOIN			CHOU BLANC SUR CHOU VIOLET		
	Échantillon n° 1	Échantillon n° 2	Échantillon n° 3	Échantillon n° 1	Échantillon n° 2	Échantillon n° 3
Composition centésimale à l'état sec.						
Cendres.	11.32	11.84	11.01	9.70	10.55	» »
Matières azotées	16.80	17.55	17.23	18.57	16.87	» »
Matières grasses	1.45	1.40	1.45	1.45	1.45	» »
Cellulose brute	11.77	11.57	11.91	11.72	14.25	» »
Matières hydrocarbonées digestibles . . .	58.31	57.89	58.78	58.70	55.93	» »
dont :						
Matières saccharifiables.	31.13	30.82	31.55	31.62	35.11	» »

CHOU BLANC GREFFON CHOU VIOLET SUJET	CHOU BLANC TÉMOIN			CHOU BLANC SUR CHOU VIOLET		
	Échantillon n° 1	Échantillon n° 2	Échantillon n° 3	Échantillon n° 1	Échantillon n° 2	Échantillon n° 3
Composition centésimale à l'état naturel.						
Eau	91.25	90.67	91.65	92.08	93.65	» »
Cendres	0.99	1.10	0.92	0.70	0.67	» »
Matières azotées	1.47	1.63	1.43	1.32	1.07	» »
Matières grasses	0.12	0.13	0.11	0.10	0.09	» »
Cellulose brute	1.02	1.07	0.99	0.84	0.96	» »
Matières hydrocarbonées digestibles . . .	5.10	5 38	4.91	4.17	3.56	» »
dont :						» »
Matières saccharifiables	2.72	2.80	2.61	2.25	2.23	» »
Composition centésimale des cendres.						
Potasse	34.82	34.71	33.23	35.21	37.47	» »
Chaux	6.18	6.38	6.47	5.96	5.19	» »
Magnésie	3.12	3.21	3.32	3.41	3.94	» »
Fer et Alumine	3.66	3.71	3.76	3.80	3.92	» »
Silice	4.48	4.41	5.19	3.94	2.67	» »
Acide phosphorique	6.76	6.38	6.85	6.92	7.58	» »
Non dosés	40.98	41.20	41.18	40.76	39.23	» »

Ces divers résultats corroborent également les données de la morphologie externe ou interne et se comprennent tout naturellement vu les effets du bourrelet vis-à-vis de la conduction des sèves et ceux des différences de capacités fonctionnelles entre le sujet et le greffon, différences qui étaient plus ou moins prononcées suivant les greffes établies précisément dans le but d'étudier les effets de ces différences.

On voit que plus les différences de capacités fonctionnelles sont élevées, plus les variations de composition chimique prennent de l'importance pour certains éléments, particulièrement pour les matières hydrocarbonées. Ainsi, les choux-cabus greffés sur *Sinapis* sont plus modifiés que les mêmes choux greffés sur choux-fleurs et surtout que les choux-raves blancs greffés sur choux-raves violets. Cela s'explique parce que dans la greffe de chou sur *Sinapis*, il s'agit de la greffe d'espèces de genres différents, à capacités fonctionnelles éloignées; dans la greffe de chou-cabus sur chou-fleur, de deux races distinctes d'une même espèce, plus voisines comme capacités fonctionnelles; dans la greffe de choux-raves, de deux sous-races d'une même race, très voisines comme capacités fonctionnelles.

L'absorption relative des éléments minéraux a considérablement varié. La potasse et l'acide phosphorique sont plus abondants, pour un même poids de substance, dans les tiges et les grosses feuilles de choux greffés sur *Sinapis* quand les différences sont faibles pour les choux greffés sur chou-fleur. La chaux et la magnésie subissent de fortes variations dans divers organes et sont le plus souvent absorbées en doses moins fortes que dans le témoin.

L'analyse des haricots concerne la graine au lieu de porter sur l'appareil végétatif comme pour les choux. Il n'y a rien d'étrange à ce qu'il n'y ait pas concordance de résultats au point de vue des variations. La formation de la graine ne correspond en outre qu'à une partie du développement de l'appareil végétatif. Les matières hydrocarbonées, partie principale de la graine, ont naturellement plus varié que les matières minérales.

II. — HARICOTS

Composition comparée des graines.

COMPOSITION CENTÉSIMALE A L'ÉTAT SEC

	SOISSONS[c]		FLAGEOLETS[c]	
	T	T-F	T	T-S
Cendres.	5.02	5.66	6.15	6.43
Matières azotées.	20.89	20.27	20.49	20.74
Matières grasses	4.12	4.23	3.91	3.55
Cellulose brute	10.55	11.08	9.16	8.29
Matières hydrocarbonées digestibles.	59.42	58.76	60.28	60.99
dont :				
Matières saccharifiables.	35.59	38.59	40.57	41.87

(c) T = témoin.
T-F = témoin sur Flageolet.
T-S = témoin sur Soissons.

COMPOSITION CENTÉSIMALE A L'ÉTAT NATUREL

	SOISSONS		FLAGEOLETS	
	T	T-F	T	T-S
Eau	61.21	59.45	56.65	57.53
Cendres.	1.95	2.30	2 67	2.74
Matières azotées	8.10	8.19	8.88	8.81
Matières grasses	1.60	1.70	1.70	1.50
Cellulose brute	4.10	4 49	3.98	3.52
Matières hydrocarbonées digestibles.	23.04	23.87	26.12	25.90
dont :				
Matières saccharifiables.	14.96	15.82	17.64	17.82

COMPOSITION CENTÉSIMALE DES CENDRES

	SOISSONS		FLAGEOLETS	
	T	T-F	T	T-S
Potasse.	46.53	48.16	56.01	50.96
Chaux	4.73	5.23	4.90	5.16
Magnésie	11.19	11.54	5.49	8.46
Fer et Alumine	1.30	1.20	0.92	1.00
Acide phosphorique	24.01	24.98	29.80	25.68
Sicile.	»	»	»	»
Non dosées	12.24	8.89	2.88	8.74

Les résultats sont inverses pour les greffes de Haricots de Soissons greffés sur Noirs de Belgique et réciproquement : ce renversement des résultats est une confirmation de plus de la théorie puisqu'il s'agit de greffes correspondant à des cas inverses comme rapport des capacités fonctionnelles.

On remarquera en outre que le sens des variations n'est pas le même dans les choux greffés et les haricots greffés, au moins au sens général. Cela fait voir que si l'on ne peut nier l'existence de la variation, celle-ci doit être étudiée pour chaque série de greffes, en particulier, même si l'on fait abstraction du bourrelet en choisissant comme sujet d'études les greffes les mieux réussies.

Dans les greffes considérées, les francs de pied et les greffes ont toujours une teneur différente en éléments minéraux. Cela montre qu'*elles n'ont pas exactement les mêmes exigences* vis-à vis du sol et des fumures. Ainsi s'explique, comme il sera montré plus loin, la nécessité de fortes fumures pour certains végétaux greffés et beaucoup de changements constatés dans leur forme et leur structure.

Ces résultats de l'analyse chimique sont importants parce qu'ils confirment les résultats de l'étude morphologique et anatomique comme ceux fournis par les expériences de cultures en solutions nutritives. On peut donc affirmer que, toutes conditions égales d'ailleurs, *l'absorption des substances minérales varie après greffage;* il en résulte que la sève brute fournie à un greffon donné diffère de celle qu'il puiscrait avec ses propres racines. Il n'est pas besoin d'insister davantage sur ce point.

Dans ces conditions, la chlorophylle du greffon, recevant des matériaux différents en quantité et en qualité, ne peut fabriquer les mêmes produits; de là les variations constatées à l'analyse et au microscope.

On conçoit, en effet, que tel aliment arrivant en quantité plus forte après la greffe, devienne un *aliment de luxe* si les autres éléments ne sont pas réduits de façon à entraver le travail cellulaire. A ce cas correspond fatalement l'augmentation des dimensions du greffon. L'effet inverse se produit dans le cas d'une réduction ou d'une suppression de l'aliment.

Quand l'arrivée d'un ou de plusieurs éléments devient trop considérable et que la sève élaborée se concentre au delà de certaines limites, il est facile de saisir que le greffon manifestera des effets voisins de ceux que produit la culture en solutions nutritives concentrées.

Si, au contraire, le passage des substances essentielles est entravé, la plante greffée souffre de la disette et meurt au bout d'un temps variable avec l'intensité relative et la nature de la réduction (¹).

J'ai parlé tout à l'heure du travail cellulaire qui était fatalement modifié à la suite du greffage. Quel que soit le bien fondé apparent d'une déduction scientifique, il est toujours utile de la vérifier expérimentalement.

C'est pour cela que j'ai recherché par les méthodes habituelles les variations de la respiration, de l'assimilation chlorophyllienne et de la transpiration à la suite du greffage.

La respiration et l'assimilation chlorophyllienne ont été d'abord étudiées au moyen de l'appareil Bonnier et Mangin sur des *Plagius* et des Absinthes greffés sur *Anthemis frutescens*, par comparaison avec des francs de pied des mêmes plantes.

(¹) Ces idées ne sont que la paraphrase de ce que j'écrivais dans ma note *Sur la greffe des parties souterraines des plantes (C. R.,* 21 sept. 1891), à propos de l'inuline; je disais que « l'insuccès de beaucoup de greffes peut s'expliquer par un phénomène de nutrition insuffisante, sans qu'il soit pour cela besoin de recourir à des affinités (sexuelles) problématiques entre genres ou espèces d'un même genre ». Chose curieuse, d'après MM. Viala et Ravaz, « ce que je disais du sujet est encore plus vrai, surtout pour la vigne, du greffon. » A cette époque, ces auteurs n'étaient pas loin d'adopter mes idées sur la nutrition des plantes greffées.

Voici les résultats de ces études pour la respiration :

L'absinthe greffon a émis par centimètre carré 0cc104 d'acide carbonique pendant que le témoin en émettait pendant le même temps 0cc135 par centimètre carré.

Le *Plagius* greffon a émis 0cc135 par centimètre carré et le témoin 0cc063 seulement pendant le même temps.

Ce qu'il faut retenir de ces premiers résultats, c'est que la respiration après greffage peut être augmentée ou diminuée suivant les cas, et cela a son importance relativement à la durée des greffes et à leur état biologique.

Les données relatives à l'assimilation par centimètre carré de surface foliaire sont les suivantes :

L'absinthe greffon a décomposé à la lumière 0cc116 d'acide carbonique quand, dans le même temps, le témoin en décomposait 0cc129. Le *Plagius* greffon a décomposé 0cc168 par centimètre carré et le témoin 0cc074.

Dans les *Helianthus multiflorus* greffés sur le grand soleil, j'ai obtenu aussi des différences bien tranchées par rapport à l'assimilation comparée.

Pour un même temps, le témoin a absorbé par centimètre carré 0cc218 de CO², quand le témoin en absorbait seulement 0cc144.

Sans vouloir tirer des conclusions générales de ces premières recherches, on peut cependant dire qu'elles montrent que *l'assimilation et la respiration sont modifiées en plus ou en moins après greffage*, conclusion qui vient corroborer ce qui a été précédemment indiqué[1].

La transpiration a été mesurée sur des greffes de haricots et trouvée différente de celle des témoins[2].

Je l'ai déterminée aussi sur les greffes d'*Helianthus* dont l'assimilation vient d'être étudiée. Pour un temps égal à 47 minutes, le témoin a émis 5mmg72 d'eau quand le greffé n'a émis que 4 milligrammes par centimètre carré. Ces premières données font voir que l'assimilation et la transpiration des *Helianthus* greffés se comportent d'une façon analogue. Il semble donc que le greffage ait changé l'énergie chlorophyllienne. S'il en était ainsi dans toutes les greffes, cela serait un fait d'une grande portée.

Ces premières mesures expérimentales sur les diverses fonctions des plantes et des francs de pied permettent de saisir sur le vif les changements provoqués par les ruptures d'équilibre sur lesquelles sont basées mes expériences de greffe depuis de longues années.

Les ruptures d'équilibre déterminent des excitations, parfois morphogènes, et des accumulations différentes d'énergie dans la cellule : cela est incontesté aujourd'hui.

Pour le greffon comme pour le sujet, les ruptures d'équilibre sont suivies de variations de quantité et de qualité de divers produits. Les changements de qualité de l'odeur des fleurs de vigne dont il a été question plus haut, ainsi que les troubles de la sécrétion[3], les modifications de la saveur dont il sera question plus loin, l'apparition de certains caractères spécifiques, les variations de cou-

[1] L. DANIEL. — *Sur l'assimilation et la respiration de quelques plantes greffées* (*Revue bretonne de botanique,* juillet 1906.)

[2] L. DANIEL. — *De la transpiration dans la greffe herbacée* (C. R., 1893).

[3] L'on sait que sous l'influence d'un changement d'alimentation, les sécrétions et excrétions sont modifiées non seulement en quantité, mais en qualité. L'urine de l'homme qui mange des asperges prend une odeur spéciale ; il en est de même de l'haleine de l'homme qui boit de l'alcool. Chez les végétaux on observe des faits analogues. Avec une nourriture exclusivement albuminoïde, on a fait produire de l'ammoniaque à des champignons et de la triméthylamine à des phanérogames. A plus forte raison, il en est ainsi quand sujet et greffon réagissent l'un vis-à-vis de l'autre et essayent mutuellement de neutraliser leur activité vitale dans la lutte qui accompagne une symbiose, presque toujours antagonistique sous quelque rapport.

leur, etc., peuvent avoir leur origine dans la lutte physiologique qui s'engage entre plantes spécifiquement distinctes quant à leurs protoplasmas ou à leurs chlorophylles, quand, au lieu de vivre à l'état de complète autonomie, elles doivent végéter à l'état de symbiose plus ou moins mutualistique et antagonistique.

On conçoit alors très facilement la genèse de phénomènes fréquemment observés sans que l'on en ait donné une explication suffisante. Il a été dit déjà qu'à la suite de la greffe, comme de diverses opérations d'horticulture (décortication annulaire, blessures, etc.), la rupture d'équilibre $\frac{Cv}{Ca} \gtrless 1$ est suivie souvent d'un changement de couleur des parties vertes. Si l'on admet, avec Etard [1], que les espèces végétales possèdent chacune un iris ou fente spectrale spéciale rendant possible pour elle le travail cytologique sous le voile coloré qu'il lui faut, carottène ou autre absorbant, on conçoit que, si le travail cellulaire se trouve modifié par une arrivée de matériaux différant de l'apport normal, l'écran doit se transformer lui-même en vue d'assurer à la chlorophylle et au protoplasma la dose de lumière optima qui leur convient le mieux pour exercer leurs fonctions conformément au mode spécifique fixé par l'hérédité. De là les phénomènes de jaunissement et de rougissement, variables en intensité et en durée, suivant que la rupture d'équilibre est plus ou moins prononcée, permanente ou momentanée. On sait en effet que les plantes peuvent parfois vivre plus facilement dans les lumières rouges, jaunes ou vertes, l'expérience ayant prouvé que certaines activités protoplasmiques s'y exercent avec moins d'énergie.

Sans insister pour le moment, puisque j'y reviendrai en détail plus loin, il me faut faire remarquer encore que les changements dans l'absorption et les ruptures d'équilibre font varier les phénomènes de déclanchement et d'excitabilité qui jouent un rôle si important dans tout organisme. Cela nous amène à l'intéressante question des substances morphogènes et des excitations produisant des *changements spécifiques*, dont l'étude fera l'objet d'un chapitre spécial.

Or, parmi les éléments déterminant des excitations *directement* ou *à distance* et pouvant produire des variations spécifiques [2], figurent précisément, en même temps que les ruptures d'équilibre par manque ou surabondance en général, beaucoup d'aliments comme l'oxygène, l'azote, le potassium, etc., qui sont à la fois *nutritifs* et *excitants*. Ce sont précisément ces éléments qui subissent des variations plus ou moins prononcées après le greffage, ainsi qu'il ressort des tableaux précédents; il est donc tout naturel de voir cette opération provoquer des variations spécifiques [3]. C'est d'autant plus rationnel qu'elle entraîne, par suite des ruptures d'équilibre, des changements dans les rapports du protoplasma et de la chlorophylle, rapports considérés d'ailleurs comme *symbiotiques* à la façon de l'algue et du champignon du lichen par des auteurs qui cherchent à pénétrer les mystères de la vie sans idées préconçues [4]. On conçoit qu'il y ait encore là, dans le laboratoire vital de la plante, une nouvelle source d'excitabilités, provoquées par la greffe.

Ces éléments excitants circulent avec plus ou moins de facilité dans la plante

[1] A. ETARD. — *La biochimie et les chlorophylles*. Paris, 1906.

[2] PFEFFER. — *Loc. cit.*

[3] Non seulement le greffage provoque des ruptures d'équilibre, mais toutes les opérations d'horticulture, comme je l'ai montré dans ma *théorie des capacités fonctionnelles*. Les divers procédés de taille peuvent être rangés au nombre des traumatismes les plus actifs sous ce rapport, ainsi que les changements d'alimentation (engrais). Ce sont précisément ces ruptures artificielles d'équilibre qui m'ont permis d'obtenir pour ainsi dire à volonté diverses monstruosités dont on ignorait jusqu'ici l'origine (fasciations, floraisons anormales, torsions, accident de forme et de disposition des feuilles et des fleurs, etc.). Voir le *Jardin*, numéros des 4 et 20 septembre 1906 et le numéro 3 de la *Revue bretonne de botanique*.

[4] A. ETARD. — *Loc. cit.*

greffée suivant les propriétés particulières des membranes cellulaires ou des appareils conducteurs spéciaux du sujet et du greffon et suivant la nature du bourrelet. Mais ils circulent, et c'est là le point important. Si l'on conçoit que leur action s'exerce avec plus de facilité au niveau du bourrelet où se produit souvent la rupture maxima d'équilibre, il n'y a aucune impossibilité que l'excitation soit transportée *à distance*, lorsqu'un point d'appel normal ou accidentel concentre en un point donné un ou plusieurs d'entre eux[1].

Tous les physiologistes savent aussi que, lorsque l'excitation cesse par suppression de la cause qui l'a provoquée, la plante peut retourner à l'équilibre initial qu'elle possédait avant la variation de nutrition, mais qu'elle n'y retourne pas nécessairement. La modification des caractères spécifiques qui en résulte est alors *temporaire* ou *permanente*. Dans ce dernier cas, elle devient *héréditaire*, ce qui a une importance fondamentale en pratique.

Toutes ces données concernent la greffe en général, mais il y a tout lieu de croire qu'elles peuvent s'appliquer aussi à la vigne, si celle-ci ne fait pas une incompréhensible exception dans le règne végétal.

Malgré l'intérêt capital qui s'attache à la solution de ces questions en pratique viticole, elles ont été à peine abordées jusqu'ici à l'aide de la méthode véritablement scientifique. L'on a bien cependant fait des études sur la composition chimique de quelques vignes greffées, en particulier au point de vue des raisins et des vins. Mais la plupart de ces recherches ne tiennent pas compte du franc de pied correspondant[2]. Il semble que l'on ait eu peur de la vérité ou qu'on ait essayé de mettre sous le boisseau pour favoriser certains intérêts particuliers au détriment de l'intérêt général.

Toutefois, il faut remarquer que, depuis le Congrès de Lyon (1901), où j'indiquais dans mon rapport la *nécessité absolue* de l'étude comparative du franc de pied, on a fait, en France et à l'étranger, quelques recherches plus sérieuses; j'aurai plus loin l'occasion d'en parler et d'en tirer parti.

Mais avant d'arriver à ces questions, il me faut donner ici quelques indications sur ce qu'on peut logiquement demander à l'analyse chimique comparative de plantes ou de parties de plantes greffées.

D'après MM. Viala et Ravaz[3], *pour se rendre compte des différences d'affinité*[4], on peut étudier la composition chimique des vignes greffées. Celles qui souffrent le moins du greffage sont évidemment celles dont la composition se rapproche le plus de celle des vignes greffées. La Folle blanche greffée sur elle-même ne diffère pas à ce point de vue de la Folle blanche non greffée. Il y a plus d'azote

---

[1] M. Seyot, dans de patientes études faites à mon laboratoire, a montré que les feuilles à bois et les feuilles à fruits du cerisier diffèrent comme forme, structure et contenu, et que leurs fonctions physiologiques ne s'exercent pas de la même manière. Ces résultats sont très intéressants, parce que, en confirmant la théorie des points d'appels, ils font voir que pour l'étude comparée on ne doit pas choisir deux organes quelconques sur le corps de la plante, mais des organes exerçant le même appel. Toutes les comparaisons qui seraient faites sur des organes quelconques auraient chance d'être inexactes. Or, jusqu'ici, bien peu de travaux ont été faits en tenant compte de ces considérations essentielles dont on n'a fait cet auteur.

[2] On peut citer, parmi ces travaux intéressants à divers titres, ceux de M. Durand sur les différences de vigueur et de fructification de quelques cépages français placés sur divers porte-greffes; ceux qui ont trait à la comparaison des vins fournis par un même greffon placé sur sujets différents, etc.

[3] *Loc. cit.*

[4] Ici ces auteurs, bien qu'ils ne le spécifient pas, ont peut-être eu en vue l'*affinité végétative*, souvent très différente de l'affinité sexuelle, base principale de nos classifications actuelles. Cette distinction était cependant d'autant plus *nécessaire* que, pour la vigne comme pour toutes les plantes en général, l'on a longtemps fait la confusion entre ces deux affinités. « L'analogie entre genres voisins et espèces d'un même genre, écrivait Duchartre en 1891, porte non seulement sur la ressemblance des organes extérieurs, mais encore sur la structure intérieure et par conséquent peut amener des résultats analogues. » La fausseté de cette assimilation est aujourd'hui reconnue par tous les physiologistes; les exemples qui le prouvent sont nombreux dans la greffe des plantes herbacées comme des plantes ligneuses. Les solutions nominales nous induisent souvent en erreur, et l'affinité en est une dont on a fait et dont on fait encore en viticulture un véritable abus.

et moins d'amidon au-dessus de la soudure qu'au-dessous, comme dans les vignes franches de pied il y a plus d'azote et moins d'amidon au-dessus du collet qu'au-dessous. »

Ce sont là, pour l'amidon du moins, des résultats bien extraordinaires, en contradiction avec ce que l'on observe dans la très grande généralité des plantes greffées sur elles-mêmes qu'il m'a été donné d'examiner. Cela ne concorde pas davantage avec ce que l'on sait des effets de la décortication annulaire ([1]), à laquelle on peut comparer la greffe de ces plantes ([2]). Il semble donc bien que l'on ne doive admettre ces observations que sous toutes réserves.

« Chez les vignes greffées sur Américain pur, ajoutent-ils, c'est l'inverse qui se produit. Les franco-américains greffés ont une composition semblable à celle des vignes greffées sur elles-mêmes ou non greffées. C'est là une preuve indirecte de leur plus grande affinité pour les vignes européennes. »

MM. Viala et Ravaz n'indiquent pas la nature des analyses chimiques qui ont servi de base à semblables conclusions; ils ne disent pas davantage si les plantes comparées étaient de même âge et si elles se trouvaient dans des conditions identiques en dehors de la greffe. Pour qui sait les variations produites par les conditions de milieu, toute analyse faite sur des échantillons non rigoureusement comparables est sans valeur. Ce n'est pas trop s'avancer en demandant sur ce point de nouvelles études, faites avec toute la rigueur scientifique.

Il paraît en outre singulièrement *délicat* de préjuger l'*affinité* des vignes entre elles par le contenu en azote ou en amidon de leurs tissus. Le célèbre physiologiste Pfeffer ([3]) a bien fait ressortir le danger de semblables interprétations; après avoir étudié les relations de structure, il croit pouvoir affirmer que « le protoplaste est un *individu physiologique*, mais n'est pas un *individu chimique* », puis il ajoute : « La connaissance chimique des éléments constitutifs ne permet pas plus de comprendre l'organisme que la connaissance chimique du fer ou du charbon ne donne l'intelligence de la machine à vapeur et de la presse à imprimer... En tout cas, les expériences réelles montrent déjà pleinement que l'on commet *une faute tout à fait fondamentale* quand on regarde le protoplasma comme un individu chimique et *quand on rend ainsi un corps unique responsable de la structure ou de tout le mécanisme vital.* » Et il montre ensuite que « *il n'y a pas de liaison rigoureuse entre la parenté des plantes et la nature chimique des produits d'échange*, comme Rochleder le supposait en 1854, que les produits considérés soient plastiques ou aplastiques. »

Bien plus, « deux organes, morphologiquement équivalents, peuvent servir à des fonctions différentes ou inversement. »

Point n'est besoin d'étendre ces citations. La cause est jugée dans le sens que j'indiquais en 1900, à propos de l'affinité dans le greffage ([4]). Celle-ci, si l'on conserve ce mot en lui donnant un sens précis, est une *résultante* de conditions multiples de valeur inégale, intrinsèques ou extrinsèques, mais qui ne concordent point d'une façon absolue avec les caractères morphologiques, bases de nos

---

([1]) H. Lecomte. — *Contribution à l'étude du liber des Angiospermes.* Paris, 1889.

([2]) L. Daniel. — Notes diverses sur la décortication annulaire et *Sur la formation des thylles à la suite de la décortication annulaire et du greffage* (*Revue bretonne de botanique,* avril 1906). — La proportion relative et la répartition de l'amidon dans la plante, greffée ou non, a une importance considérable, et, comme l'a montré Kœvessi, est en relation avec l'aoûtement. Pratiquement, cette proportion est en rapport avec la facilité relative du développement ultérieur des bourgeons, etc. Dans la vigne, ces relations ont plus d'importance encore, car les corps organiques manquant presque complètement dans les vaisseaux aquifères, les divers organes ne peuvent, au printemps, se servir que des réserves accumulées dans leur voisinage pendant la végétation automnale précédente; ainsi se comprend la mort au printemps de greffons ayant souffert dans les années précédentes (voir précédemment) quand une conduction affaiblie par le bourrelet ne leur permet pas de fabriquer rapidement des matériaux plastiques suffisants.

([3]) Pfeffer. — *Physiologie végétale.* Paris, 1906.

([4]) L. Daniel. — *Conditions de réussite des greffes.* Paris, 1900.

classifications, pas plus surtout qu'avec la répartition d'un élément chimique déterminé.

Est-ce à dire pour cela qu'il faut rejeter comme sans importance l'analyse chimique des greffes? Évidemment non, car, comme le dit Pfeffer, d'une façon générale, « la connaissance chimique exacte des matériaux de construction est une condition préliminaire à tout progrès. »

Nous ne devons donc pas répudier l'analyse chimique, mais lui *demander seulement les renseignements qu'elle peut légitimement nous donner*. Faite à l'aide des méthodes actuelles, avec toute la rigueur scientifique et sans parti pris, elle permettra de se rendre compte s'il y a vraiment des modifications consécutives au greffage de la vigne dans l'arrivée des éléments nutritifs et dans les *produits* de l'élaboration cellulaire (¹). A ce titre, elle est de première importance.

C'est elle surtout qui nous renseignera plus complètement sur les variations de *qualité* des produits du greffon, qualité que nos sens nous permettent de juger parfois sans que cette appréciation, variable avec les individus, soit par cela même indiscutable; c'est elle encore qui, soit par l'étude de l'absorption qualitative, soit par l'analyse de la plante entière ou d'une de ses parties, peut nous éclairer sur l'utilité relative des fumures, leur mode d'emploi, etc.

Toutes les questions relatives aux changements de saveur ou de composition des produits de la vigne, aux fumures, etc., ne pouvaient donc pas être envisagées seulement au point de vue de la quantité des sèves, mais elles devaient l'être surtout au point de vue de la *qualité des sèves*, bien que les questions de qualité et de quantité soient en général intimement liées. C'est la raison pour laquelle elles vont être abordées seulement dans ce qui suit, et où il sera parlé de l'obligation des fumures, du remplacement des poils absorbants du sujet et de la durée des greffes par rapport aux francs de pied, puis des changements de composition des raisins et du vin.

3. *Les fumures et la durée des Vignes greffées.*

Le résultat final du mécanisme nutritif et la nature des substances qui se forment dans les tissus de la plante dépendent à la fois du mélange des substances offertes et de la nature spécifique de l'organisme.

Or, quelles sont les substances offertes à la vigne dans les conditions ordinaires de la culture? Les éléments que cette plante peut puiser dans le sol ne dépendent pas seulement de la nature du sol qui vient d'être sommairement indiquée. Ils dépendent encore des fumures variées qu'on ajoute à la terre et de la facilité d'exercice de l'aliment, c'est-à-dire des conditions climatériques, des arrosages quand ceux-ci sont possibles et de la nature spécifique du racinage en tant qu'osmose et disposition.

Si le sol a un rôle important dans la production des vins fins, à type particulier bien arrêté, comme ceux des grands crus, les fumures et les facilités relatives de l'exercice de l'aliment après la greffe doivent elles-mêmes retentir plus ou moins sur l'absorption et par suite sur la composition des produits de la vigne, c'est-à-dire sur le raisin et le vin.

On possède quelques données, bien incomplètes sans doute, mais précieuses quand même, sur le rôle spécial que jouent certains éléments tels que la potasse,

---

(¹) Évidemment, je ne parle ici que du greffage; je suppose, comme c'est le cas des analyses sur lesquelles je m'appuie, que toutes conditions sont égales d'ailleurs en dehors de cette opération et que, en particulier, la feuille a reçu les mêmes traitements dans la mesure de la pratique courante quand il s'agit de la vigne.

l'azote et l'acide phosphorique, sans parler du fer dont on a vu précédemment l'importance pour la coloration des vins.

La potasse a été considérée comme un élément essentiel de la fructification de la vigne et de la richesse des fruits. On a reconnu aujourd'hui que si l'on exagère les doses de potasse, on arrive à retarder la végétation et finalement au rabougrissement de la plante. Pour les fruits, il y a, dans ces dernières conditions, diminution de la production des grappes tout d'abord, puis rabougrissement de celles-ci, accompagné d'une augmentation d'acidité du raisin et d'une diminution du sucre produit.

M. Müntz a étudié quels sont les éléments enlevés au sol dans les divers vignobles. Il a établi ce fait important que la potasse n'a pas une aussi grande influence que l'azote sur la végétation et la production de la vigne.

Plus on donne d'azote, plus la production est considérable. Si le terrain est déjà suffisamment riche en azote, et si l'on exagère les fumures azotées, on constate que, à un moment donné, la vigne *coule* et *s'emporte à bois.*

M. Chauzit a montré que l'azote *influe sur la qualité des vins.* En exagérant les fumures azotées, on obtient des *raisins très aqueux,* pauvres en sucre et en extrait sec, mais en revanche riches en matières albuminoïdes, ce qui rend le *vin obtenu très sensible aux maladies.*

On a constaté en outre que les engrais azotés rendent les tissus de la vigne plus *tendres* et plus *gorgés d'eau* et par suite *plus sensibles aux maladies cryptogamiques.* Des expériences précises l'ont démontré pour le mildew en particulier.

L'acide phosphorique a une influence très importante aussi sur l'ensemble de la plante. *Il avance la maturité* de plusieurs jours et donne en même temps des moûts plus riches en sucre, en extrait sec, etc. Il rend aussi la peau du raisin plus résistante; il permet aux sarments de s'aoûter mieux et plus vite. Dans certains vignobles de la Bourgogne, il donne aux vins blancs une coloration jaune d'or très appréciée.

Ces données intéressent tout particulièrement celui qui cherche à expliquer rationnellement certains effets du greffage que les Américanistes s'efforcent de cacher ou d'atténuer autant que possible, mais qui, malgré leurs dénégations, sont connus aujourd'hui de tout le monde.

Qui ne se rendra compte, en effet, que, conformément à la théorie, la vigne greffée manifeste souvent, dans le cas le plus commun de la reconstitution $\frac{C'v}{Ca} < 1$, un certain nombre de phénomènes qui peuvent être attribués à l'abondance plus grande non seulement de l'eau, mais de l'azote? Tels sont : la vigueur plus grande et souvent aussi l'emportement à bois; l'augmentation de la production; l'abondance de raisins aqueux [1], donnant des vins pauvres en alcool, plus riches en matières albuminoïdes (d'après M. Couderc) et plus sensibles aux maladies; la plus faible résistance de nombreux greffons aux maladies cryptogamiques, etc.

Certains autres effets du greffage, comme l'aoûtement plus ou moins bon, l'avancement de maturité, les variations de l'intensité colorante, etc., peuvent, au moins dans certains cas, être produits par des variations tenant à l'emploi des fumures particulières et surtout à la façon dont chaque sujet pompe le mélange qui lui est offert dans le sol.

Si l'on se reporte aux expériences précédemment décrites de Daniel et Thomas et aux analyses de Ch. Laurent, on se rendra parfaitement compte de la possibilité

---

[1] M. William MESTREZAT, ingénieur chimiste, n'a-t-il pas conseillé récemment la *concentration des moûts* comme « le seul moyen que nous ayons pour lutter contre ces *dilueurs sans merci* que sont les plants américains » ? (*Feuille vinicole de la Gironde,* 15 février 1906.)

de cette interprétation. Ces expériences et ces analyses montrent nettement, pour les plantes étudiées, que les greffés absorbent des *quantités différentes* d'aliments solubles, et que la proportion de chaque substance introduite est tantôt plus grande, tantôt plus petite.

Ainsi le chou greffé sur *Sinapis* absorbe plus de potasse de fer et d'acide phosphorique que le témoin, mais moins de silice, de chaux et de magnésie. Avec les greffes de choux entre variétés d'une même race, c'est-à-dire aussi voisins que possible comme capacités fonctionnelles apparentes (vigueur relative), le franc de pied est moins exigeant que le greffé en potasse, fer, acide phosphorique, et il contient moins de chaux et de silice.

Dans les haricots, où l'analyse concernait la graine, le greffé, lorsqu'il s'agit du cas $\frac{C'v}{Ca} > 1$, demande plus d'acide phosphorique, de chaux et de magnésie, mais moins de fer que le témoin. La greffe inverse $\frac{C'v}{Ca} < 1$, donne des résultats différents : le greffé prend moins de potasse et d'acide phosphorique, mais plus de chaux, de magnésie et de fer.

En un mot, ces expériences prouvent que, dans les plantes considérées, l'exigence des greffés considérés en éléments minéraux est *différente* de celle des francs de pied [1]. Pour beaucoup d'éléments importants comme la potasse, l'acide phosphorique, etc., elle est *plus grande* que celle des témoins. De là, l'obligation de plus fortes fumures pour beaucoup de greffes.

Les résultats qui viennent d'être analysés sont en complète contradiction avec les affirmations de M. Ravaz dans son rapport au Congrès de Rome [2], quand il a prétendu, à propos de « l'*affaiblissement* qui est dû si l'on veut aux différences d'affinité qui existent entre les plantes greffées... », que « dans la *pratique*, on n'a pas constaté que des variétés d'espèces différentes, mais de même *puissance* [3], placées dans une terre leur convenant également, aient été très inégalement influencées par la greffe. »

« Quant aux franco-américains, ajoute-t-il, ils ont en effet, greffés, une constitution, une composition de tissus qui se rapprochent beaucoup de celles des vignes franches de pied. Mais cette analogie ne se traduit pas par une diminution appréciable de l'affaiblissement. Un Rupestris et un Vinifera-Rupestris de *même vigueur* [4] ne diffèrent pas sensiblement dans leur développement après la greffe, si l'un et l'autre sont dans un sol qui leur convienne également.

» Si donc les valeurs de l'affaiblissement ne sont pas nulles, elles sont, dans la pratique, *sensiblement égales* pour toutes les vignes et, par suite, *il n'y a pas lieu de se préoccuper des questions d'affinité.* »

En écrivant cette condamnation de toute une série d'efforts faits dans « *la voie de l'affinité* », suivant l'expression d'un autre écrivain viticole, M. Ravaz ne s'est sans doute plus souvenu qu'il existait un « *champ de l'affinité* » à l'École d'agriculture de Montpellier ; que, en collaboration avec M. Viala [5], il a donné un classement des sujets d'après leur affinité avec les vignes européennes et qu'il a, dans le même

---

[1] Les variations dans l'absorption de la chaux après le greffage permettent de comprendre les modifications de résistance à la chlorose constatée avec certains sujets, quand cette chlorose est causée par le carbonate de chaux.

[2] RAVAZ, *Les effets de la greffe.* Montpellier, 1903.

[3] Il est impossible de trouver des variétés d'espèces différentes ayant la même puissance végétative, et cela se comprend tout naturellement, comme l'a fait si bien voir Pfeffer.

[4] Il ne faut pas confondre *vigueur* et *capacités fonctionnelles* comme le fait ici l'auteur, bien que j'eusse depuis longtemps mis en garde contre cette assimilation fausse. Nous verrons qu'il a maintes fois ainsi fait des confusions ou dénaturé mes travaux.

[5] VIALA et RAVAZ, *Les vignes américaines*, p. 294.

ouvrage, publié des tableaux établis par M. Durand, professeur à l'Ecole de Mont-pellier, où les chiffres concernant les différences de végétation correspondent à la triple influence « du sol, de l'*affinité* et du phylloxéra... »

Au Congrès de l'hybridation, tenu à Lyon en novembre 1901, le même auteur ne disait-il pas aussi qu'*un excès d'affinité pouvait être nuisible!*

Quelle que soit la vraie de toutes ces opinions successives, on peut conclure que si la vigne greffée ne change pas, comme le prétend M. Ravaz, les opinions de celui-ci varient au contraire avec une grande facilité.

Le greffage modifie si bien l'absorption de la vigne française, même avec des fumures, qu'il provoque des variations considérables dans la production et la durée des vignes suivant les capacités fonctionnelles des sujets employés. Il en est de même pour le vin et les raisins.

Les variations de production, dont il a déjà été parlé au cours de cet ouvrage, sont connues de tous, et chacun sait que certains sujets ont fait porter à leurs greffons des grappes si nombreuses et de telles dimensions, que l'on comprend l'engouement des viticulteurs, hypnotisés par ce résultat comme le furent autrefois les Hébreux à la vue des raisins rapportés de la Terre promise par leurs émissaires.

Pour en donner une idée précise, je vais reproduire ici deux tableaux, dus à M. Durand, et qui sont relatifs à la production comparée, pour une période de onze années, de deux cépages français, l'Aramon et la Carignane, greffés sur divers sujets américains au champ d'expériences de Las Sorres. Ces tableaux, outre qu'ils sont très instructifs, n'ont pas été établis pour les besoins de ma cause et ils n'en sont par conséquent que plus probants (1).

GREFFES D'ARAMON

Faites à Las Sorres en 1880 sur divers cépages américains plantés en 1879.

NOMS DES SUJETS	POIDS MOYEN DES RAISINS D'UNE GREFFE D'ARAMON											
	1884 (5 ans)	1885 (6 ans)	1886 (7 ans)	1887 (8 ans)	1888 (9 ans)	1889 (10 ans)	1890 (11 ans)	1891 (12 ans)	1892 (13 ans)	1893 (14 ans)	1894 (15 ans)	1895 (16 ans)
	Kilos	Kilos	Kilos	Kilos	Kilos	Kilos	Kilos	Kilos	Kilos	Kilos	Kilos	Kilos
Riparia Bazille . .	3,124	2,312	1,580	1,133	3,750	6,200	3,625	3,300	4,500	5,800	4,250	4,000
Riparia de Las Sorres.	6,546	5,060	3,013	2,120	8,066	12,000	10,270	5,600	8,400	8,900	7,000	6,100
Riparia des Pallières .	4,525	3,366	4,300	2,525	7,250	12,000	10,000	5,000	7,600	9,750	6,500	6,100
Clinton-Vialla. . .	1,403	1,240	0,950	0,863	2,000	6,500	5,000	2,650	3,500	4,100	3,500	2,900
Franklin	3,366	2,116	1,000	0,920	2,330	7,500	6,800	3,500	3,800	5,800	5,000	3,500
Solonis.	6,635	4,672	3,046	1,800	6,350	8,300	10,550	4,350	7,050	9,200	6,700	4,700
Berlandieri	4,450	3,750	3,400	3,500	6,000	17,000	11,500	7,500	9,750	11,500	8,500	9,500
York-Madeira. . .	5,272	2,627	1,435	1,536	5,000	5,500	4,820	2,300	3,600	3,700	2,600	2,200
Clinton.	3,073	1,589	1,113	0,780	4,300	7,000	6,300	3,000	4,300	5,700	4,600	2,700
Taylor	4,416	1,016	2,124	0,987	5,910	6,500	7,250	3,750	5,300	8,100	5,300	3,300
Elvira	2,075	0,162	0,643	0,575	3,875	5,000	3,125	1,500	2,500	3,750	2,400	1,300
Alvey.	2,100	0,862	1,212	0,712	4,850	7,100	4,000	1,800	3,000	6,700	4,400	2,200
Black-July	2,037	0,749	0,980	0,837	3,375	7,000	6,750	2,800	3,250	5,800	4,300	2,200
Rulander.	0,740	0,445	0,437	0,318	1,710	2,500	2,850	1,400	1,700	2,850	»	»
Cunningham . . .	3,180	2,663	2,410	1,300	5,000	9,200	10,770	5,200	6,000	9,000	5,500	5,400
Jacquez.	3,314	2,753	2,615	1,723	6,000	7,000	5,770	4,350	4,800	6,250	4,800	3,600

(1) Il est toutefois bien regrettable que les comparaisons si intéressantes fournies par eux soient limitées aux diverses greffes et n'aient pas porté sur les francs de pied de même âge et de même nature, en éliminant, comme il a été dit plus haut, les causes d'erreur provoquées par les différences d'attaques du phylloxéra sur les plants français et sur les pieds américains.

GREFFES DE CARIGNANE

Faites à Las Sorres en 1880 sur divers cépages américains plantés en 1879.

NOMS DES SUJETS	POIDS MOYEN DES RAISINS D'UNE GREFFE DE CARIGNANE											
	1884 (5 ans)	1885 (6 ans)	1886 (7 ans)	1887 (8 ans)	1888 (9 ans)	1889 (10 ans)	1890 (11 ans)	1891 (12 ans)	1892 (13 ans)	1893 (14 ans)	1894 (15 ans)	1895 (16 ans)
	Kilos	Kilos	Kilos	Kilos	Kilos	Kilos	Kilos	Kilos	Kilos	Kilos	Kilos	Kilos
Riparia Bazille . .	0,833	0,905	0,770	1,220	3,000	4,400	3,600	3,600	4,000	6,000	3,650	3,000
Riparia de Las Sorres.	5,108	1,220	1,819	2,612	8,272	7,100	9,635	5,650	6,800	7,800	6,400	4,400
Riparia des Pallières .	4,600	1,600	2,800	3,666	7,666	6,666	13,660	5,000	6,600	9,300	7,000	6,000
Clinton-Vialla. . .	0,950	0,245	0,312	0,875	3,750	2,750	6,625	3,750	3,250	4,700	4,100	3,000
Franklin	1,162	1,050	0,400	0,275	3,500	3,100	3,000	3,375	3,000	4,600	2,300	1,300
Solonis.	3,480	1,789	3,256	2,399	6,700	3,700	9,700	4,300	5,800	8,200	6,200	3,600
Berlandieri	7,000	4,000	4,500	6,000	10,000	8,000	13,000	6,000	11,000	10,500	7,001	7,000
York-Madeira . . .	3,389	1,078	2,063	2,105	1,200	4,700	5,200	2,800	3,775	3,400	2,800	2,200
Clinton	2,139	0,729	0,538	0,550	0,010	4,500	7,330	3,200	4,000	4,800	4,100	2,200
Taylor	2,090	0,900	0,976	1,100	4,250	6,500	7,000	3,540	5,100	7,000	5,300	3,000
Elvira	0,925	0,627	0,306	0,412	3,750	3,750	3,430	2,130	2,500	3,700	2,800	1,500
Alvey.	1,900	1,143	0,636	1,200	4,500	3,750	4,875	2,900	2,700	5,500	4,700	2,450
Black-July	1,933	0,400	0,725	0,566	3,000	5,800	3,200	3,100	1,100	5,000	4,600	1,750
Rulander. . . .	0,616	0,532	0,410	0,106	3,200	1,550	1,625	2,200	2,400	2,000	»	»
Cunningham . . .	1,926	0,985	0,363	0,900	2,354	4,550	5,190	4,720	4,600	7,200	4,450	2,700
Jacquez.	2,033	1,075	1,616	1,866	4,000	5,450	5,725	4,000	5,500	3,800	4,450	2,100

De l'examen de ces tableaux ressortent des indications précieuses, qui viennent à l'appui de ce qui a été dit précédemment.

La production varie d'une façon considérable suivant le sujet employé puisqu'elle peut être triple au moins dans certains cas. Voilà donc nettement établie la *surproduction* causée par le greffage, car, bien que M. Durand ne le dise pas, les Aramons et les Carignanes étudiés ont dû être conduits de la même manière et cultivés comparativement. D'ailleurs MM. Viala et Ravaz donnent ces différences comme le résultat de la greffe. En incriminant la surproduction comme cause unique de *dépérissement* des vignes, M. Ravaz condamne le greffage du même coup, bien qu'il s'efforce une fois de plus de le mettre hors de cause [1], en chargeant un nouveau bouc émissaire.

Cette production est différente suivant les années, ce qui est bien naturel puisque les conditions extérieures ne sont pas les mêmes; mais l'on peut remarquer que, tout en restant en relation avec les conditions climatériques, elle n'est point rigoureusement proportionnelle à la capacité fonctionnelle du sujet employé. Pour expliquer ces différences, on peut non seulement, comme on l'a fait, invoquer l'attaque différente du phylloxéra, mais surtout le bourrelet, auquel on n'a pas pensé, malgré l'importance de cet obstacle.

On peut voir, en outre, dans ces tableaux, un autre résultat important quant à

---

[1] La surproduction n'est qu'un phénomène accompagnant souvent la cause du vieillissement prématuré, qui est, en l'espèce, la greffe. S'il était vraiment besoin de le prouver, il suffirait de comparer la production et la vigueur relative des greffes. Mais parce que la surproduction n'est pas la cause initiale de la mort des vignes greffées, mais bien le bourrelet consécutif au greffage, elle n'a rien parfois à voir avec la mort de jeunes vignes greffées. Il en est ainsi dans les cas rapportés par M. Sahut et M. Pacottet. Tout récemment, M. Jallabert a cité des vignes greffées *mourant sans avoir produit!* Voilà comment les faits se chargent de démolir les *dogmes*.

la valeur économique des greffes et à leur durée. La production, qui croît rapidement, arrive à un maximum vers la dixième ou onzième année et décroît ensuite.
C'est aussi ce qu'a remarqué M. Pineau sur les Cabernet-Sauvignon, et cela
explique les différences existant entre la durée comparée des vignes greffées et
des francs de pied, la vigueur et la durée étant inverses de la production d'une
façon générale.

L'augmentation de la production est précédée d'une vigueur plus considérable
aux débuts de la greffe. C'est dû, selon toute probabilité, à une arrivée plus
grande d'eau et d'azote dans le greffon, grâce à ce que le sujet est plus apte que
le greffon à puiser cet élément dans le sol. Mais le sol s'épuise plus vite et il
faut alors *fumer énergiquement,* ce qui est un fait connu de tout le monde.

Certains sujets sont à cet égard plus exigeants que d'autres ; M. Jallabert ([1]) a
signalé les grosses exigences des greffes sur Riparia et il me serait facile de donner
ici d'autres exemples puisés dans la littérature viticole.

Par le fait d'une surabondance d'eau et d'azote arrivant au greffon, on
s'explique alors tout naturellement la vigueur des greffes au début, leur surproduction à un moment donné, puis leur épuisement rapide. De même, on comprend la pousse à bois entraînant au début de la greffe la coulure dans les
Rupestris, l'aoûtement insuffisant des bois, la faible production des greffes sur
Rupestris les premières années, le changement de qualité des vins et les variations de résistance aux maladies cryptogamiques.

D'autre part, l'épuisement plus rapide du sol entraînant la nécessité des fumures, on voit aussi que la reconstitution a mis le vigneron dans l'obligation de se
servir des engrais à des doses exagérées et l'on a poussé officiellement à la *culture
intensive.*

Tout le monde sait que l'on se gardait autrefois d'employer les fumures inten-
sives qui ont une influence très prononcée sur la qualité des vins ; M. Grandeau
l'a fait remarquer ([2]), ainsi que de nombreux écrivains viticoles. M. Couderc a
écrit ces lignes bien caractéristiques :

« Les trop fortes fumures altèrent la qualité du vin ; on s'en abstenait soigneusement autrefois dans les vignobles de quelque mérite. Les Américains et Américo-
Américains ne peuvent s'en passer sous peine de *dépérissement rapide.* »

Non contents d'augmenter la quantité par des fumures exagérées, les greffeurs
ont usé et abusé de la taille longue, dont M. Sahut avait si justement montré
l'influence néfaste sur la vie de la vigne et sur ses produits.

M. Müntz, dans des études qui ont fait passablement de bruit parce qu'elles
gênaient certains intérêts, a fait, *expérimentalement,* le procès des fumures inten-
sives et de la taille longue et montré l'influence néfaste de ces procédés sur la
qualité des vins ([3]). Il n'a pas craint de leur attribuer une grande part de responsabilité dans la crise viticole. M. Müntz n'est pas allé jusqu'au bout dans la
recherche des responsabilités. Ce qui a amené la culture intensive et la taille
longue, c'est le greffage, comme il a été démontré dans ce qui précède. Par conséquent, en faisant le procès de la culture intensive, ou de la taille longue, tout
comme de la surproduction, on attaque du même coup la reconstitution par
greffage, telle qu'elle a été pratiquée avec l'approbation officielle de beaucoup de
gens qui eussent dû réagir contre l'engouement général.

([1]) JALLABERT, *loc. cit.* — Ces variations s'expliquent fort bien par le fait que les vignes américaines sont
adaptées à des exigences toutes différentes des vignes françaises. Elles épuisent le sol en surface et non en
profondeur.
([2]) GRANDEAU, *Fumure des champs et des jardins,* p. 142.
([3]) MÜNTZ, *Étude sur les vignobles à hauts rendements du Midi de la France* (C. R., 1902). — « Si la culture
intensive, dit-il, a été capable de donner une récolte plus abondante, elle a profondément, par contre, altéré
la nature du vin. » — Voir plus loin l'étude relative à la qualité des vins.

Les tableaux de M. Durand montrent encore un fait intéressant : c'est que la production diminuant au fur et à mesure qu'augmente l'épuisement de la plante[1], certains sujets sont morts sans doute vers la quinzième année de greffe, la production étant à ce moment indiquée dans les tableaux par des guillemets. L'on saisit ainsi sur le vif l'*abréviation de la durée des vignes greffées*. Or cette question de la diminution de la durée des vignes greffées est d'une importance capitale en viticulture ; l'on conçoit fort bien qu'on ait cherché à la cacher par la raison que cela entraîne des reconstitutions nouvelles et démontre, en outre, le peu de fondement de l'espoir qu'ont les greffeurs, s'il fallait s'en rapporter à leurs affirmations dont ils connaissent bien la fausseté, de voir le vin de leurs vignes greffées *s'améliorer avec l'âge*, comme cela se passe avec les francs de pied.

Il m'est facile de corroborer ces vérités en citant des passages très suggestifs de divers ouvrages.

« A coup sûr, a dit M. Prosper Gervais[2], la longévité de nos nouveaux vignobles ne saurait atteindre celle de nos anciennes vignes franches de pied. Nos enfants ne verront plus nos vignes centenaires d'autrefois ; il est fatal que la *sensibilité* de nos nouvelles vignes greffées en entraînera le *dépérissement relativement rapide.* »

« Une vigne greffée, a écrit M. Guillon[3], est une vigne qui *vieillit plus vite.* »

« La reconstitution par le greffage sur Américains résistant au phylloxéra, dit M. Bérard[4], avait pour elle vingt-cinq ans d'expérience pratique et de réussite, que son extension rapide démontrait comme *commercialement* rémunératrice. Et c'est à ce moment cependant que d'aucuns, *et non des moins autorisés*, semblait-il, annonçaient la disparition plus ou moins prochaine des reconstitutions ainsi entreprises, ne leur assignant, même sur les porte-greffes réputés les meilleurs, qu'une *durée pratique limitée* et prévoyant leur renouvellement périodique. »

M. Couderc a signalé un des premiers la durée plus courte de beaucoup de vignes greffées et montré que celles-ci passent sans transition de la jeunesse à la décrépitude ; M. Gouy a décrit les conséquences de l'abus du Riparia[5] à ce même point de vue. M. Roy-Chevrier a constaté combien durent peu les greffes sur York-Madeira, etc., etc.

D'après des observations recueillies sur des vignes de Tarn-et-Garonne par le capitaine Marty, qui a bien voulu m'en faire part, les vignes greffées ont une grande vigueur, mais *inégale*[6], jusqu'à 7 et 8 ans. De 8 à 12 ans, beaucoup de pieds dépérissent et meurent et avec la quinzième année commence la décrépitude.

L'expérience pratique a donc résolu la question aujourd'hui et tout le monde sait à quoi s'en tenir à cet égard.

Cependant M. Ravaz[7] a émis récemment sur la durée des vignes greffées des idées en opposition complète avec les faits précédents.

« Il nous est facile, dit-il, de *préjuger* la durée des vignes greffées. Les faits nous montrent déjà qu'elle peut excéder trente ans, car il existe des vignes greffées depuis plus de trente ans et qui sont encore bien développées[8]. Je vais montrer qu'elle peut être *illimitée.* »

Ainsi, pour M. Ravaz, la vigne greffée peut être *immortelle* puisque sa durée

---

[1] Conformément aux principes bien connus des horticulteurs.
[2] P. Gervais, *in* Jallabert, *loc. cit.*
[3] Guillon, *Influence des porte-greffes sur la qualité des vins* (*Revue de viticulture*, 1905).
[4] P. Bérard, *Au pays des producteurs directs* (*Revue de viticulture*, 1905).
[5] Voir la *Revue des hybrides* dans laquelle on a signalé de nombreux cas de dépérissement, et mis le doigt sur les plaies de la reconstitution avec un rare courage.
[6] Inégalité due aux bourrelets différents.
[7] Ravaz, *Les effets de la greffe*, p. 26.
[8] Cela ne prouve nullement que les ceps greffés atteindront l'âge des francs de pied, et pourtant M. Ravaz cite les cas les plus favorables à sa manière de voir, puisque ce sont des exceptions.

peut être illimitée. Si cela était exact, ce serait aussi merveilleux que de la voir prendre le *développement infini* que lui a déjà prêté l'auteur méridional.

« Une vigne franche de pied n'atteint son complet développement qu'après 3, 4, 5 années.., suivant qu'elle occupe un espace plus ou moins étendu de terrain ; puis sa végétation reste sensiblement constante pendant quelques années, puis elle décline. L'affaiblissement est dû à l'épuisement de la plante par les récoltes et aux plaies de taille. »

Et M. Ravaz essaie de montrer que « les vignes greffées se développent sensiblement de la même manière. Et, ajoute-t-il, nous en concluons que la durée des vignes greffées, comme celle des vignes franches de pied, est liée à la qualité du terrain.

« Mais comment agit le sol sur la végétation ? Il agit par la quantité de matières nutritives : azote, acide phosphorique, potasse, chaux, eau, air, qu'il met à la disposition de la plante. Et cette somme des matières fertilisantes, nous pouvons la modifier par des apports d'engrais, par la culture. C'est ainsi (¹) que nous combattons l'affaiblissement des vignes franches de pied (les fumures, les labours, les arrosages, etc., n'ont pas d'autre raison d'être) et que nous maintenons constante ou sensiblement constante leur végétation. Si la somme des substances fertilisantes apportées est suffisante, non seulement l'affaiblissement consécutif à la taille, à la production, est annulé, mais elle peut encore se traduire par une augmentation de la végétation ; la souche au lieu de faiblir devient de plus en plus forte et *sa puissance est illimitée*. Il en est de même *pour n'importe quelle vigne greffée.*

« La durée des vignes greffées est donc subordonnée aux soins de culture, aux fumures que nous leur donnerons ; *elle sera en somme ce que nous voudrons qu'elle soit* (²) ; nous la prolongerons d'autant plus facilement que le sujet sera plus vigoureux et mieux nourri par le sol. »

Après une telle affirmation, on reste stupéfait qu'il y ait des manquants nombreux dans les vignes greffées, que des vignes greffées se chlorosent, que d'autres puissent fléchir greffées sur Riparia ou autres sujets, qu'on soit obligé de reconstituer à des périodes rapprochées, enfin qu'il y ait encore des vignes mortes ou mourantes comme celles que l'auteur a visitées officiellement en Tunisie sans cependant les ressusciter ou les guérir.

Sans doute, à l'imitation de Fontenelle (³), il a jalousement gardé pour lui le secret de sa formule et c'est ce qui explique peut-être l'impuissance de M. Goulard et de ses voisins, dans l'Armagnac, à reconstituer leurs vignes, comme il a été dit précédemment, et les faits suivants que M. Jallabert (⁴) a signalés dans l'Aude, non loin de Montpellier.

« En terrain siliceux et profond, dit cet écrivain, je suis satisfait de mes greffes d'Aramon sur Rupestris-Martin et R. de Forworth. Leur production est bonne et elles ne laissent rien à désirer au point de vue de la vigueur, tandis que leurs voisines (Aramon sur Riparia Gloire) *fléchissent* de plus en plus, *malgré d'énergiques fumures et des soins tout particuliers.* »

Il est même à croire que M. Ravaz n'a pas non plus essayé sa formule dans le champ d'expériences de l'École d'agriculture de Montpellier, car récemment un écrivain viticole qualifiait humoristiquement ce terrain de *cimetière des vignes!*

Dans le vieillissement prématuré des vignes greffées, intervient une cause

---

(¹) Et dire que le même auteur a recommandé récemment l'inculture pour la vigne ! Il n'en est pas à une contradiction près.
(²) Cette phrase est soulignée par l'auteur lui-même pour en accentuer encore la portée.
(³) L'on sait que Fontenelle disait : « Si j'avais la main pleine de vérités, je me garderais bien de l'ouvrir. »
(⁴) Jallabert, *loc. cit.*

d'affaiblissement dont on n'a pas voulu tenir compte et sur laquelle j'ai depuis longtemps appelé l'attention le premier : c'est le bourrelet dont l'action sur la végétation des greffes est *nulle* d'après MM. Viala et Ravaz. Il faut dire que M. Ravaz[1] ne professe plus aujourd'hui la même opinion. Il appelle le bourrelet un *barrage* et il a même essayé d'en mesurer les effets. Il veut bien, avec moi, admettre aujourd'hui qu'il varie avec chaque plante greffée et avec l'âge de la greffe. L'affaiblissement qu'il produit « peut[2], dit-il, être *augmenté, diminué* ou *égalé à zéro* par un sujet bon conducteur ou par un greffon peu exigeant en eau. »

Le bourrelet étant *indépendant de la volonté de l'opérateur*, comme je l'ai démon-tré[3], il est impossible au viticulteur d'en prévoir et d'en régler les effets pour des greffes données ; cela a été prouvé dans les pages précédentes et je n'ai pas à y revenir.

Mais il y a un autre effet du bourrelet dont il n'a pas encore été question jusqu'ici, malgré son importance vis-à-vis de la végétation et de la durée des plantes greffées : c'est la difficulté plus grande qu'éprouve, à cause de lui, le sujet à remplacer ses poils absorbants aux dépens de la sève élaborée par un greffon moins vigoureux, souffrant plus de la sécheresse dans les périodes sèches, et four-nissant plus lentement la sève élaborée aux racines, vu que cette sève passe plus lentement au travers du bourrelet.

Les poils absorbants se remplaçant avec moins de facilité, la racine va en fonctionnant de plus en plus difficilement, et cet état retentit sur la symbiose tout entière, qui ne tarde pas à dépérir.

Je n'ai pas examiné les vignes à ce point de vue particulier. Mais j'ai maintes fois constaté le fait sur des greffes herbacées. L'influence du greffon et du bour-relet sur le racinage du sujet est profonde. En prenant des tomates provenant d'un même semis et en greffant sur elles des plantes de capacités fonctionnelles différentes, on voit les sujets prendre des dimensions très différentes et la pro-duction des poils absorbants est considérablement influencée. On peut plus facile-ment encore suivre ces phénomènes sur les greffes entre plantes élevées en solu-tions nutritives, comme dans les haricots par exemple. Il y a tout lieu de croire qu'une pareille influence s'exerce dans la vigne greffée.

4. *La greffe et la qualité des vins.*

Me voici arrivé à la partie la plus délicate de mon travail. La qualité des vins des vignes greffées, comme la femme de César, ne doit pas être soupçonnée.

Il y a, sous ce rapport, un *mot d'ordre* que chacun doit observer. Malheur, trois fois malheur à celui qui ose s'y soustraire ! Ce mot d'ordre est exprimé d'une façon discrète dans l'ouvrage de MM. Viala et Ravaz[4] ; bien que le passage soit un peu long, il est nécessaire de le citer en entier, car il est bien typique.

En examinant les procédés de culture des vignes greffées, ces auteurs s'expri-ment ainsi :

« Nous croyons devoir examiner cette question ici[5] plutôt qu'avec le greffage, *car elle est pour nous d'ordre secondaire à ce point de vue.*

---

[1] RAVAZ, *Les effets de la greffe*, p. 22.
[2] Comme pour les fumures qui assurent l'immortalité à la vigne, l'auteur a négligé d'indiquer la for-mule précise qui permet ainsi d'annuler les effets du bourrelet et de citer des faits à l'appui de sa nouvelle façon de voir.
[3] L. DANIEL, *C. R.*, etc.
[4] *Les vignes américaines*, p. 278.
[5] C'est-à-dire à l'article *Culture !*

» Au début de la reconstitution par les vignes américaines, l'on a émis des idées bizarres sur l'influence qu'aurait le greffage de variétés américaines en vignes françaises. L'on soutenait, par exemple, que les variétés rouges ne pourraient pas être greffées sur les variétés à fruits blancs (cas du Taylor) et surtout que les greffons français mis sur *Labrusca, Candicans, Riparia*, etc., donneraient des vins à goût foxé, acerbe ou âcre. Les nombreuses données contraires que l'on possédait sur cette question, tant en arboriculture qu'en agriculture, auraient dû infirmer cette opinion ; les faits en ont démontré l'erreur.

» Il est admis, *sans conteste aujourd'hui* [1], que les vins communs produits par les vignes greffées *sont non seulement de qualité égale*, mais de *qualité sensiblement supérieure* (au point de vue alcoolique surtout) aux vins des mêmes cépages non greffés. Cette supériorité est due, dans la plupart des cas, et nous en verrons plus loin la raison, à une maturité plus précoce.

» Mais cette influence du greffage est discutée encore, quoique rarement, pour les vins de grands crus. L'on doute parfois que les vignes greffées donnent, dans les régions à grands vins, des qualités aussi parfaites que celles que l'on obtient ou que l'on obtenait avant la reconstitution par les porte-greffes résistants. Quelques personnes pensent, par exemple, que les vignes greffées exigent des *fumures exagérées*, que par suite la *quantité de production est augmentée* par ce fait et *la qualité indirectement diminuée*. Nous avons dit à plusieurs reprises, et le fait est bien acquis, que certaines vignes américaines ne sont pas *sensiblement plus exigeantes*, au point de vue de la fertilité que les vignes françaises [2]. En outre, il est bien démontré aujourd'hui, par les nombreuses comparaisons qui ont été faites dans les vignobles à grands vins (Bourgogne, Beaujolais, Médoc) que la *qualité* est *égale*, sinon *supérieure*, avec les vignes greffées, à celle des vins des cépages francs de pied [3]. Il est évident que pour tirer une déduction sérieuse des comparaisons, il faut tenir compte du fait que les vieilles vignes donnent des vins de qualité supérieure aux cépages jeunes [4]. Une conclusion de ce genre n'a de valeur qu'autant qu'elle résulte de la comparaison de vins provenant de vignes d'âge égal, constituées avec le même cépage, dans le même terrain et soumises aux mêmes procédés de culture.

» On sait, et c'est là un fait classique, que le greffage améliore généralement la qualité ; les variétés de poirier, de pêcher, de pommier, etc., greffés, donnent des fruits plus savoureux, plus sucrés, que lorsque ces arbres sont francs de pied [5]. Les vignes greffées *ne peuvent pas faire exception à la règle* presque générale pour les autres plantes [6]. Dans le Beaujolais, les vignes greffées depuis huit, dix et douze ans donnent, à âge égal, des vins de qualité égale et supérieure à ceux que l'on obtenait avant l'invasion phylloxérique. Dans le Blayais, les comparaisons ont été faites avec beaucoup de soin pour les vins de vignes greffées depuis huit à dix ans ; les vins produits sont de haute qualité et ne le cèdent en rien aux vins obtenus précédemment. De même dans *quelques* vignobles à grands crus du Haut et du

[1] Voir plus loin ce qu'il y a de vrai dans cette affirmation (analyses de vins d'hybrides par exemple).

[2] Ceci est en contradiction formelle avec la pratique courante et l'opinion de nombreux écrivains viticoles comme Couderc, ainsi qu'il a été dit précédemment.

[3] Ainsi pas de détérioration possible : il n'y a que des greffages améliorants, mais pas de greffages détériorants !

[4] Comme il a été montré par la pratique, le greffage *vieillit prématurément la vigne*. Par conséquent rien n'est plus faux, à ce point de vue spécial, que de vouloir assimiler la vigne greffée, qui pendant quelques années seulement reste jeune et passe brusquement à la décrépitude après une surproduction courte, à la vigne franche de pied qui, après une jeunesse longue, devient adulte, produit fort longtemps et n'arrive que fort tard à la décrépitude. Il en résulte que les vignes greffées donneraient de suite les qualités maxima parce que leur durée est courte, s'il n'intervenait par ailleurs aucune cause de détérioration. (Voir plus loin.)

[5] Il a déjà été répondu à ce passage, et j'ai cité des exemples de greffages détériorants observés précisément sur les arbres fruitiers de nos jardins.

[6] C'est toujours le dogme mis à la place de l'expérience précise.

Bas-Médoc(¹). Il en est ainsi dans les grands crus et les vignobles à grands vins du Saint-Émilionnais, du Libournais, de l'Ermitage, de Côte-Rôtie, des Côtes-du-Rhône, de Châteauneuf-du-Pape, de la Nerte, de Saint-Georges (Hérault) où les comparaisons ont été faites sur des vignes greffées depuis cinq à seize ans. *Partout, il n'y a pas d'exception,* la *qualité* s'est *maintenue,* si elle n'a pas été supérieure. »

On ne saurait être plus affirmatif.

Plus récemment, M. Ravaz a cité (²) un passage d'un travail de MM. Gayon et Dubourg, dont il approuve complètement la teneur, et que je reproduis d'après lui, en lui laissant la responsabilité de la citation :

« Nos premières observations sur la constitution des matières sucrées des raisins provenant de vignes greffées ont été faites en 1889 par comparaison avec des moûts de mêmes cépages, mais non greffés. Les raisins étaient récoltés sains et, autant que possible, au même degré de maturité. Les résultats obtenus ont été consignés dans un tableau où l'on ne remarque aucune différence sensible dans *les rapports du glucose au lévulose.* L'influence du greffage paraît donc nulle sur la constitution des matières sucrées des raisins. »

On peut objecter ici que si les rapports entre le glucose et le lévulose restent les mêmes, cela n'empêche nullement les sucres d'avoir varié comme *quantité,* ce qui est d'ailleurs conforme à l'observation journalière, rapportée par MM. Viala et Ravaz eux-mêmes.

Mais la suite du travail est plus étonnante encore, si les passages cités par M. Ravaz ont été exactement rapportés. Les mêmes auteurs ajouteraient, « après avoir relaté les résultats de l'étude des moûts de Malbec et de Sauvignon non greffés et greffés sur Noah et Elvira et des moûts d'Elvira et de Noah non greffés et greffés sur Malbec et Sauvignon » :

» On voit que chacun des cépages expérimentés a conservé son caractère spécifique, qu'il ait poussé avec ses propres racines ou qu'il ait emprunté les racines de porte-greffes tout à fait différents. La greffe ne modifie donc pas plus la composition des matières sucrées du raisin que la forme des feuilles ou des fruits (³).

» Et puisqu'un raisin de vigne greffée renferme les mêmes sucres, dans les mêmes proportions, que les raisins de la vigne non greffée, *il est permis de conclure* qu'il en est de même *pour tous les autres principes* élaborés par la plante.

» Par suite et comme conclusion de ces dernières expériences, l'analyse chimique confirme l'opinion déjà admise que le greffage n'a aucune influence fâcheuse sur la qualité des vins. »

M. Ravaz « soumet, dit-il, ces quelques lignes à mes méditations ». Point n'est besoin de réfléchir longuement pour voir que les *conclusions dépassent la portée des prémisses.* On ne peut, de la non-variation d'un élément du fruit ou de la fixité du rapport entre deux éléments donnés, conclure à la fixité des autres éléments sans avoir fait l'analyse totale de cet organe. Et l'analyse chimique fût-elle impuissante à révéler une différence qu'il pourrait y en avoir quand même, car les procédés de la chimie actuelle, quelque perfectionnés qu'ils soient, ne permettent pas d'apprécier certains changements révélés par nos sens ou par l'action des microbes, par exemple.

M. Ravaz ne s'est pas contenté de faire sienne cette manière de voir de MM. Gayon et Dubourg; il est allé plus loin encore, et là où *tout est variation* à un degré plus ou moins marqué, suivant les cas, il a vu *la fixité la plus absolue.* « Chez la vigne,

(¹) On verra plus loin ce qu'il faut penser de toutes ces comparaisons invoquées par les greffeurs.
(²) RAVAZ, *Sur les variations de la vigne greffée.* Montpellier, 1904.
(3) Or ces modifications sont fréquentes, tant sous l'action spécifique du sujet qu'à la suite des variations de nutrition qu'il provoque. Les changements de forme du fruit ont été maintes fois signalés.

dit-il (¹), le greffon et le sujet ne sont pas modifiés spécifiquement par la greffe ; ils conservent *tous* leurs caractères, *toutes* leurs propriétés, et, par suite, *il n'y a pas lieu de redouter une modification quelconque de leurs produits.* »

Or, cette *fixité* est en contradiction formelle avec l'hypothèse de l'*amélioration des vins* à la suite du greffage qu'ont admise MM. Viala et Ravaz. Comment concilier tout cela ?

Si les produits ne variaient vraiment pas, on aurait réalisé le miracle d'unir la *quantité* et la *qualité,* caractères jusqu'ici *antagonistes* ? Et, comme me le disait, il y a quelque temps, un ancien professeur d'agriculture, qui occupe aujourd'hui une haute situation politique, on aurait, à Montpellier, réellement *inventé la vigne,* non plus la vieille vigne d'autrefois, trop rigide et trop exigeante, mais une vigne moderne, se prêtant à tous les caprices et aux tours de force les plus hardis.

Ce qu'il y a de curieux, c'est que M. Ravaz lui-même a fourni des documents contraires à sa thèse (²). N'a-t-il pas rapporté (³), à propos du Seibel 1, que « la faible richesse en couleur et en sucre de ce cépage, dans le champ de l'École, dépend peut-être de l'influence de la greffe ? » Et l'on comprend l'étonnement d'un viticulteur italien (⁴), M. Serlupi, qui, après avoir traité d' « *étourdissant* » le passage du mémoire de M. Ravaz, s'écrie : « Franchement, je ne m'y retrouve plus : cette richesse moindre ne serait-elle pas une *réelle modification dans les produits due à la greffe ?* »

Des contradictions analogues se retrouvent chez d'autres écrivains viticoles. Ainsi M. Trouchaud-Verdier a signalé, en 1902, des faits relatifs à l'influence du sujet sur la production, la végétation, la précocité, la résistance du greffon (⁵), et il ajoute : « Lorsqu'on a constaté toutes ces différences, *on ne peut pas mettre en doute que les vins produits par les greffons de divers porte-greffes ne soient pas de nature différente : jusqu'à présent le commerce n'a pas su distinguer les nuances qui doivent exister.* »

Et l'article de M. Trouchaud-Verdier a suggéré à M. B. Chauzit les réflexions suivantes (⁶) :

« On a admis pendant longtemps que le porte-greffe ne pouvait modifier en rien les qualités du greffon. La vigne, disait-on, restait après le greffage ce qu'elle était avant. Il pouvait bien se produire des modifications, mais des *modifications portant sur la quantité.* Autrement dit la vigne française greffée sur la vigne américaine donnait du vin exclusivement français. Le porte-greffe ne pouvait *changer la qualité* des produits. Si ce porte-greffe était vigoureux et puisait beaucoup dans le sol, le greffon pouvait fabriquer et nourrir beaucoup de raisins. *Là s'arrêtait l'influence du sujet...*

» Tous ces faits (cités par M. Trouchaud-Verdier), que l'on pourrait multiplier encore, démontrent que le porte-greffe rend le greffon plus ou moins vigoureux, plus ou moins fertile, plus ou moins *précoce,* mais ne précisent rien quant à la *qualité intrinsèque des produits.* On voit bien l'influence qui porte sur la *quantité,* mais on ne saisit pas les modifications de *qualité,* l'influence exercée sur les propriétés physiologiques du greffon. Cela prouve bien que ces influences sont très limitées et presque insensibles. Elles ne peuvent s'accuser qu'avec le temps, et au bout de combien de temps !... »

Ainsi M. Chauzit, comme M. Ravaz, a résolu le problème d'unir la quantité et

(¹) Ravaz, *Les effets de la greffe,* p. 20.
(²) Voir plus loin la transmission de la panachure par la greffe dans la vigne, dont M. Ravaz a cité des exemples, etc.
(³) Congrès national de Montpellier.
(⁴) Serlupi, *Hybrides de greffe,* 1904.
(⁵) *Revue de viticulture,* 13 septembre 1902.
(⁶) *Ibid.*

la qualité, grâce au greffage. Lui qui a indiqué l'action funeste de l'azote sur la qualité des vins, admet que la végétation puisse augmenter d'une façon considérable pendant que le raisin reste immuable ! A quand la solution du problème de la quadrature du cercle ou celle du mouvement perpétuel ?

Les contradictions abondent également, non plus seulement dans les écrits de certains membres du corps enseignant agricole, mais dans ceux de quelques écrivains viticoles qui sont censés apporter aux précédents l'appoint d'une pratique éclairée.

Au Congrès de Lyon, en 1901, M. P. Gervais (¹) écrivait : « A mesure que l'on est entré plus avant dans l'étude de nos nouvelles vignes greffées et des conditions qui, réglant leurs rapports avec leurs porte-greffes, président à leurs modes de végétation et de fructification, on s'est aperçu que, pour un seul et même cépage greffon, la fertilité varie d'après le porte-greffe; que le porte-greffe exerce une influence sur la constitution, le développement, la croissance, la beauté du fruit et sur la maturité des raisins ; qu'il *augmente* ou *diminue leur teneur en sucre* et que par conséquent *il a un effet sur le produit final*, c'est-à-dire *sur les qualités du vin.* » Et cela « d'après M. Castel, qui a mis en lumière ces faits, j'allais dire ces vérités, » ajoute l'auteur.

On voit combien ces données, relevées par un viticulteur habitant à quelques kilomètres de l'Ecole de Montpellier et cultivant par conséquent les mêmes cépages dans des conditions que connaît bien M. Ravaz, puisque celui-ci a visité à plus d'une reprise les plantations de son voisin, sont en contradiction formelle avec la version qu'a présentée le même M. Ravaz au Congrès de Rome, comme avec les conclusions de MM. Gayon et Dubourg, ou les affirmations de M. Chauzit.

Ce qu'il y a de plus curieux, c'est que, à ce même Congrès de Lyon, après que j'eus jeté un cri d'alarme pour montrer les dangers multiples de la reconstitution et son influence sur la qualité du vin, M. Gervais fit amende honorable et se contredit lui-même pour revenir bien vite au mot d'ordre qu'il avait imprudemment enfreint :

« Il ne semble pas, dit-il, que, d'une façon générale, la valeur de nos produits ait été diminuée par le greffage; nos vignes greffées nous donnent des produits *analogues* à ceux que nous donnaient nos vignes franches de pied. Dans le Midi, le fait est *considéré* comme certain. *S'il n'en était pas de même partout*, conviendrait-il d'en faire remonter la cause uniquement au greffage? »

Plus loin, à la suite d'une observation de M. A. Gautier, de l'Institut, rapportant l'écho de la rumeur publique, il répudiait même les réticences atténuant cette première contradiction, et l'opposition est complète avec l'opinion formulée dans son rapport : « En ce qui concerne, dit-il, la diminution de qualité de nos plants par le greffage, elle a été la première préoccupation dans l'emploi des vignes américaines. La première question qui s'est posée a été de savoir si la qualité de nos *Vinifera* ne serait pas diminuée. Lorsqu'il s'est agi de cépages communs, *on n'a pas observé de modifications*(²). J'ose affirmer que, dans toutes les régions de la France, aussi bien en Languedoc que dans les crus les plus délicats qui sont la gloire de la viticulture française, jamais on n'a observé (quel que soit le porte-greffe américain employé), jamais on n'a remarqué une altération dans le goût des fruits, et je puis répondre à M. Gautier avec une grande netteté, parce que

(¹) P. GERVAIS, *Rôle de l'hybridation dans la reconstitution des vignobles* (Congrès de Lyon, 1901).

(²) Ainsi tous les changements rapportés par M. Gervais, ces *vérités* suivant son expression même, ne sont pas des *modifications*, c'est-à-dire des changements, ou, s'ils en sont tout de même, ils ne produisent pas d'*altération sensible au goût*. Les dégustateurs, qui savent juger des changements minimes dans un vin de nature bien fixée, auraient-ils perdu depuis le greffage la faculté de saisir *l'effet produit sur les qualités du vin* qu'a constaté M. Gervais? S'il n'y a pas eu de modifications fâcheuses à la suite du greffage, comment se fait-il que M. Gervais répudie aujourd'hui la culture à la *quantité* et prêche le retour à la *qualité*?

la réponse est fournie depuis vingt-cinq ans et que les faits sont venus confirmer la réponse. »

Toute la discussion qui suivit l'intervention de M. Gervais fut d'ailleurs intéressante. M. Durand essaya de montrer que si la qualité des vins a diminué, il faudrait en chercher la raison dans la culture à la *quantité* qui est faite aujourd'hui au lieu de la culture à la *qualité* d'autrefois. Ce n'est évidemment pas mettre le greffage hors de cause, puisque ce procédé, dans la majeure partie des greffages utilisés jusqu'ici, oblige à la taille longue, comme il a été dit déjà.

Bien typique aussi fut la déclaration de M. Guillon, de Cognac, qui, visant seulement à protéger les eaux-de-vie contre tout soupçon, lâcha carrément la qualité des vins.

« Nous avons, chaque année, dit-il, comparé des vignes de même âge, greffées et non greffées (¹); les dégustateurs en sont arrivés à dire que l'eau-de-vie des vignes greffées était au moins aussi bonne que celle des vignes qui ne l'étaient pas.

» *Il est certain que maintenant les vins sont moins bons qu'autrefois*, mais le greffage n'en est pas la *seule cause;* il y a aussi les maladies cryptogamiques. »

Comme si, avec des *vins normaux* et des *vins changés*, il était possible à la distillation d'obtenir les mêmes produits! L'ouvrier qui emploie du bois blanc et celui qui emploie des bois plus précieux font-ils des meubles de même valeur, en admettant qu'ils soient aussi habiles l'un que l'autre dans leur métier?

Pour qui sait lire entre les lignes, l'existence du *mot d'ordre* ressort nettement de cette discussion (²). Si je ne l'avais pas d'ailleurs compris suffisamment par les interventions indignées dont ma communication fut l'objet, on me le fit bien voir après la séance. Nombreux furent ceux qui me *lancèrent vertement* pour avoir osé faire débattre en public, devant des étrangers, des choses qui pouvaient se dire en petit comité, *inter pocula*, mais non ailleurs!

Combien, sous ce rapport, sont encore instructives les lignes suivantes de M. Couderc (³), à propos de l'influence du sujet sur la qualité des vins : « Le sujet, dit cet auteur, est délicat à traiter; ceux qui ont reconstitué des vignobles à grands vins sur les porte-greffes ordinaires *avouent difficilement* qu'ils ne font pas des vins comparables à ceux d'autrefois; ou s'ils en conviennent, ils accusent l'âge de leur greffe, le temps, le Botrytis, que sais-je? et ne veulent pas voir la vraie raison, la maturité intempestivement hâtée par le porte-greffe employé et son peu de résistance à la sécheresse! »

L'hybrideur d'Aubenas, « devant la haute autorité duquel tout le monde s'incline avec déférence, » a dit M. Prosper Gervais dans son rapport au Congrès de Lyon, fut bien plus catégorique que ne le mentionne le compte rendu officiel de ce Congrès, où l'on a modifié singulièrement ses déclarations. Il est facile de s'en rendre compte en comparant la version *officielle* et celle, la seule exacte, qu'en a donnée M. P. Gouy (⁴). Les passages suivants de ce dernier ouvrage ne laissent place à aucune *ambiguïté*, à aucun *distinguo :*

« Il est certain, affirma M. Couderc, que le greffage tel qu'il a été pratiqué jusqu'ici *a nui à la qualité du vin;* ce phénomène a été d'autant plus sensible que les vins occupaient une place plus haute dans l'échelle œnologique. De nombreuses autorités établissent le fait; il suffira de citer M. le marquis de Lur-Saluces et M. Bellot des Minières dans le Bordelais; M. Abel Petiot dans la Bourgogne. Ces

(¹) Il eût été bon de donner les analyses que l'auteur se contente d'indiquer. Ont-elles été faites ou s'agit-il de simples dégustations?
(²) Elle fut d'ailleurs beaucoup plus passionnée que ne l'indique le compte rendu officiel qui a, en plusieurs cas, arrondi les angles et adouci les expressions.
(³) *C. R.* du Congrès de Lyon, p. 118.
(⁴) P. Gouy. — *Le Congrès de l'hybridation de la vigne.* Privas, 1902.

viticulteurs éminents constatent l'infériorité des crus actuels à ceux qui provenaient, dans leurs pays respectifs, des anciennes vignes franches de pied. Ils déclarent également que les nouvelles vignes greffées sur franco-américains donnent des raisins plus voisins des anciens que les vignes sur Riparia ou sur Rupestris. C'est d'ailleurs absolument logique et conforme à la théorie.

» Ainsi, pour les vins fins et les grands ordinaires, *pas de doute, pas d'hésitation possible*. En est-il autrement, en beaucoup de cas, pour les vins ordinaires ?

» Il semble bien que là comme ailleurs c'est la qualité qui doit être recherchée pour assurer la vente, et que plus ces vins ressembleront à ceux d'autrefois, mieux ils se vendront. »

On ne peut être plus net. Or, chose singulière, *personne, parmi les nombreux congressistes, ne contredit alors les affirmations de M. Couderc* relatives à la diminution de la qualité des vins après greffage ([1]). Pourtant M. Prosper Gervais qui devait si vivement protester le lendemain quand je formulai des conclusions analogues, M. Ravaz et quelques autres qui devaient plus tard défendre avec énergie le maintien de la qualité des vins à la suite du greffage, étaient présents à la discussion qu'avait quelque peu imprudemment soulevée M. Gervais lui-même.

Sans doute, on jugea plus habile de recourir, comme à l'habitude, à la conspiration du silence ; on étouffa la discussion en la faisant dévier sur la comparaison de la valeur respective des américo-américains et des franco-américains.

Les paroles de l'orateur ne furent donc pas inscrites aux comptes rendus officiels du Congrès et eussent été perdues sans la publication de M. P. Gouy. Le boisseau, imprudemment soulevé dans les hasards d'une discussion imprévue, était remis sur la plaie que l'on voulait cacher à tout prix.

Mais celui qui, après avoir lu les affirmations si opposées de MM. Viala et Ravaz et de M. Couderc, considère la suppression pure et simple des paroles de ce dernier, sentira bien là l'intervention des partisans du mot d'ordre et sera tenté de répéter le mot célèbre : « Qui trompe-t-on ici ? »

Malgré les dangers de la lutte contre l'engouement général, divers viticulteurs et quelques professeurs d'agriculture n'ont pas voulu laisser triompher l'erreur et sacrifier ainsi l'avenir de la viticulture française. Et si ceux-ci furent plus nombreux dans les débuts de la reconstitution, il s'en est trouvé encore même dans ces derniers temps où les américanistes semblaient toucher au but et se faisaient entre eux la courte échelle pour monter au Capitole.

Quelques-uns de ces viticulteurs n'ont jamais voulu entendre parler de vignes américaines : c'est ainsi que M. de Rothschild a conservé le célèbre cru de Mouton-Rothschild pur de toute souillure.

De même M. Bellot des Minières, avec une prescience remarquable de l'avenir qui lui donne aujourd'hui raison, a lutté jusqu'au bout, consacrant sa vie et sa fortune à démontrer la supériorité des vins des francs de pied et la possibilité de leur culture en dépit du phylloxéra ([2]).

([1]) M. Couderc avait, dès 1897, formulé cette opinion : « Il n'est plus douteux pour moi, écrivait-il à cette époque, que la greffe ne diminue, dans une certaine mesure, la qualité du vin. Cette diminution, faible pour les vins communs et les vins ordinaires, est compensée pour eux par un surcroît de récolte. Pour les grands vins, au contraire, il y a lieu de s'en préoccuper sérieusement. »

([2]) Le vignoble français n'est pas encore, heureusement, entièrement greffé, comme on pourrait le croire en lisant certains écrits.

La statistique, établie avec soin par M. l'inspecteur général Couanon, le prouve bien.

La Gironde est sous ce rapport le département qui possède le plus de vieilles vignes ; fait bien instructif, ces vieilles vignes (65,000 hectares) se trouvent dans la région des grands crus ; le reste (70,000 hectares) se trouve dans les régions à vins communs.

Quand des greffeurs parlent de l'*ultima ratio*, ils commettent une erreur de fait, que quiconque a parcouru le Médoc ne peut manquer de relever.

Si la vivacité de ses attaques lui a créé de nombreux ennemis et lui a valu d'être quelque peu « boycotté », comme il le dit lui-même, il n'est personne qui ne rende justice à son talent et à son œuvre.

Avec une inlassable ténacité, il a réclamé (¹) une étude scientifique de la question du greffage sous toutes ses faces et demandé que cette mission fût confiée, non à des *empiriques*, mais à l'*Institut*, « seul tribunal qui ait qualité pour en connaître ».

Pour lui, le vin des vignes greffées est un *vin nouveau*, sorte de bâtard qui tient du sujet américain des propriétés défectueuses et qui ne rappelle que de loin les types bien précis qui caractérisent chaque cru de notre vignoble. Parmi les arguments qu'il fournit, il y en a quelques-uns qu'il faut plus particulièrement retenir. C'est ainsi que, d'après lui, le goût de fox se retrouve à la distillation dans certaines eaux-de-vie provenant de vignes greffées; que par l'effet du greffage « mollesse du vin s'ensuit et couleur y manque » ; ce *vieux nerf* n'est plus, car les vins du Midi, qui étaient des remonteurs par excellence, qu'on employait pour donner couleur et degré aux vins d'exportation, sont passés de l'état des *remonteurs* à celui de *remontés* (²).

Il a eu en outre le mérite de prouver par les faits que la conservation des vieilles vignes était possible et que malgré le phylloxéra et les maladies *on peut leur faire produire les vins d'autrefois* (³). Son vignoble est resplendissant de santé et pourtant jamais chez lui ne pénétra une vigne américaine.

Non moins catégorique s'est montré plus récemment M. Dubois, président de la Société d'agriculture de Chalon-sur-Saône, qui, d'après une citation de la *Revue des hybrides* (⁴), n'a pas craint d'écrire cette condamnation formelle de la reconstitution :

« Faudra-t-il regretter les greffes? Je réponds très franchement : *ce qu'il faudra surtout regretter, c'est de les avoir employées*. Ceci pour deux raisons : 1° parce que la greffe a perdu rapidement ce qui restait de réputation à nos grands vins français; 2° parce que la science a cru inutile de s'occuper plus longtemps de la question des insecticides antiphylloxériques pour cette raison que le phylloxéra semblait cesser d'être un danger.

» Peut-on nier en effet qu'en matière de vins fins, les produits de greffe sont *ridicules* et *que les plus savants procédés de vinification* ne parviennent pas à leur donner même de loin les apparences de nos anciens vins? »

M. P. de Salvo, le viticulteur sicilien bien connu, m'écrivait de Riposto, le 16 février 1903, à propos de la qualité comparée des vins de vignes greffées et franches de pied, ces lignes non moins éloquentes :

« Je puis vous assurer que le vin de greffe est bien moins bon que celui des francs de pied : ce sont seulement les *aveugles* qui ne veulent rien voir. »

Et l'on ne me dira pas que seuls les journaux antiaméricanistes contiennent des documents de ce genre, car le *Progrès agricole et viticole* du 1ᵉʳ février 1903 contient, à la page 146, des appréciations qui ne laissent aucun doute à cet égard. M. Thiébaut a cultivé comparativement au Caucase l'Auxerrois-Rupestris greffé et non greffé. Le vin des greffés est *passable*, celui des francs de pied est *bon* ou *très bon*.

De même les passages suivants de M. Jallabert, bien qu'il ne soit pas question du franc de pied, sont très suggestifs (⁵) : « Les variations dues aux changements

---

(¹) H. BELLOT DES MINIÈRES. — *La question viticole*, 2ᵉ édition. Bordeaux, 1902.

(²) Ce fait concorde fort bien avec la théorie et ne paraît pas niable, vu que les plants américains sont trop souvent des *dilueurs* sans merci, comme l'a dit M. W. Mestrezat.

(3) Il a même fait plus, puisque, comme me l'a écrit M. Malvezin, il a su créer pour ainsi dire de toutes pièces le cru de Haut-Bailly, devenu aujourd'hui l'égal des premiers grands crus du Médoc.

(4) *Revue des hybrides*, 1904.

(5) *Revue de viticulture*, 1904.

apportés dans la nutrition générale soit à la suite d'une mauvaise adaptation, soit par le manque d'affinité, ne me paraissent plus contestables, dit cet auteur. Elles sont caractérisées par des modifications dans les dimensions des organes et dans leur vigueur, et aussi par des modifications, soit dans la *qualité* et le *volume* des fruits, soit dans leur *quantité*. Les observations faites à cet égard et sur une si vaste échelle depuis la reconstitution du vignoble français et *en particulier dans la région méridionale* ne laissent subsister aucun doute à cet égard. *J'en dirai tout autant des variations constatées dans la composition chimique des moûts de nos différents cépages suivant qu'ils sont greffés sur tel ou tel porte-greffe.* »

Ces lignes émanant d'un viticulteur de l'Aude, bien placé pour être renseigné sur les greffages du Midi, sont en contradiction complète avec les affirmations de MM. Viala et Ravaz. Elles n'ont qu'un défaut, c'est de ne pas donner une comparaison entre la qualité des vins de vignes greffées et celle des francs de pied, comme de ne pas mentionner la détérioration possible du vin.

Comme M. Jallabert, M. Guillon admet l'influence du sujet sur la vigne greffée ; il cite « des carrés de mêmes vignes, de même âge, placés dans des milieux identiques, soumis aux mêmes méthodes culturales, qui ont donné, à la troisième année ([1]), des résultats très différents *par le seul fait des diverses natures des porte-greffes* ». Il admet en outre comme démontrées des variations de production, de grosseur des grains, de la nature de la peau du raisin et fait même sienne l'opinion de M. Couderc au sujet du bouquet des vins. « Dans le cru de Montfleury et pour des greffes de Syrah sur Riparia, ce sont les années pluvieuses qui sont devenues de bonnes années, comme parfum du moins, alors qu'autrefois c'étaient les années chaudes où l'on avait à la fois parfum et alcool. »

Et après avoir cité des variations considérables observées sur un même greffon, suivant qu'il s'agit de Riparia, Rupestris, Berlandieri et d'hybrides variés, il ajoute que « les variations dans le fruit peuvent porter sur tous les éléments de ce dernier ».

Certes, le travail de M. Guillon est susceptible de critiques ([2]), vu la méthode rudimentaire d'analyses qu'il a employée : ses conclusions pouvaient tout au plus porter sur les éléments de ses analyses, c'est-à-dire sur l'alcool, l'acidité et l'extrait sec. Il n'en reste pas moins acquis que ses résultats confirment mes théories et sont en opposition complète avec la thèse du maintien de la qualité des vins à la suite du greffage.

Au cours de mes missions viticoles sur les effets du greffage de la vigne, j'ai été tout naturellement amené à m'occuper des opinions ayant cours dans le monde viticole au sujet de la qualité des vins, de façon à vérifier s'il existait bien cette *unanimité* annoncée par MM. Viala et Ravaz, par M. Gervais et autres américanistes, dont j'ai plus haut indiqué les conclusions.

Je me suis adressé aux fonctionnaires de l'agriculture dont la majorité partage, *par ordre*, la manière de voir de MM. Viala et Ravaz ; aux propriétaires viticulteurs dont la majeure partie affirme en public que les vins de greffe sont supérieurs, mais dont beaucoup cependant avouent qu'il n'en est pas ainsi, à condition de ne pas les mettre en avant, car la plupart craignent le *boycottage ;* au commerce, dont quelques représentants, tout en y mettant une réserve compréhensible, laissent entrevoir la vérité à celui qui sait comprendre ; enfin à la masse des vignerons qui, ignorant les artifices du langage et l'art de déguiser leur pensée, n'ont jamais

([1]) Ces résultats ont été obtenus en 1904, juste trois ans après le cri d'alarme que j'avais jeté au Congrès de Lyon sur les changements du vin à la suite des *variations spécifiques* et surtout des *variations de nutrition générale*.

([2]) Bien entendu il ne parle ni de détérioration possible, ni de comparaison avec le franc de pied qui eût pu mettre cette détérioration en évidence. De plus, il avoue avoir reculé devant le *travail considérable* qu'eût nécessité une analyse complète et les dosages délicats qu'elle demande !

hésité à donner leur sentiment en toute sincérité et sans la moindre réticence. Je puis l'affirmer hautement, car c'est la vérité, tous ces vignerons (qui pourtant doivent le savoir mieux que personne puisque, attachés depuis de longues années au même vignoble en général, ils ont pu comparer à loisir les vins d'autrefois et ceux d'aujourd'hui avec la compétence que donne seule une longue pratique) m'ont dit sans exception que les vins de greffe n'étaient pas comparables à ceux des anciennes vignes et ne se conservaient pas aussi bien. L'opinion est, sous ce rapport, *uniforme* chez tous les ouvriers vignerons que j'ai consultés en Bourgogne, dans le Beaujolais, la Gironde, les Charentes, l'Anjou et même le Midi.

Si l'ouvrier vigneron ignore le mot d'ordre, j'ai eu la satisfaction de trouver encore aujourd'hui parmi les propriétaires, les commerçants, même les professeurs et les œnologues, quelques personnes assez indépendantes et assez soucieuses des intérêts généraux du pays pour ne pas hésiter à dire la vérité, quelles qu'en puissent pour eux être les conséquences. Que tous ceux qui ont ainsi bien voulu me documenter sous ce rapport reçoivent ici l'expression de ma vive reconnaissance. Puissent leurs efforts et les miens empêcher la viticulture d'arriver à la ruine finale par la destruction lente, mais sûre, des crus de tout ordre sous l'influence de la double acclimatation du greffage et du milieu extérieur, combinée avec l'acclimatation des levures et l'action des maladies cryptogamiques dont il sera parlé plus loin!

Parmi les viticulteurs qui n'ont pas été satisfaits du greffage après l'avoir essayé en petit (dans le but de se renseigner par l'expérience directe, comme le préconisait M. de Laffitte) et qui l'ont abandonné de bonne heure ou le répudient hautement aujourd'hui, on peut citer un grand nombre de viticulteurs médocains.

M. Pineau, régisseur du château de Brane-Cantenac, propriété de M. Berger, membre de l'Institut et député de Paris, n'a pas hésité à écrire publiquement ce qu'il pensait du greffage par rapport à son action sur le vin. A la suite d'expériences comparatives faites, il y a une vingtaine d'années, dans le vignoble qu'il dirige depuis longtemps (en plantant un rang sur deux ou dix rangs sur vingt de vignes greffées et franches de pied), ce viticulteur a constaté que la vigne greffée s'est montrée *inférieure sur toute la ligne*. Non seulement la saveur varie, mais aussi le bouquet. « Le bouquet des vins de vignes franches de pied est fin et prolongé; celui des vins de vignes greffées est court et sec, sans distinction ([1]). » Pour lui, il n'y a aucun doute : « Le greffage fait varier la vigne et surtout le vin. » Et si on ne l'avoue pas, « cela tient à ce qu'il se trouve malheureusement beaucoup *d'intéressés* qui voudraient tirer quand même parti des vignes greffées qu'ils ont plantées depuis quelques années ([2]). »

« Je suis tellement convaincu, écrivait il y a quelques années M. Mouneyres, régisseur du célèbre Château Margaux, qu'*il est impossible de faire d'excellent vin avec les vignes greffées* que j'ai fait arracher tous les pieds de vignes américaines

---

([1]) On sait que le bouquet, l'arome, la saveur d'un vin, sont dus à diverses causes parmi lesquelles figurent les éthers formés par réaction des acides sur les alcools. M. Gayon a étudié sous ce rapport les vins de la Gironde provenant de deux années successives de mêmes crus. Il a conclu que la quantité d'éthers n'est point exactement proportionnelle à l'alcool ni à l'acidité totale, mais il existe un certain parallélisme, surtout dans les vins vieux, entre la somme alcool-acide et les éthers. Mais la qualité du vin ne croît pas en raison des éthers; elle n'est pas liée à la richesse globale d'un vin en éthers et des vins nouveaux peuvent renfermer autant d'éthers que des vins vieux de même origine. « Les vins les plus riches en éthers sont souvent les plus communs, les plus défectueux et les moins bien conservés. »

([2]) Pour certains, il y aurait aussi la question d'*amour-propre*. Un fonctionnaire de l'agriculture, que je ne veux pas désigner autrement, n'a-t-il pas, il y a quelques années, cherché en Gironde à détruire l'effet de mes théories et dit à certains qui lui objectaient que j'avais raison : « C'est possible, mais comme ceux qui ont greffé ne voudront pas avouer s'être trompés, ils marcheront avec nous. » Quelque étonnant que puisse paraître un tel langage, ce n'est pas là une charge, mais une histoire vraie dont je possède les preuves.

qu'il y avait à Château Margaux : je suis heureux de pouvoir dire qu'il n'y en a plus un seul. »

Cette lettre ayant été publiée par M. Pineau dans la *Feuille vinicole de la Gironde*, M. du Périer de Larsan, prétendit que les vignes greffées arrachées à Château Margaux l'avaient été parce qu'elles étaient plantées en terrain impropre à la culture de la vigne, ce qui expliquait les mauvais résultats obtenus. Il espérait ainsi mettre le greffage hors de cause et atténuer l'effet des déclarations de M. Mouneyres. A la suite de cette affirmation, celui-ci écrivit la réponse suivante qu'il m'a autorisé à publier et qui montre que la bonne foi de M. du Périer de Larsan a été surprise :

« 1° Le terrain de Château Margaux sur lequel a été arrachée la vigne greffée n'est pas un terrain inférieur; il y a plus d'un siècle qu'il a été planté pour la première fois.

» 2° Aussitôt que la vigne greffée a été arrachée, il a été planté de la vigne française (c'est-à-dire des francs de pied) ;

» 3° Cette décision n'a été prise qu'après la constatation faite plusieurs fois que les raisins produits sur ce terrain n'arrivaient pas à une maturité suffisante, sauf pendant les années excessivement chaudes.

» 4° Dans deux crus classés de Margaux, on fait tous les ans un vin à part produit par les vignes greffées. *Tous les connaisseurs trouvent ce vin très inférieur.* C'est à la suite d'une dégustation de ce genre que la maison Schröder, Schyler et Cⁱᵉ, qui a acheté pour un délai de dix ans la récolte de Château-Kirwan, a fait stipuler sur le bordereau de vente que la ville de Bordeaux ne pourrait pas planter un pied de vigne greffée pendant la durée du marché.

» En goûtant comparativement du vin de vingt ans d'âge, venu dans le même terrain, provenant de vignes greffées et non greffées, on est immédiatement édifié. »

Dans un de mes voyages en Gironde, j'ai pu, grâce à la complaisance de M. Mouneyres, faire des dégustations comparatives et me rendre compte des différences qu'il m'avait indiquées.

De nouveau, en 1899, M. Mouneyres a fait comparativement des vins de vignes greffées et des vins de francs de pied. Les vins de vignes greffées étaient d'après lui, incontestablement *moins bons* et *moins riches en alcool.*

Voici encore sous ce rapport un fait intéressant, ayant trait à une vigne de Cabernet franc greffée sur Riparia. A propos de cette pièce, M. Mouneyres m'écrivait en octobre 1904 :

« La vigne greffée que je vous ai montrée dans le centre du bourg de Margaux a produit un vin court, maigre, presque incolore, contenant moins d'alcool que n'importe quel autre vin de Château Margaux. Cette vigne a été vendangée le *dernier jour* des vendanges. Actuellement elle est arrachée et je vais la remplacer par de la vigne française. »

A Margaux, j'ai de même goûté des vins de vignes greffées et de vignes franches de pied provenant de Château Malescot. Ces vins avaient été faits en 1902 et ont été dégustés comparativement par plusieurs personnes pendant qu'on adressait en Allemagne des échantillons des mêmes vins en vue d'une comparaison analogue. Dans les deux cas, les dégustateurs furent mis en présence de flacons numérotés pour éviter toute autosuggestion. A l'unanimité, la préférence fut donnée aux vins provenant des francs de pied. « Aussi, me dit le maître de chai, depuis ce temps, l'on est fixé et l'on ne greffe plus dans notre vignoble. »

A Margaux, Château Desmirail aurait aussi, d'après la rumeur publique, arraché ses vignes greffées.

A Pauillac se trouve toute une série de grands crus renommés. Parmi eux, le cru Mouton-d'Armailhacq est très intéressant au point de vue spécial que j'envisage ici. L'on sait que son propriétaire, le comte de Ferrand, séduit par les avantages apparents du greffage, avait, un des premiers de la Gironde, greffé une certaine étendue de son vignoble. Mais, contrairement à son attente, cette reconstitution fut loin de lui donner satisfaction. Les raisins des greffés pourrissaient dans les années humides et grillaient dans les années de sécheresse. Les vins fournis étaient de qualité inférieure.

Lors de mon passage à Mouton-d'Armailhacq, le comte de Ferrand venait d'arracher toute une pièce de greffés dans les Graves et d'y replanter 40.000 pieds de vigne française franche de pied ([1]). Les greffes n'ont été conservées que dans les terres argileuses, incapables de donner, même avec des plants directs, des vins classés ([2]). Mais seuls les vins provenant de francs de pied porteront désormais chez lui l'estampille du château ; le reste sera vendu comme vins communs sous le nom de Château La Garelle. De tels faits se passent de commentaires.

Je me suis adressé, en Bourgogne, à divers viticulteurs possesseurs de grands crus et qui possédaient, au moment de mon passage, des vignes greffées et des vignes françaises dans le même terrain. Parmi eux, je citerai le docteur Chanut, propriétaire à Vosne-Romanée, dont l'opinion résume d'ailleurs celle de plusieurs autres propriétaires bourguignons. Pour lui, les vins de vignes greffées sont bons à boire au bout de quinze mois de bouteille, ont acquis leurs qualités maxima à vingt-cinq ou trente mois et déclinent ensuite très rapidement. Au contraire, les vins des vignes franches de pied n'étaient autrefois bons à boire qu'après environ quinze ans de bouteille ; ils avaient acquis toutes leurs qualités à vingt-cinq ans de bouteille et les conservaient ensuite pendant longtemps. Le défaut de conservation des vins de greffe est donc très tranché.

Dans d'autres grands crus du vignoble français que je pourrais citer si c'était nécessaire, les propriétaires ne sont pas moins précis.

« A mon avis, m'a écrit l'un d'eux, la qualité des vins de vignes greffées ne vaut pas, en l'état actuel, celle des vins provenant des francs de pied...

» J'ai des vieilles vignes françaises. Je n'ai jamais eu de déboires avec le vin qu'elles m'ont donné ; je l'ai toujours vendu un gros prix, mais je dois dire que souvent elles se sont montrées *bien parcimonieuses* à mon égard. Malgré cela, je fais mon possible pour les maintenir, car j'estime qu'elles sont pour beaucoup dans la réputation de mon cru. »

Un autre viticulteur d'un cru non moins renommé, qui avait fait des greffes depuis une quinzaine d'années, est aujourd'hui *trop fixé* sur les résultats de ses essais.

« Les greffés que nous avons sur notre propriété, m'écrit-il, sont âgés de cinq à quinze ans ; les deux tiers environ sont sur Riparia-Gloire de Montpellier, le reste sur Rupestris-Monticola, et presque tous sont plantés dans des graves pures à sous-sol d'alios. *Ils ne nous ont donné que déceptions*, soit comme *qualité du vin* provenant de leurs fruits, soit par leur peu de *résistance* aux grandes chaleurs des mois de juillet et août, soit enfin par leur *susceptibilité* à la pourriture grise dans les années humides.

» Il y a déjà quatre ou cinq ans que nous nous préoccupons de les remplacer. »

([1]) Si dans le Médoc on est ainsi presque partout en voie de retourner à la culture directe des pieds français dans le Saint-Emilionnais, il semble qu'un mouvement d'arrêt commence à se manifester dans la reconstitution. On m'a cité un propriétaire d'un premier cru de cette région, qui l'an dernier aurait résilié un contrat d'achat de 40,000 pieds de vignes greffées pour faire planter des vignes françaises. La plupart des propriétaires de crus classés ont d'ailleurs conservé au moins un quart de leurs vieilles vignes et ils savent que ce sont leurs raisins qui sont les facteurs de la *qualité*, les raisins de vignes greffées donnant seulement la *quantité*.

([2]) Sur 814 sadons (le sadon = $\frac{1}{12}$ d'hectare), le vignoble du comte de Ferrand compte seulement 80 sadons de vignes greffées.

J'avais demandé à un propriétaire d'un premier grand cru ce qu'il pensait de la durée relative de conservation des vins des vignes greffées et franches de pied qu'il possède dans son vignoble.

« Je n'ai pas de greffés assez vieux, m'a-t-il répondu, pour apprécier s'ils auront la tenue des 69 encore merveilleux, des 74, 75, 76, 77, 91, 93 et 95. Mais quand j'entends parler de mises en bouteilles au bout de *deux ans*, alors qu'autrefois on en attendait *quatre*, cela me donne à penser que tous ces vins ont des tendances à sécher. Du reste, il y a beaucoup de gens qui sont dans le doute ; on ne sera bien fixé que dans huit à dix ans. Un courtier de mes amis est bien lui aussi dans l'incertitude, et cependant ce n'est pas son intérêt d'avoir cette opinion, surtout dans un moment où l'on espère que le commerce va se lancer...

» Si scientifiquement je ne puis vous apporter aucun concours, je n'hésite pas à vous déclarer que, à mon avis, *le greffage*, quels qu'en soient les effets bons ou mauvais, *a été une calamité pour les propriétaires de grands vins* qui auraient pu conserver leurs vignes avec le sulfure de carbone.

» L'abondance des vins, *par suite du greffage*, a eu pour conséquence d'en diminuer la valeur et d'augmenter considérablement les frais de traitement, cueillette, barriques, soins de chais, etc., etc. ; ce qui constitue pour la grande masse des propriétaires un plus grand déficit annuel, *sans savoir exactement ce que l'on a fait et où l'on va.*

» Si je me suis décidé à suivre un peu tardivement l'exemple de tous mes voisins, c'est parce que l'on ne voulait pas me payer mes vins un prix élevé ; mais je n'irai pas au delà de la limite que je me suis imposée (trois quarts vignes greffées, un quart vignes françaises).

» Il y a même une autre raison. On peut ne pas redouter ce qui ne s'est jamais vu ; mais les événements peuvent se reproduire.

» Après les hivers de 1871 et 1873, il a fallu dans notre contrée recéper les vignes qui heureusement à cette époque n'étaient pas greffées, et si les récoltes de 1871 et 1873 ont été nulles, en 1874 et 1875 elles ont été excellentes en qualité et abondantes. Qu'un pareil accident se renouvelle, que deviendront les vignobles greffés ? Il faudra arracher et replanter, car la greffe sur place est d'un résultat trop incertain. J'ai vu le même greffeur, dans le même terrain, réussir une année à concurrence de 80 o/o, résultat assez médiocre, et l'année suivante à concurrence de 5 o/o, sans qu'il puisse s'expliquer pourquoi. Et cependant c'était un homme réputé habile ! Mais alors ?

» Je suis bien loin de souhaiter qu'un désastre de ce genre édifie les viticulteurs sur un des plus redoutables inconvénients du greffage ; mais ils auront toujours suspendue sur leur tête, comme épée de Damoclès, la *gelée* qui pourrait bien faire parler d'elle à la manière des volcans. »

A propos de la richesse en sucre des moûts de 1906, le même viticulteur donne encore d'autres appréciations intéressantes :

« La richesse des moûts révélée par le glucomètre de Guyot a été à peu près la même pour les vignes greffées et non greffées, et dans les mêmes cépages.

» Le moût d'une plante de Cabernet greffé indiquait à l'échelle bleue 13° comme le Cabernet de souche française, et même 13° 1/2. Si des Merlot non greffés ont marqué jusqu'à 14°, des greffes ont donné 13° 1/2. Et il faut tenir même compte de ce que dans les vignes greffées la quantité des mannes était plus abondante ([1]).

» Si nous avions eu une année moyenne comme température, et si par consé-

---

([1]) Le même propriétaire m'a cité en outre ce fait caractéristique, qui prouve, conformément à la théorie, la moindre résistance du raisin de ses greffes à la sécheresse excessive : « J'ai, me dit-il, conservé, grâce au traitement par le sulfure de carbone, le quart de mes vignes françaises, et, bien qu'elles aient été fortement gelées cette année, j'y ai fait le quart de ma récolte ; c'est vous dire que les grains étaient beaucoup plus gros que dans les vignes greffées. »

quent les raisins des vignes greffées avaient atteint leur développement normal, et si d'un autre côté nous n'avions pas été ravagés par la *cochylis*, je crois que la richesse des moûts eût été bien différente, surtout dans les greffés, et que *là le sucrage se serait imposé.*

» Quand on songe que c'est à l'aide de *pareils modérateurs* qu'on peut espérer une *constitution normale d'un vin*, on ne peut qu'en être préoccupé.

» Autrefois la production était inférieure de plus de moitié à celle sur laquelle on compte aujourd'hui, et cependant nous sulfatons avec des procédés qui ne favorisent pas l'action de la lumière et nous *écimons* (¹) de plus en plus, détestable pratique qui se propage d'autant plus que l'on ne veut plus rien soustraire au sulfatage. »

Les propriétaires de crus bourgeois, du moins ceux qui n'ont pas la crainte très compréhensible du « boycottage » auquel sont en butte tous ceux qui ne sont pas partisans convaincus du greffage, m'ont eux-mêmes fourni des renseignements qui sont loin d'être en faveur de la reconstitution.

Un vieil ami et ancien collègue, parfait dégustateur, qui exploite aujourd'hui le vignoble paternel dans la région du centre, m'écrivait récemment :

« Non, les vignes greffées ne donnent pas des vins de même bouquet, de même couleur, de même saveur que les vins de vignes franches de pied. Ils sont généralement plus *plats*, plus *aqueux* et *moins colorés*. Aussi a-t-on recours, pour la couleur surtout, à des *teinturiers* de toute sorte qui n'anoblissent pas le vin.

» Tous les porte-greffes ne se valent pas relativement à la qualité de vin qui en résulte. Ce sont les porte-greffes franco-américains qui semblent donner le vin qui se rapproche le plus de celui de nos anciens cépages. »

Et comme je lui avais demandé si ses vins de vignes greffées pouvaient, sous le rapport de la durée, se comparer aux vins de francs de pied, il m'a fait cette réponse : « Ah! que non! Les vins greffés ne se conservent pas comme les vins de francs de pied. » On sentait que c'était là le cri du cœur d'un viticulteur éprouvé.

Un viticulteur de Millery, chez qui je suis allé en compagnie de M. Jurie, me disait que chez lui les vins des vignes greffées ne sont pas *fruités*. On croirait que le sol ne leur convient plus comme il le faisait pour les francs de pied.

On voit par ces citations, dont je pourrais prolonger la liste, qu'il y a des propriétaires assez nombreux qui ne partagent pas les idées de MM. Viala et Ravaz et qui ne craignent pas d'avouer qu'ils se sont trompés en greffant. Il n'y a d'ailleurs pas à rougir d'avoir fait cette erreur, car quel est celui qui ne s'est jamais trompé?

Grâce à l'obligeance de M. Frantz Malvezin, l'œnotechnicien bien connu, qui, en sa qualité de Girondin, porte un intérêt tout naturel aux vignes françaises qui ont fait la réputation universelle des vins de la Gironde, j'ai pu recueillir de précieux renseignements près des chefs et des employés des importantes maisons J. Calvet et Cⁱᵉ, Schrödrer et Schyler et Cⁱᵉ, de Bordeaux. Je le prie d'agréer tous mes remerciements pour son inlassable complaisance.

Ce qui, d'après beaucoup de négociants en vins, a porté préjudice à la Gironde, c'est l'abaissement de la qualité des vins. Cet abaissement est dû à des causes diverses très probablement (greffage, bouillies, maladies des vins, etc.), mais dont la résultante est nettement défavorable dans les conditions actuelles.

Or, d'une façon générale, *le commerce réclame la qualité*. Et sans que l'on ait voulu me donner à l'appui de ces affirmations catégoriques des faits concernant

---

(¹) Il est facile de comprendre que le greffon, étant rendu plus vigoureux par le sujet américain, doit donner plus de pousses, comme il donne plus de conscrits ou grappes de 2ᵉ et 3ᵉ floraison. C'est encore conforme à la théorie.

tel ou tel cru (l'on comprendra tout naturellement cette réserve), j'ai eu la sen-
sation très nette que le commerce en savait très long sur les effets du greffage
quant à la qualité des vins, et qu'il distinguait fort bien, quoi qu'en aient dit
M. Trouchaud-Verdier et autres, les *nuances* existant entre les vins de greffes et les
vins de vignes françaises.

« Les vins greffés cassent davantage dans le Saint-Émilionnais, » me dit l'un.
« Les vins de Saint-Émilion, me dit un autre, sont toujours très bons, mais c'est
un *autre genre* qu'autrefois. Ils sont moins corsés, *plus vite bons à boire*, tout en
restant agréables. La couleur et le corps ne sont plus les mêmes. »

N'est-ce pas en parfaite concordance avec ce qu'écrivait M. Frantz Malvezin [1]
en 1904 : « Il ressort, dit-il, de mes constatations qu'un vin de vigne américaine est
plus vite fait, plus moelleux au début, vieillit plus vite, fait une bouteille mar-
chande plus tôt. On pourra donc, lorsque la vigne américaine est vieille, le
préférer au vin de vigne française [2]; mais si vous comparez du vin de vigne
française de quatre ou cinq ans de bouteille, de même année, de même cru, le
vin de vigne française l'emporte haut la main par sa finesse, son corps, par son
caractère de grand vin. On peut dire que ce vin est réellement du vin de race et
de grande race; à son côté, le vin de vigne américaine est notamment plus commun
et pâlit singulièrement... Dans nos grands crus, la vieille vigne française produit
un vin que l'américain n'égalera jamais. »

Ces appréciations ont d'autant plus de poids qu'elles émanent de personnes
mieux placées pour être bien renseignées.

Sachant que j'aime avant tout à juger par moi-même quand c'est possible,
M. Malvezin me fit faire une expérience bien intéressante en me permettant de
comparer, sur les échantillons commerciaux authentiques, des vins de même
année, provenant, les uns, de Brane-Cantenac, 1899; les autres, d'un premier
grand cru du Saint-Émilionnais, dont, par pure discrétion, je tairai le nom.
Ces derniers vins provenaient d'un mélange de vins de greffés et de vins de
francs de pied, et l'année 1899, d'après le propriétaire lui-même, était une des
mieux réussies de son chai. Les Brane-Cantenac étaient du vin de vieilles vignes
exclusivement.

L'on sait que ce dernier vin est un des plus légers du Médoc et qu'il faut qu'un
vin du Médoc, même de premier grand cru, soit exceptionnellement réussi pour
atteindre le degré et le corps des vins de Saint-Émilion, considérés autrefois
comme les Bourgognes de la Gironde.

M. Malvezin prit donc, en ma présence, une bouteille de l'un et l'autre vin à
la maison Calvet. A la dégustation faite par nous et en même temps par Mme Malvezin mère qui n'avait pas été prévenue et qui cependant ne se trompa pas, le
Brane-Cantenac apparut comme bien supérieur à son concurrent. Le premier
fut considéré par Mme Malvezin, très compétente dans ces questions de dégustation, comme un jeune vin d'avenir; le Saint-Émilion, comme un vin présentant
les caractères d'usure et qu'il était déjà temps de boire.

Comme complément logique de cette expérience, M. Malvezin me fit voir
alors les prix-courants de gros de la maison Calvet qu'il avait emportés sans me

---

[1] Frantz Malvezin. — *Les vins de vignes françaises et de vignes américaines en Gironde* (Moniteur vinicole,
7 octobre 1904).

[2] C'est, en effet, sur des comparaisons entre vins jeunes, et même des vins de l'année, que se sont
appuyés certains auteurs pour établir la supériorité des vins de greffe. Rien n'est plus inexact que cette appréciation. Tous les viticulteurs savent que, en général, plus un vin est lent à devenir buvable, plus il a de
chances de donner une grande bouteille. Les vins vite agréables à boire sont des vins usés avant l'âge; par
conséquent, ce qu'on invoque comme une supériorité est en réalité un défaut capital. Pour faire des comparaisons sérieuses sur les vins de greffe et les vins de vignes franches de pied, il faudrait juger des vins déjà
mis en bouteilles depuis plusieurs années au moins. Et dans ce cas le résultat ne laisserait prise à
aucune équivoque.

prévenir pour ne pas m'influencer dans mon appréciation personnelle. Le Branc-Cantenac était coté 3 fr. 75 la bouteille ; le premier grand cru de Saint-Emilion, quoique exceptionnellement réussi pour un mélange de vins de greffe et de vins de vieilles vignes, était coté 2 fr. 25. *Le commerce avait donc saisi les nuances*, ce dont d'ailleurs aucune personne sérieuse n'a jamais douté.

Non seulement les négociants des régions viticoles savent à quoi s'en tenir, mais leurs confrères des régions du Nord qui achètent les vins de nos vignobles ne sont pas moins renseignés aujourd'hui.

A la suite d'une polémique où certaines personnes avaient cru bon de remplacer les arguments par les injures, ce qui est un procédé commode pour éviter de répondre aux arguments embarrassants, M. Malvezin reçut ([1]) de M. Edouard Cattelin, négociant à Cambrai, la lettre suivante, qu'il m'autorise à publier :

« Permettez à un vieux négociant de trente-huit ans d'exercice de vous adresser ses *félicitations* pour votre article « *Les vins de vignes françaises et de vignes américaines en Gironde*, » paru dans le *Moniteur vinicole* du 7 courant. MM. du Périer de Larsan, Cazeaux-Cazalet et consorts ont tort, et, tout girondins qu'ils soient, ils ne sont pas bons appréciateurs.

» Pour mon compte, *je considère comme un malheur la reconstitution des vignes en cépages greffés*, non seulement en Gironde, mais encore en bien d'autres contrées. »

J'ai consulté moi-même de nombreux commerçants en vins de notre région de l'Ouest et des courtiers assermentés qui m'ont fait des réponses analogues.

A Bordeaux même, des courtiers de grande valeur m'ont tenu le même langage, en présence de personnes dignes de foi qui pourraient en témoigner. Quelques-uns citent des faits précis à l'appui de leur façon de voir. C'est ainsi qu'un d'eux peut prouver que dans des propriétés qu'il connaît dans le Blayais, les vins de greffe sont inférieurs et que plusieurs propriétaires vont revenir à la vigne française, etc.

Parmi les œnotechniciens, l'opinion de M. Frantz Malvezin précédemment rapportée est une des plus importantes, vu l'énorme quantité de vin qu'il est appelé à traiter chaque année. Mais il est loin d'être le seul de son avis dans le groupe des œnologues.

M. Mestre, l'habile chimiste-expert de Bordeaux, qui depuis de longues années s'occupe de l'étude des raisins et des vins pour le compte de nombreux propriétaires girondins à qui il a rendu souvent de signalés services dans les questions délicates de la vinification et de la conservation des vins, sait lui aussi, par expérience, à quoi s'en tenir, ainsi qu'en fait foi la lettre suivante écrite à M. Pineau, il y a deux ans, en 1904 :

« Je viens de lire votre dernier article sur les effets du greffage ([2]), et je ne peux résister au désir de vous adresser mes félicitations les plus sincères. Si l'œnologue dans le laboratoire duquel arrivent depuis plus de quinze ans tant de *vins dégénérés* pouvait parler en vous citant des noms, combien ses observations viendraient corroborer les vôtres !

» Si, d'autre part, les viticulteurs français avaient apporté à la défense de la vigne française les prodigieux efforts qu'ils ont consacrés à la reconstitution par les plants américains, combien à mon sens la situation serait différente !

» Je suis de l'école des Bonnier, des Daniel et des Gautier, et je sais par expérience, en outre, qu'il n'y a rien de plus contraire aux principes de l'œnologie scientifique que cette comparaison que s'entêtent à faire certaines personnes du

---

([1]) 15 octobre 1904.
([2]) *Feuille vinicole de la Gironde*, 1904.

fruit qui se mange avec le fruit destiné à la fermentation. Il est vrai que je ne suis pas marchand de bois ([1]). »

De même, pendant longtemps, des professeurs d'agriculture qui ne prenaient pas leur mot d'ordre à l'École de Montpellier, combattirent le greffage. Et les greffeurs ne se gênèrent pas pour les attaquer. Champin ([2]) ne traitait-il pas de *cervelles sulfurées* ceux qui pensaient que le raisin changeait parfois de goût, quand il venait des greffes sur plants américains et il malmenait vertement un professeur d'agriculture coupable d'avoir dit que les sujets américains donnaient aux raisins français un goût foxé ([3]).

A partir d'un certain moment, le mot d'ordre fut appliqué avec une telle rigueur que les membres de l'enseignement agricole hostiles à la vigne américaine durent se taire, sous peine de révocation. Sous ce rapport, la lettre suivante est très instructive; elle émane d'un de nos professeurs d'agriculture les plus distingués, très compétent en viticulture :

« Quand vous me ferez le grand plaisir de me venir voir, en mai prochain, j'aurais remis la main sur deux articles que j'ai écrits en 1883 ou 1884, sous le pseudonyme d'Hélouis, dans le *Journal d'agriculture pratique*; j'avais intitulé cela l'*Avenir des vignes américaines*. Je prévoyais ce que vous démontrez lumineusement; mais le Conseil général demandait ma révocation parce que je n'étais pas américaniste et il me fallait emprunter le nom d'un bon et fidèle ami, toujours de ce monde, pour dire mon sentiment. Vous pensez bien que depuis je n'ai pas changé d'avis.

» Je n'avais pas entrevu l'amélioration par le greffage; je n'en voyais qu'un petit nombre des mauvais côtés, mais avec vos habitudes de spécialiste, vous allez jusqu'au bout dans les deux sens et vous êtes absolument dans le vrai. »

Tous ces documents montrent bien :

1° Que le vignoble français n'est pas reconstitué en totalité comme on a voulu le faire croire, et que, en Gironde, principalement dans le Médoc, les vignes françaises prédominent dans les grands crus. Elles sont conservées en partie dans le Fronsadais et le Saint-Émilionnais, et l'on considère que leurs raisins sont nécessaire au maintien des caractères du cru.

2° En certains points de la Gironde, toujours dans les grands crus, surtout dans le Médoc, des propriétaires qui ont greffé renoncent aux greffes et même les arrachent pour retourner à l'ancien mode de culture. Et il est à prévoir que ce mouvement s'étendra par la suite.

3° Tous ceux qui n'obéissent pas à un mot d'ordre ou à des considérations d'intérêt temporaire, reconnaissent que le vin des vignes greffées est inférieur dans la région des crus et que, partout, le vin a changé à la suite du greffage, tant comme qualité que comme conservation.

Ceci établi pratiquement, contrairement à certaines affirmations intéressées, je vais montrer expérimentalement, à l'aide de la méthode scientifique, que cette variation de la nature du raisin et de ses produits à la suite de la reconstitution sur pieds américains n'est point un mythe, mais bien une réalité facile à mettre en évidence. Il serait en effet bien extraordinaire que les changements de la vigne greffée soient limités à la forme et aux propriétés physiologiques de l'appareil

---

([1]) Un propriétaire à qui je parlais un jour des dangers du greffage et de la qualité souvent inférieure du vin des vignes greffées, me répondit : « Que voulez-vous que cela nous fasse? Avant le greffage je faisais pour 3,000 fr. de vins bourgeois; l'an dernier j'ai vendu pour 6,000 fr. de bois. Je me moque de mes vins, vive le greffage ! »

Le malheur, en viticulture, c'est que chacun place ainsi son intérêt particulier du moment au-dessus de l'intérêt général, sans se préoccuper de l'avenir.

([2]) Champin, *loc. cit.*

([3]) L'on verra plus loin que le changement de goût de certains raisins est très prononcé.

végétatif, à la forme, à la grosseur et au nombre des fruits et des grains, modifications qui dénotent une altération profonde du greffon, et ne soient pas accom-
pagnés de variations correspondantes dans la constitution, la qualité et les
résistances du raisin et de ses dérivés.

*Composition chimique comparée des moûts et des raisins fournis par les vignes
franches de pied et les vignes greffées.*

Dans toutes les études comparatives faites sur la constitution des poires, des
pommes, des raisins et des vins, on s'est borné, dans l'immense majorité des cas,
à comparer entre eux les produits d'un même greffon porté par des sujets différents sans tenir compte du franc de pied correspondant (¹).

Cette comparaison essentielle sera toujours faite dans le cas des expériences
sur lesquelles je vais m'appuyer, car c'est le seul moyen de savoir s'il y a changement et quelle est la nature de celui-ci (²).

Avant de décrire les résultats de ces essais comparatifs, il me faut discuter la
méthode qui a été suivie pour le choix des raisins destinés à l'extraction des
moûts, en vue d'assurer une comparaison aussi rigoureuse que possible dans les
conditions délicates du problème.

L'on sait, principalement par les intéressantes recherches de Gerber (³), qu'un
fruit, lors de sa maturation, passe par plusieurs phases, dont l'une correspond à
la transformation des acides en sucres. On a donné le nom de *maturité théorique*
au moment de la maturation où l'on constate au glucomètre que le sucre n'augmente plus dans le fruit.

Cette maturité théorique ne doit pas être confondue avec la *maturité pratique*
tant au point de vue des fruits de table qu'à celui des fruits de pressoir. En
général, il est préférable de manger un fruit de table avant la disparition totale
des acides, car ceux-ci en relèvent agréablement le goût. Quant aux fruits du
pressoir, il est toujours indispensable de ne prendre que des fruits pourvus d'une
suffisante acidité non seulement pour donner à la boisson fermentée une saveur
plus agréable, mais encore pour en assurer la conservation ultérieure.

Quand il s'agit du raisin, les acides malique et tartrique qu'il renferme
diminuent sous l'influence de la chaleur au moment de la véraison, pour se
transformer en sucre. Mais, précisément à cause de cet effet de la chaleur sur le
raisin, on n'opère pas de la même manière dans le Nord ou dans le Midi. Dans
les régions septentrionales du vignoble, on effeuille de façon à ce que le raisin
soit exposé au soleil, perde l'acidité qu'il aurait sans cela en excès et acquière
ainsi plus de sucre. Dans le Midi, au contraire, si l'on effeuille, on le fait de façon
que le raisin, laissé à l'ombre sous les feuilles restantes, conserve une acidité
suffisante qu'une maturation trop avancée ferait disparaître.

En un mot, on s'efforce de mettre le raisin dans les conditions nécessaires
pour qu'il arrive à recevoir la somme optima de température indispensable à sa
maturation pratique régulière.

(¹) C'est la raison pour laquelle il ne sera pas tenu compte de la plupart de ces comparaisons où l'on ne
s'est pas occupé du franc de pied. Elles ne nous seraient d'aucune utilité au point de vue spécial qui est
envisagé ici.

(²) Je ne m'illusionne pas sur l'accueil qui attend fatalement celui qui ose toucher à une question aussi
grave que celle de la qualité des vins des vignes greffées- sans tenir compte du mot d'ordre établi, mais seulement de la vérité quelle qu'elle soit. Je ne serai pas même surpris qu'il soit opposé aux analyses que je
rapporte ici des expériences truquées ou des analyses de commande. Mais je tiens à déclarer ici que nous
sommes prêts, M. Laurent et moi, à accepter toutes les expériences contradictoires que l'on voudra bien faire,
avec les *garanties voulues d'impartialité* et sous le contrôle de personnes vraiment compétentes.

(3) Gerber. — *Recherches sur la maturation des fruits charnus.* Paris, 1897.

Si les fortes chaleurs coïncident avec une période de grande sécheresse du sol et de l'atmosphère, la maturation est *contrariée* et *abrégée*. Le raisin devient rouge vineux sale et se ratatine. La qualité du vin est singulièrement diminuée. Aussi, dans le Midi, où naturellement, vu le climat, ce résultat est plus fréquent, irrigue-t-on les vignes pour l'éviter quand c'est possible.

Il résulte de ces données, acceptées par tout le monde, que si les régions du Nord peuvent avoir intérêt à se rapprocher de la maturité théorique afin d'obtenir plus de sucre *tout en conservant une maturation régulière,* dans les régions chaudes du Midi, on doit au contraire éviter d'atteindre cette limite sous peine d'avoir des produits défectueux au point de vue de la vinification.

Le moment choisi pour la vendange des raisins présente donc une grande importance pratique. Pour les comparaisons scientifiques, c'est tout aussi important, vu que les résultats de l'analyse différeront tout naturellement suivant le jour que l'on choisira pour la récolte.

A quel moment précis fallait-il donc cueillir les raisins destinés aux comparaisons entre les greffés et les francs de pied? C'est là une question très délicate en apparence parce qu'on ne l'a pas suffisamment étudiée sous toutes ses faces et parce que l'on a cherché surtout à la compliquer pour éviter des comparaisons gênantes.

Comme on ne choisit jamais la maturité théorique dans la pratique courante, on ne peut songer à prendre pour critérium cette maturité théorique sans s'exposer à de justes critiques, vu que les résultats de ces comparaisons seraient fatalement différents de ceux que fournit la vinification des raisins vendangés à la maturité pratique.

Il serait, en outre, difficile de fixer la maturité théorique dans une série de ceps, vu que leur maturité n'est pas la même à un même moment; non seulement les ceps peuvent sous ce rapport différer entre eux, mais aussi les grappes d'un même cep et même les grains de raisin d'une même grappe.

Cela est vrai déjà pour les francs de pied, mais l'hétérogénéité est plus grande encore pour les greffés, ainsi qu'il a été précédemment indiqué.

Chacun sait que, dans la pratique courante, on vendange en général au même moment une étendue assez considérable d'un vignoble, lorsque le glucomètre montre qu'il y a suffisamment de sucre, et que l'acidité paraît convenable *sur quelques grappes prises au hasard*, considérées comme représentant un *état moyen* de maturité du tout.

Donc, pour se rapprocher des conditions de la pratique, il était préférable de faire la cueillette *au même moment* quand la maturité pratique paraissait réalisée.

Ce choix est, en outre, commandé par la nature même des comparaisons à établir, et il me sera facile de le démontrer. Pour que l'on puisse affirmer que le raisin n'est pas changé dans sa composition par le greffage, il est absolument indispensable que toutes conditions restent égales d'ailleurs après cette opération.

Or, ainsi qu'on le verra plus en détail au chapitre des variations spécifiques, et c'est d'ailleurs un fait admis par tout le monde, chaque sujet fait varier la précocité de son greffon, de telle sorte que la maturité de celui-ci se trouve *avancée* ou *retardée* suivant les cas.

Qui ne se rendra immédiatement compte que, dans ces conditions, s'il faut, pour les comparaisons entre greffés et francs de pied, attendre la maturité théorique, on avoue par le fait même l'existence de la variation du raisin? D'autre part, cette comparaison ainsi faite serait fausse au point de vue scientifique rigoureux, puisqu'on comparerait des raisins venus dans des conditions biologiques différentes, ainsi qu'il me sera facile de le démontrer à l'aide des notions générales de la *phénologie*.

En effet, examinons le cas le plus favorable au maintien de la composition du raisin, c'est-à-dire celui où la véraison serait simplement changée de date, sans que sa *durée* soit modifiée. Soit un cépage qui, franc de pied, exige vingt jours ([1]), par exemple, pour arriver à la maturité théorique depuis la véraison supposée débutant le 1er septembre. Le raisin de ce cépage franc de pied aura emmagasiné du 1er au 20 septembre une somme T de chaleur que le thermomètre enregistreur permet de déterminer et qui dépend bien entendu de l'année considérée.

La même vigne a été greffée sur un sujet qui, toutes conditions égales d'ailleurs, a avancé la véraison de 6 jours, par exemple. Celle-ci aura donc débuté le 25 août, à un moment où la température est le plus souvent *supérieure* à celle des premiers jours de septembre. Il en résulte que si l'on compte vingt jours à partir du 25 août, on arrive au 14 septembre pour la maturité théorique, si la durée de véraison n'est pas modifiée. Mais alors, en faisant la somme T' des températures de ces vingt jours, du 25 août au 14 septembre, on arrive à une somme $T' > T$, dans les conditions ordinaires de nos climats. Donc la somme T est atteinte avant la durée normale de maturation du franc de pied; elle est par conséquent *contrariée* et *abrégée* pour cette cause, ce qui, pratiquement, n'est pas un avantage, surtout dans les années sèches où le franc de pied souffre lui-même, particulièrement dans les régions méridionales.

Inversement, pour un sujet retardant la véraison de six jours, par exemple, il est facile de comprendre que la somme T" de chaleur emmagasinée par le greffon pendant vingt jours, du 6 au 26 septembre, reste inférieure à la somme T nécessaire à la maturité théorique, car les six jours de retard sont en général plus froids que les jours qui les précèdent. La maturation est donc *retardée*, et la durée est *allongée* d'une certaine période.

Donc, dans les deux cas, avec une véraison de durée fixe, la durée de la maturation est modifiée par suite de l'inégalité des températures fournies au raisin à la suite du changement de précocité consécutif à la plupart des greffages.

Si la durée de la véraison n'est pas la même, les maturités théoriques correspondantes ne sont plus comparables, cela va de soi, puisque les sommes des températures reçues par le raisin varient alors *ipso facto*. Il faut, en outre, tenir compte non seulement de la variation de température, mais aussi de l'état hygrométrique. Une pluie survenant pendant qu'on attend la maturité théorique pour l'une des plantes, quand l'autre l'a atteinte, changerait encore plus les conditions du problème et empêcherait les comparaisons d'être rigoureuses En réclamant la maturité théorique pour les comparaisons de moûts ou des raisins de vignes greffées ou franches de pied, on arrive donc à un non-sens scientifique.

Pour observer les conséquences du greffage d'une façon vraiment rigoureuse, il fallait absolument tenir compte du changement de précocité produit par l'opération et, pour cela, *les raisins devaient être récoltés le même jour*. En les choisissant, pour ne pas exagérer les résultats, il était bon de prendre les raisins dont la maturité représentait la moyenne pratique des raisins étudiés. Pour donner plus de garanties à ce choix, il a toujours été fait soit par moi ou par M. Laurent, en compagnie de praticiens bien au courant de leur métier ou par ces mêmes praticiens, quand les circonstances ne nous ont pas permis d'aller cueillir les raisins sur place.

En outre j'ai tenu à éliminer autant que possible les variations provoquées par les facilités d'exercice de l'aliment, différentes pour les grappes suivant les conditions extérieures et leur position sur les ceps choisis. Les raisins ont été choisis

---

([1]) Évidemment ce chiffre est pris quelconque, il va de soi qu'il peut varier suivant l'année et les conditions climatériques réalisées.

sur trois ceps différents pris parmi ceux qui représentaient la vigueur moyenne de chaque série; sur un rameau également de vigueur moyenne, orienté de la même façon, et au troisième nœud de ce rameau. En outre, on a choisi le type moyen de maturité pratique, d'après les indications du praticien qui faisait la cueillette.

Il est bon de faire remarquer en outre que, dans ces conditions, pour les vignes françaises franches de pied, le désavantage était plus marqué que pour les greffés dans les terres phylloxérées, vu qu'elles y souffrent davantage. Si donc elles se comportent mieux sous le rapport de la qualité des moûts ou des vins, c'est que le greffage est plus nuisible que le phylloxéra à ce point de vue spécial.

On m'a fait l'objection que le franc de pied, ayant moins de grappes à nourrir, aurait ainsi plus de facilité pour amener son raisin à bon port que les vignes greffées que l'on pousse à la quantité. Si donc on réduisait le nombre des grappes sur les greffés, on arriverait du même coup à retrouver la qualité qu'on a perdue.

Je ferai remarquer que les vignes sur lesquelles on a prélevé les échantillons ont été toutes conduites à production modérée, de façon à équilibrer autant que possible vigueur et production. Suivant les cas, il y avait augmentation ou diminution de production par rapport au franc de pied.

Eût-on opéré même sur des greffés conduits en vue de la quantité, l'objection serait d'ailleurs de faible valeur. Tout le monde n'a-t-il pas pratiqué la culture à la quantité qui, pour les viticulteurs, a été l'unique raison d'être du greffage, ainsi qu'il me serait facile de le prouver par des citations, s'il en était vraiment besoin (¹)? Nous serions donc restés dans les conditions de la pratique courante.

En réduisant la production des vignes greffées actuelles, on arriverait à augmenter leur vigueur déjà exagérée, au moins aux débuts, dans beaucoup de greffes, comme il a été dit, à obtenir du bois et non des raisins.

En outre, celui qui aurait recours à un semblable argument pour justifier l'emploi du greffage serait en complète contradiction avec les principes fondamentaux de la reconstitution. Le *greffage*, comme l'a dit M. Chauzit dans les passages précédemment cités, *donne à la plante la faculté de nourrir un plus grand nombre de raisins sans en changer la qualité*. C'est là l'un des dogmes fondamentaux de la reconstitution: il n'en faut pas sortir sous peine d'hérésie. Supprimer l'excès de production dans les greffes, c'est faire le procès de la reconstitution telle qu'elle a été officiellement comprise (²).

Ceci bien précisé, je vais donner les résultats des analyses faites par divers chimistes et surtout par M. Charles Laurent sur les moûts et sur les vins de quelques vignes greffées et des mêmes vignes franches de pied.

Les vins ont été faits par M. Jurie, de Millery (Rhône), mon regretté ami, dont la loyauté était bien connue de tous.

Les raisins ont été gracieusement fournis par MM. Ricard, de Léognan (Gironde); Bussier, de Maizeris (Gironde); comte de Ferrand, de Mouton-d'Armailhacq (Gironde); Salomon, de Thomery (Seine-et-Marne). J'adresse à tous ces viticulteurs l'expression de notre sincère gratitude.

(¹) M. Jallabert a écrit récemment ces lignes caractéristiques : « Tout en faisant la *part des choses*, j'estime que si les viticulteurs du Midi, obéissant à certaines suggestions, se livraient exclusivement à la production de vins de qualité supérieure après avoir engagé des sommes énormes *dans la reconstitution des vignobles à grands rendements*, non seulement ils commettraient une véritable imprudence, mais ils se prépareraient les plus cruelles déceptions. » (*Loc. cit.*)

(²) C'est ce que ne paraissent pas comprendre les greffeurs, qui réclament aujourd'hui le retour à la qualité même dans le Midi.

I. Vins.

Les analyses effectuées en 1903 sur les vins du 580 Jurie ont donné les résultats suivants :

TYPES DES VINS	DENSITÉ	ALCOOL (Malignand)	EXTRAIT à 100°	EXTRAIT dans le vide	CENDRES	SUCRE (Fehling)	ACIDITÉ en SO⁴H²	SULFATE de potassium	CRÈME de tartre.	TANIN
			gr.	gr.	gr.					
580, Pied-mère	1004.6	7°6	35.325	45.03	3.45	3.04	11.9	0.39	6.33	1.78
Id. greffe sur Rupestris du Lot. . .	1003.2	8°1	32.275	42.86	3.25	3.26	10.1	0.34	6.01	1.52
Id. greffé sur 41 B	1004.1	9°6	35.205	44.93	2.56	2.56	11.6	0.36	5.93	1.84

La dégustation comparée du 580 greffé et non greffé a été faite en 1903, sur des échantillons numérotés (¹), par M. Falecki, courtier assermenté à Rennes.
Voici les résultats de cette dégustation :

580 pied-mère. — Assez fin de goût; doit bien finir et prendre un certain bouquet.
580 greffé sur Rupestris du Lot. — Moins fin que le précédent; paraît plus plat.
580 greffé sur 41ᴮ. — Le meilleur des trois échantillons, fruité et plein.

L'appréciation de la couleur avait été non moins concluante au point de vue de la variation introduite par le greffage. Voici sous ce rapport l'appréciation de M. Falecki :

580 pied-mère. — Belle couleur rouge, mais faible.
580 greffé sur Rupestris du Lot. — Couleur plus puissante, un peu plombée.
580 greffé sur 41ᴮ. — Très belle couleur, intensité de rouge vif remarquable.

Ces analyses et les appréciations de M. Falecki montrent que, sous le rapport du vin, il y a des *greffages améliorants* et des *greffages détériorants* suivant les sujets employés, quand il s'agit des hybrides producteurs directs.
Il y a même eu, en 1903, une *augmentation de la couleur*, qui paraît être plutôt exceptionnelle dans le cas des vignes greffées.
Je faisais suivre la publication de ces analyses (²) des lignes suivantes :
« Ainsi donc, mes conclusions du Congrès de Lyon sont *justifiées par les faits et les recherches qu'elles ont provoquées*. »
Ces conclusions, plus d'une fois dénaturées par ceux qui les ont attaquées, doivent être reproduites ici pour permettre au lecteur de juger en connaissance de cause :
« Jusqu'ici, écrivai-je dans mon rapport (³), beaucoup de personnes ont considéré le greffage de la vigne comme l'opération qui a permis aux vignerons de *sauver* le vignoble français et de *conserver intégralement* les types de vignes qui ont fait la réputation si justifiée de nos vins.

(¹) Quand il a été fait des expériences de ce genre, on a toujours eu soin d'opérer sur des échantillons dont le dégustateur ignorait la nature et qui portaient des numéros qu'on identifiait ensuite en sa présence. Il n'y avait donc pas d'auto-suggestion à craindre dans un sens ou dans l'autre.
(²) L. Daniel. — *Premières notes sur la reconstitution du vignoble français par le greffage* (Revue de viticulture, 1904).
(³) L. Daniel. — *La variation spécifique dans le greffage ou hybridation asexuelle* (Compte rendu du Congrès de Lyon, 1901).

» Il est un fait acquis, c'est qu'en effet nos vignes greffées ont plus ou moins résisté au phylloxéra et que, malheureusement, malgré ses nombreux inconvénients, la greffe est encore l'un des meilleurs procédés dont on dispose pour la lutte actuelle. Mais il est pour moi non moins certain, d'après les recherches que je viens d'exposer (c'est-à-dire les variations spécifiques) et d'après les *variations de nutrition générale* amenées par l'opération, que c'est le greffage qui doit être rendu responsable en grande partie des désastres qui atteignent le vigneron : abondance de vin inférieur, goût particulier désagréable des vins, diminution de la résistance aux agents extérieurs, modification plus ou moins lente, plus ou moins profonde, mais *sûre* des cépages. L'on peut prédire d'une façon presque certaine la disparition d'un certain nombre de crus qui devaient leur principale réputation à ces raisins que nos pères avaient sélectionnés depuis des siècles.

» Le greffage a donc *sauvé momentanément* nos cépages, mais en *engageant l'avenir*. Il *tuera* très probablement à la longue les cépages anciens : voilà le fait brutal ; bien coupable serait celui qui s'endormirait dans une trompeuse sécurité, comme celui qui, prévoyant ce résultat, resterait indifférent et ne jetterait pas un cri d'alarme. »

Et, comme je prévoyais qu'on essaierait évidemment de donner le change en s'appuyant sur la rareté des variations spécifiques que j'avais indiquée moi-même, pour dire que je ne parlais que d'exceptions, j'avais soin d'ajouter en note les lignes suivantes qui montraient surtout la responsabilité des *changements de nutrition* dans les variations survenues :

« Mon affirmation, disais-je, surprendra peut-être et demande une explication sommaire, puisque j'ai dû négliger dans ce travail (mon rapport) l'étude des variations de nutrition générale.

» Les partisans du greffage me diront que, pour supprimer les mauvais effets de cette opération, il suffit de choisir des greffons et des sujets ayant une affinité suffisante. L'affinité peut évidemment atténuer, mais elle ne pourra jamais supprimer les inconvénients signalés. Il est presque impossible de rencontrer deux plantes d'espèces ou de races différentes ayant le même fonctionnement physiologique ; je dirai plus : une plante greffée sur elle-même ne fonctionne plus de la même manière à cause du bourrelet. Les *variations* dans l'absorption et dans la ɔrtie de l'eau sont *différentes* entre la plante normale et la plante greffée qui ne éagissent pas de la même façon vis-à-vis des agents extérieurs. Où la plante normale peut résister à la sécheresse ou à l'humidité excessives, la plante greffée ɔneurt...

ɔ *A ces variations dans le régime de l'eau correspondent fatalement des modifications dans la composition chimique des tissus du sujet et du greffon.* Le raisin lui-même ne ɔeut faire autrement que d'être plus ou moins modifié, soit en bien, soit en mal ɔuivant les cas ; le vin sera donc de qualité plus ou moins différente du vin fourni ɔar les vignes cultivées directement sans greffage. Que ces modifications varient ɩvec les sujets et l'affinité qu'ils présentent avec leurs greffons, c'est tout naturel ; qu'elles soient plus ou moins profondes, *utiles* ou *nuisibles*, elles n'en amènent pas moins, à la longue, un **changement dans le cépage** et, par suite, **dans ses produits...** »

Il me semble qu'il était difficile d'être plus catégorique et il faut être de parti pris pour dire que, dans le changement de qualité des vins après greffage, je n'avais eu en vue que la variation spécifique, c'est-à-dire une exception en somme.

Les analyses de M. Laurent, faites en 1904 sur des échantillons de vins comparatifs plus nombreux, provenant du clos de M. Jurie, ont montré une fois de plus la justesse des conclusions que j'avais déduites de la théorie, ainsi qu'on peut s'en rendre compte par le tableau suivant :

TYPES DES VINS	DENSITÉ	ALCOOL (Malligand)	EXTRAIT à 100°	EXTRAIT dans le vide	CENDRES	SUCRE (Fehling)	ACIDITÉ en SO⁴H²	SULFATE de Potassium	CRÈME de tartre	TANIN
			gr.	gr.	gr.					
580, Pied-mère	999.6	8°2	28.05	34.5	3.05	6 3	6.5	0.24	5.96	1.00
Id. greffé sur Rupestris du Lot. . .	998.4	8°8	28.45	35.2	3.85	2.75	5.2	0.17	4.69	0.35
Id. id. 41 B.	999.2	9°8	32 05	39.6	3.30	4.7	6.3	0.16	5.12	0.30
Id. id. A. Rupestris.	1000.5	7°9	28.90	36.4	3,30	4.8	5.4	0.16	5.28	0.20
Id. id. 34 Em.	998.6	9°4	29.85	37.5	2.90	3.85	5.2	0.19	4.60	0.14
Id. id. Cabernet	997.8	9°5	27 »	34.9	2.65	3.2	4.5	0.21	4.94	0 10
1245, Pied-mère.	999.8	8°6	29.05	32.7	3.35	4.07	4.8	0.13	6.40	0.15
Id. greffé sur Rupestris du Lot . .	997.5	8°9	23.90	29.4	2.85	5.7	4.1	0.18	5.54	0.15
Mondeuse franche de pied	996.3	9°3	21.35	»	2.65	2 64	5.4	0.19	4.69	0.20
Id. greffée sur Vialla	995.5	9°3	16.80	»	2.85	2.1	3.9	0.18	3.84	0.15

Ce tableau, par les comparaisons faites en 1903 et 1904 sur les vins de 580 montre que, suivant les années, pour un même produit (tanin par exemple), il peut y avoir augmentation ou diminution, c'est-à-dire *amélioration* ou *détérioration* suivant le rôle particulier que joue ce produit en vinification.

Désireux de faire constater les variations du vin de ses hybrides sous l'influence de sujets convenablement choisis en vue d'une hybridation asexuelle, M. Jurie avait fait en 1905 des séries de vins de ses hybrides 1375 et 2850 qui ont été analysés : les premiers, par M. Curtel, directeur de l'Institut œnologique de Bourgogne, à Dijon ; les seconds, par un professeur d'agriculture que je ne nomme pas, pour ne pas l'exposer aux foudres des greffeurs qui n'admettent pas le libre examen de ces questions.

Les résultats montrent bien l'existence de la variation du vin à la suite du greffage. Je les donne ici tels quels, me réservant de montrer l'origine de ces changements au chapitre des variations spécifiques.

NATURE DES VINS	ALCOOL.	ACIDITÉ sulfurique totale	ACIDITÉ volatile	BITARTRATE de potasse	TANIN	COLORIMÈTRE (*)	EXTRAIT sec à 100°	CENDRES	EXAMEN microscopique	CASSE oxydasique	CASSE ferrique	MALADIES bactériennes	RÉSISTANCE à l'étuve à 25°
		gr.											
1375ᵗ Jurie franc de pied.	8°5	8.0	0.35	0.48	1.46	130.8	27.76	2.32	Bon	Néant	Néant	Néant	Tr.bonne
1375ᵗ greffé sur Berlandieri	8°2	8.6	0.47	0.64	1.04	100	29.16	1.12	id.	id.	id.	id.	Bonne
1375ᵗ greffé sur Rupestris Cordifolia. .	8°2	9.4	0.47	0.60	1.20	120	29.92	3.32	id.	id.	id.	id.	Bonne
1375ᵗ greffé sur 420ᴬ (Riparia-Berlandieri). . .	8°6	9.2	0.65	0.87	1.11	102	30.2	2.04	id.	id.	id.	id.	As. Bonne

(*) Le moins coloré = 100 pris comme terme de comparaison.

La dégustation de ces quatre vins de 1905 fut faite par M. Curtel, M. Savot, président du Syndicat de la Côte dijonnaise, et le Dᵣ Chanut, président du Syndicat viticole de Nuits-Saint-Georges.

Voici, à l'unanimité, les constatations faites :

1. 1375[1] franc de pied. — Beaucoup de fruité, de la finesse et du corps; bouquet et goût de sauvage de raisin un peu figué;

2. 1375[1] greffé sur Berlandieri. — Beaucoup plus de finesse au nez et à la bouche; un peu moins de corps que le précédent; moins de couleur; vin très remarquable, le plus distingué des quatre types;

3. 1375[1] greffé sur Rupestris Cordifolia. — C'est le plus plein, le plus gros, le moins fruité;

4. 1375[1] greffé sur 420[A]. — Beaucoup moins de finesse et de bouquet que les autres. A ranger au dernier rang.

Ces résultats [1] se trouvent encore confirmés par les analyses des vins du 2850 Jurie [2], qui sont contenues dans le tableau suivant, encore inédit, que m'avait communiqué en novembre 1905 le regretté M. Jurie.

NATURE DES VINS	ALCOOL	EXTRAIT SEC à 100	ACIDITÉ en SO⁴H¹	TANIN
		gr.	gr.	gr.
2850 franc de pied	7°6	25.50	7.05	2.05
2850 greffé sur 560	7°2	24.60	7.30	1.55
2850 greffé sur 212	7°7	26.74	7.20	2.23
2850 greffé sur 125	8°0	25.30	7.30	1.33
2850 greffé sur 202 . . . . · . .	7°9	25.46	7.50	1.60
2850 greffé sur 215	8°2	24.69	7.35	1.90
2850 greffé sur 227	8°4	24.40	7.00	1.90

Quelque probantes que puissent être ces analyses faites par des chimistes différents, ne se connaissant pas, et sans doute à l'aide de méthodes différentes en quelque point, on m'objectera que les variations obtenues peuvent être causées par des inégalités de fermentation; que les vins ont été faits en petite quantité et que par suite les résultats obtenus peuvent n'avoir aucun rapport avec les résultats de la vinification faite dans les conditions de la pratique courante.

A cela je pourrais répondre que les vins ont été faits de la même manière par M. Jurie, avec des raisins parfaitement sains et scrupuleusement choisis; que, par ailleurs, M. Jurie s'était entouré de toutes les précautions pour assurer la comparaison rigoureuse de l'opération.

Mais je ne nierai pas que, malgré les précautions prises, il ne puisse y avoir quelque chose de fondé dans les objections précédentes. Aussi était-il nécessaire d'opérer d'une autre manière afin de contrôler les précédents résultats. En analysant les moûts provenant de raisins greffés et non greffés, on évitait toute erreur provenant de la fermentation comme de la vinification en petit.

II. Moûts.

La première étude rigoureusement comparative faite sur les moûts des vignes greffées et des vignes franches de pied a été faite en 1902 et en 1903 par M. Curtel [3], qui l'a publiée seulement en 1904 dans une note intéressante à divers points de vue.

(1) Voir CURTEL et JURIE. — De l'influence de la greffe sur la qualité du raisin et du vin et son emploi à l'amélioration systématique des hybrides sexuels (C. R. de l'Académie des sciences, 19 février 1906).

(2) Pour la nature du 2850 Jurie et des hybrides sur lesquels il a été greffé, voir plus loin au chapitres des variations spécifiques.

(3) G. CURTEL. — De l'influence de la greffe sur la composition du raisin (C. R. de l'Académie des sciences, 12 septembre 1904).

Les vignes sur lesquelles il a opéré sont malheureusement d'âge inégal ; les Pinots greffés avaient neuf ans et les Pinots francs de pied étaient très âgés ; les Gamays greffés avaient neuf ans, et les francs de pied douze ans, ce qui rend la comparaison plus exacte pour ce type de vignes que pour les Pinots.

Les procédés employés ont été : 1° la pression aussi égale que possible et prolongée durant un même temps sur les grains de raisin ; 2° l'épuisement par l'eau des grains de raisin. Voici les résultats obtenus :

I. RAISINS PRESSÉS.

TYPES DE RAISINS	DEXTROSE	LÉVULOSE	ACIDITÉ totale	ACIDE phosphorique	CENDRES	AZOTE total	RICHESSE colorante des peaux	TENEUR en tanin des pépins pour 100gr. de baies
Pinot sur Riparia	109.70	72.44	15.3	0.65	2.50	2.24	100	0.40
Pinot franc de pied	97.98	80.48	15.1	0.71	3.34	1.56	115	0.65

II. — RAISINS ÉPUISÉS PAR L'EAU

TYPES DE RAISINS	DEXTROSE	LÉVULOSE	ACIDITÉ totale	BITARTRATE de potasse	ACIDE phosphorique	AZOTE organique	CENDRES	TANIN	MATIÈRE colorante
Pinot sur Riparia.	87.30	102.05	9.20	8.47	0.46	4.02	5.15	1.05	100
Pinot franc de pied.	81.07	98.03	8.54	8.51	0.61	3.17	5.45	1.85	126
Gamay sur Solonis		153.5	10.43	9.41	»	»	»	1.04	100
Gamay franc de pied		158.7	8.6	10.43	»	»	»	1.10	106

M. Curtel concluait de ses analyses que le jus des fruits de vigne greffée est « plus abondant, d'ordinaire à la fois plus acide et plus sucré, moins riche en principes fixes, en phosphates notamment, *plus chargé de matières azotées,* moins tannique et moins coloré, d'une couleur moins stable. Ces différences varient avec le cépage et le porte-greffe ». Et l'auteur ajoute que ces différences lui « ont paru surtout appréciables chez le Pinot greffé sur Riparia. Deux faits sont surtout à rappeler : la plus grande altérabilité de la couleur et l'excès d'œnoxydase sur le Pinot greffé ; la plus grande abondance des matières azotées dans le moût (¹). Ces deux faits expliquent peut-être le vieillissement plus rapide de ces vins de vigne greffée et leur plus grande sensibilité aux ferments pathogènes. La pasteurisation en primeur des vins ou mieux encore des moûts, l'emploi des levures, la vinification à l'abri de l'air, conviennent donc tout spécialement à ces vins. Il y a lieu aussi de tenir compte, dans le choix du porte-greffe, du minimum de modifications qu'il apporte au fruit. »

De son côté, M. Ch. Laurent ne se bornait pas à l'analyse des vins, mais il entreprenait une série d'analyses de moûts provenant de vignes variées, dont quelques-unes ont été faites déjà deux années de suite et seront continuées si l'on veut bien lui permettre de continuer à recueillir les raisins nécessaires dans les vignobles d'expériences sur lesquels il a opéré jusqu'ici.

Ses premières analyses de moûts ont été faites sur les raisins du Verdot (²),

(¹) Il y a donc bien concordance entre les variations de l'appareil végétatif et celles du fruit, contrairement aux affirmations de M. Chauzit précédemment rapportées.

(²) M. Marcel RICARD, par un oubli qu'il fut le premier à regretter, avait négligé d'envoyer à temps le Cabernet-Sauvignon que je lui avais demandé ; quand je réclamai, celui-ci était vendangé et le Verdot seul avait encore ses raisins sur les ceps. De là le choix, un peu étrange, de ce dernier cépage, en somme peu cultivé en Gironde.

provenant du champ d'expériences de Haut-Gardère. Les raisins, cueillis par le chef de culture de M. Marcel Ricard, furent expédiés à M. Laurent en sacs numé rotés. Celui-ci, après avoir fait l'analyse sans connaître la nature de chaque raisin, adressa les résultats à M. Frantz Malvezin. Ce dernier établit, en présence de M. Ricard, la correspondance des numéros avec la liste des types de raisins. Un procès-verbal, signé de MM. Malvezin et Ricard, établit la parfaite sincérité de cette opération où le chimiste, opérant sur des matériaux non connus de lui, ne pouvait obéir à aucune auto-suggestion ni à aucun intérêt.

Les résultats de l'analyse sont fournis par le tableau suivant :

I. — ANALYSE DES MOUTS DE VERDOT (1904).

TYPES		POIDS des grains	POIDS des rafles	QUANTITÉ de moût	DENSITÉ	EXTRAIT à 100°	CENDRES	SUCRE (Fehling)	ACIDITÉ en SO⁴H²	TANIN
		kil.	kil.	cmc.		gr.	gr.	gr.	gr.	gr.
Verdot franc de pied.		1.025	0.185	585	1053.2	144.92	5.06	130.94	14.63	0.39
Id.	greffé sur Riparia Gloire.	1.155	0.075	650	1052 »	142.37	4.32	110 »	6.10	0.26
Id.	Id.	Rip. tomenteux	1.660	0.070	800	1045.3	120.15	3.75	102.63	6.48	0.32
Id.	Id.	Rupestris du Lot. . . .	1.300	0.070	750	1063.7	169.82	3.87	148.64	6.45	0.09
Id.	Id.	Taylor Narb.	1.140	0.080	615	1052.8	143.09	5.35	122.22	7.09	0.23
Id.	Id.	Ar. Rub. G. 1	1.300	0.080	725	1055.2	148.62	3 »	130.94	6.67	0.26
Id.	Id.	101 ¹⁴	1.220	0.060	625	1060.5	161.98	4.30	144.72	5.58	0.29
Id.	Id.	Vialla	1.130	0.070	610	1051.2	136.47	5.10	114.57	9.67	0.26

En 1905, l'analyse put se faire sur Cabernet-Sauvignon greffé et non greffé. Ses raisins furent cueillis à la maturité pratique par le chef de culture de Haut-Gardère, et expédiés aussitôt dans de bonnes conditions.

Des raisins de Cabernet-Sauvignon provenant des vignobles de M. Bussier furent également étudiés, ainsi que des raisins récoltés en ma présence chez M. Salomon, de Thomery (raisins de cuve et raisins de table, raisins rouges et raisins blancs), que je rapportai moi-même.

Les résultats de ces analyses sont indiqués dans le tableau II à la page suivante.

L'année 1905 était une année plutôt humide au moment de la véraison des raisins. Il était intéressant de continuer les analyses et de voir quelles variations ont pu se produire dans les raisins de 1906 (tableau III), où la maturation s'est effectuée par le beau temps, à la suite d'une longue période de sécheresse.

Cette année, pour plus de précision, M. Charles Laurent a employé une presse manométrique spéciale, lui permettant d'exercer d'une façon aussi rigoureuse que possible une même pression, lors de l'extraction des moûts.

Il a lui-même cueilli les raisins de Haut-Gardère d'après les indications très précises que je lui avais données, et il s'est entouré de toutes les précautions les plus minutieuses en vue de rendre les comparaisons scientifiquement aussi rigou reuses que possible.

Un fait à noter, c'est que le phylloxéra s'est montré en 1906 inquiétant à Haut-Gardère, dans le champ d'expériences, et que l'on a dû sulfurer le tout pour éviter un désastre. Le franc de pied s'est donc trouvé dans des conditions plus défavorables que les années précédentes. En outre, la cochylis a fait de sérieux ravages, ce qui est regrettable au point de vue des comparaisons. Toutefois, M. Laurent ayant choisi des grappes saines, la cause de variation due à l'insecte se trouve réduite à son minimum dans les conditions de l'expérience.

En dehors des moûts de Haut-Gardère, M. Ch. Laurent a analysé des raisins provenant de Fronsac et de Mouton-d'Armailhacq, fournis par le Cabernet-

II. — ANALYSE DES MOUTS DE CABERNET-SAUVIGNON (1905).

TYPES		POIDS des grains	POIDS des rafles	QUANTITÉ de moût	DENSITÉ	EXTRAIT à 100°	CENDRES	SUCRE (Fehling)	ACIDITÉ en SOH¹	TANIN
		k.	k.	cmc.		gr.	gr.	gr.	gr.	gr.
Moûts des raisins de Léognan										
Cabernet-Sauvignon greffé sur Rip. Gloire . . .		0.870	0.070	485	1062.3	201.5	3.90	161.33	9.17	0.330
Id.	*Id.* Rip. tomenteux. .	0.835	0.066	485	1065	209.6	3.85	185.36	8.21	0·470
Id.	*Id.* Rup. du Lot . .	0.880	0.129	500	1060	194.5	3.65	152.00	7.72	0.365
Id.	*Id.* Taylor Narb.. .	0.870	0.115	490	1061	199.35	3.30	164.73	7.48	0.460
Id.	*Id.* A. Rup. G. nº 1.	0.865	0.110	480	1054.5	176.25	3.55	138.17	8.96	0.325
Id.	*Id.* 101¹⁴	0.990	0.125	520	1057	182.50	3.10	146.04	8.80	0.455
Id.	*Id.* Vialla	0.850	0.115	465	1061.5	196.30	3.75	166.97	8.30	0.290
Id.	franc de pied. . . .	0.885	0.117	500	1066.5	215.75	2.60	201.47	7.34	0.450
Moûts des raisins de Maizeris										
Cabernet-Sauvignon franc de pied. . . .		2.520	0.115	1500	1091.2	242.5	4.65	190.00	4.78	0.225
Id.	greffé	2 540	0.130	1500	1085.5	222.15	4.25	176.70	5.12	0.115
Moûts des raisins de Thomery										
Chardonnay franc de pied		0.860	0.045	535	1053	178.5	3.10	143.38	11.90	0.580
Id.	greffé sur 101	1.010	0.060	585	1058.3	193.65	2.60	167 96	9.64	0.625
Durif franc de pied.		1.200	0.065	760	1040	140.65	3.00	116.92	13.32	0.575
Id. greffé sur Rip. Rup. 101 .		1.480	0.095	940	1028.5	110.25	2.75	96.43	11.42	0.375
Chasselas franc de pied.		0.520	0.020	330	1055	135.6	3.25	126.60	10.14	0.510
Id.	greffé sur A. Rup. G. nº 1. .	0.485	0.012	320	1053	131.75	4.00	124.60	7.72	0.420
Id.	*Id.* Mourvèdre Rup. 1202 .	0.620	0.028	400	1066	165.80	4.50	152.00	6.76	0.520
Id.	*Id.* Rup. du Lot	0.480	0.022	305	1058	146.25	5.20	138.18	7.24	0.845
Id.	*Id.* Rip. Gloire.	0.480	0.020	300	1059.2	148.75	4.40	143.40	9.66	0·310

III. — ANALYSES DE 1906.

TYPES		POIDS des grains	QUANTITÉ de moût	DENSITÉ	EXTRAIT à 100°	CENDRES	SUCRE (Fehling)	ACIDITÉ en SOH²	TANIN	POIDS de marc sec
		kil.	cmc.		gr.	gr.	gr.	gr.	gr.	gr.
Moûts des raisins de Léognan.										
Cabernet-Sauvignon greffé sur Rip. Gloire . .		1 »	670	1087.5	228.36	3.02	204.30	5.74	0.856	82 »
Id.	*Id.* Rip. tomenteux. .	»	680	1080.0	203.54	3.76	178 50	6.05	0.923	81 »
Id.	*Id.* Rup. du Lot. .	»	660	1083.5	216.52	3.90	197.63	5.33	0.648	73.50
Id.	*Id.* Taylor-Narb..	»	670	1080.2	205.03	3.47	179.76	5.38	0.696	73 »
Id.	*Id.* A. Rup. G. nº 1.	»	690	1076.2	190.02	3.20	171.52	5.64	0.664	82 »
Id.	*Id.* 101¹⁴	»	690	1081.7	209.42	3.03	186.30	4.88	0.615	76 »
Id.	*Id.* Vialla	»	690	1081.0	206.89	3.34	183.60	4.83	0.567	75 »
Id.	*Id.* franc de pied .	»	690	1082.8	213.32	3.12	196.93	5.51	0.754	78 »
Sauvignon greffé sur Rip. Gloire		1 »	650	1088.2	237.96	2.80	213.50	5.49	0.550	77 »
Id.	*Id.* Rip. tomenteux . . .	»	620	1091.8	245.60	2.91	226.55	5.98	0.615	75.50
Id.	*Id.* Rup. du Lot.	»	630	1085.3	231.32	2 64	202.40	5.30	0.453	77.50
Id.	*Id.* Taylor Narb.	»	690	1093.8	268.99	2.69	233.35	5.48	0.486	71 »
Id.	*Id.* A. Rup. G. nº 1 . . .	»	690	1089.0	237.46	2.67	219.50	5.17	0.469	74 »
Id.	*Id.* 101¹⁴	»	670	1093.5	264.81	2.96	231.43	5.14	0.486	76 »
Id.	*Id.* Vialla.	»	695	1082.2	212.08	3.61	199.30	5.51	0.405	72 »
Id.	*Id.* franc de pied . . .	»	690	1091.7	244.24	3.22	225.40	4.86	0.531	72.50
Moûts des raisins de Mouton-d'Armailhacq.										
Cabernet-Sauvignon greffé sur Rip. Gloire . .		1 »	700	1092.4	243.78	2.78	228.80	5.82	0.615	76 »
Id.	*Id.* franc de pied . .	»	720	1086.8	226.20	2.75	208.72	5.01	0.729	76 »
Merlot greffé sur Rip. Gloire		»	670	1094.4	247.04	2.68	231.20	5.04	0.518	52 »
Id.	*Id.* franc de pied	»	700	1084.8	219.56	2.80	199.10	4.55	0.680	56.50
Moûts des raisins de Fronsac.										
Cabernet-Sauvignon greffé		1 »	750	1092.5	235.94	2.36	212.70	6.10	0.644	81 »
Id.	*Id.* franc de pied. .	»	700	1098.3	251.09	2.48	236.60	5.48	0.696	72.50
Merlot greffé		»	750	1081.6	202.84	2.41	181.85	5.43	0.376	53.50
Id. franc de pied		»	700	1090.1	227.48	2.82	206.05	5.92	0.502	48.50

Sauvignon et le Merlot greffés et francs de pied. Ces vignes étaient plus âgées que les ceps du champ d'expériences de Haut-Gardère, où les francs de pied n'avaient pas encore un racinage développé suffisamment en profondeur pour résister facilement à la sécheresse exceptionnelle de 1906. Ces considérations aideront à comprendre les différences de résultats obtenus avec la même variété de vigne, greffée sur un même sujet, mais provenant de vignobles différents.

Toutes ces analyses, faites comparativement, n'ont pas d'autre conclusion logique que celle formulée dans mon Rapport au ministre de l'Agriculture, déposé le 2 février 1904, à la suite de ma première mission viticole (¹) relative aux effets du greffage.

« Contrairement à ce que l'on a prétendu au début de la reconstitution, disais-je alors, *le greffage fait varier la vigne et son principal produit, le vin.*

»*Ainsi, l'une des *bases* fondamentales sur laquelle la pratique viticole s'est appuyée d'après les idées scientifiques du moment est *radicalement fausse.* Faut-il s'étonner si, dans ces conditions, il y a eu des erreurs commises, si les viticulteurs ont éprouvé des déboires et s'il y a eu crise viticole? Comme l'on comprend ce découragement qui les a saisis à plusieurs reprises en présence de l'abondance des produits inférieurs et de l'intensité croissante des maladies cryptogamiques! Et l'on conçoit que, récemment, l'un d'eux, dans la *Revue de viticulture* (²), ait qualifié la vigne américaine de « *funeste présent des Dieux !* ».

L'analyse comparative, tant des vins que des moûts, montre que tout est variation à la suite du greffage; c'est une *variation primordiale,* inhérente au greffage. On ne peut donc incriminer d'autres facteurs de variation pour décharger celui-ci, puisque, à Haut-Gardère, en particulier, toutes les vignes d'expériences ont été *cultivées de la même manière.* C'est la condamnation formelle des idées qui ont présidé à la reconstitution et de la conclusion suivante de M. Ravaz (³) qui les paraphrase :

« Si donc, n'a pas craint d'écrire en 1903 cet auteur, les vignerons de quelques régions—je n'en connais pas (⁴) — avaient à se plaindre de la qualité des produits des vignes reconstituées, ils ne devraient point en incriminer la greffe; ils devraient en chercher les causes surtout dans les modifications qu'ils ont pu apporter à la *culture* de leurs nouvelles vignes (⁵). Une vigne plantée à 0ᵐ60 en tous sens ne pousse pas comme une vigne plantée à 1 mètre ou 1ᵐ10. La première n'a qu'une branche à fruit et quelques rameaux qui portent les grappes. La seconde a deux, trois, quatre branches à fruits groupées, dont les rameaux poussent en touffe ou en buisson. Une partie des feuilles est à l'ombre, il en est de même des grappes. Qu'y a-t-il de surprenant à ce qu'il y ait moins de sucre, moins de tanin dans les raisins de cette souche que dans ceux de la première? »

Cela n'a rien d'extraordinaire, en effet. Mais ce qui serait plus étrange, ce serait de voir des raisins, qui varient ainsi avec une grande facilité par la plantation à des distances plus ou moins grandes et suivant le mode de taille, rester de *composition immuable* quand, sans changer les autres modes de culture de la vigne, on emploie le procédé de culture le plus compliqué, c'est-à-dire le greffage. L'expérience a, comme on le voit, répondu à cette nouvelle inconséquence, et *la cause est définitivement jugée.*

(¹) L. DANIEL. — *Premières notes sur la reconstitution du vignoble français par le greffage* (*Revue de viticulture,* 1904).
(²) Il est assez piquant de trouver cela dans un journal fondé, comme l'École de Montpellier, pour défendre et propager la vigne américaine.
(³) RAVAZ. — *Sur les variations de la vigne greffée* (*Progrès agricole,* 1903).
(⁴) Sans doute M. Ravaz a fermé ses yeux pour ne rien voir et bouché ses oreilles pour ne rien entendre.
(⁵) L'auteur oublie que, comme l'a fait remarquer M. Sahut et comme je l'ai maintes fois déjà fait ressortir, ces modifications culturales sont la conséquence obligée du greffage. Cela ne fait d'ailleurs de doute pour personne.

D'autres conclusions intéressantes se dégagent encore des séries d'analyses qui ont été rapportées précédemment.

Si l'on examine les tableaux de rendement des moûts par kilogramme de raisin, on voit que cette année, où la sécheresse a été très forte et très prolongée, les greffés ont, en général, dans les graves, moins donné de jus que les francs de pied. C'est là une démonstration frappante de la moindre résistance à la sécheresse des vignes greffées dans ces terrains. Le rendement élevé, qui a été pour beaucoup la raison d'être de la reconstitution, se trouve, en Médoc, réduit précisément dans les années où l'on faisait autrefois ce qu'en Gironde on appelle « une grande bouteille ».

Si tous les éléments du raisin varient à la suite du greffage, cette variation n'est pas obligatoirement de même sens pour tous les éléments. D'autre part, les changements produits diffèrent suivant les années, et en particulier quand celles-ci sont très sèches ou très humides. Chaque élément présente une sensibilité particulière, de telle sorte que rien n'est variable comme le déséquilibre produit dans le raisin par la greffe. Cela ne surprendra personne parmi ceux qui ont suivi avec soin les données de la théorie.

De ce fait que les raisins des greffés sont *déséquilibrés*, résultent diverses conséquences d'une importance capitale en viticulture. L'on sait, en effet, que de la constitution des raisins dépend non seulement la *qualité* d'un vin déterminé, mais encore sa *conservation* (¹). Le greffage a donc sous le rapport des changements de qualité et de conservation une part de responsabilité scientifiquement établie par les expériences comparatives précédemment rapportées.

Le déséquilibre des raisins causé par le greffage ne pouvait fatalement pas échapper au bon sens du vigneron. *J'ajouterai qu'il n'avait pas davantage échappé à ceux qui soutenaient le maintien absolu de la qualité du raisin*. Si les paroles ont souvent été menteuses, les actes l'étaient moins, parce que l'intérêt immédiat, la nécessité de *conserver* ou de *guérir* les vins avariés en masse à certaines périodes, ont obligé à recourir à des mesures énergiques tout aussi bien le grand producteur que le vigneron le plus modeste. Chacun sait cela.

Or, si le greffage a donné naissance à un déséquilibre des raisins, celui-ci appelait un remède et devait créer l'*œnologie* par addition de médicaments; de cette œnologie chimique ont fatalement dérivé la sophistication des vins et la *fraude*, cette terrible fraude que certains brandissent aujourd'hui comme un épouvantail en la pratiquant eux-mêmes sur une large échelle. Il est facile de prouver la justesse de ces déductions.

Si l'on se reporte, en effet, aux analyses précédentes, on voit que le greffage entraîne des variations prononcées dans les sucres, l'acidité, le tanin, la couleur, etc., tous éléments importants de la constitution du vin. Ces variatio⸱⸱ constatées, il était naturel d'essayer de les annihiler en ajoutant à la venda⸱⸱⸱ les éléments qui faisaient défaut, d'après l'analyse sommaire des moûts et d'⸱⸱⸱⸱⸱ la comparaison avec les anciens raisins d'un vignoble donné.

Et c'est ainsi qu'on a fatalement pris l'habitude : 1° du *sucrage* dans les années humides où le greffage empêche la maturation avec certains sujets; 2° de l'addition d'*acide tartrique*, quand au contraire, dans les années chaudes, le greffage diminue intempestivement l'acidité; 3° de l'addition de *tanins* quand, comme c'est le cas le plus fréquent, le greffage diminue les proportions de cette substance;

(¹) Voir plus loin aux *Variations de résistance*. On verra que la résistance des moûts varie après greffage non seulement suivant le sujet employé et les greffons qu'il porte, mais encore suivant les conditions climatériques. Cette année, où la sécheresse a été exceptionnelle, le franc de pied avait une résistance normale au *Botrytis* par exemple, quand la plupart des moûts des greffés de Haut-Gardère étaient devenus plus résistants, contrairement à ce qui s'était passé l'année précédente (année humide).

4° enfin de la *coloration artificielle* par des procédés chimiques ou par les vins de raisins teinturiers.

C'est si bien aujourd'hui reconnu *nécessaire* pour les vins de greffe qui sont la très grande majorité actuellement, que la Commission ministérielle chargée de présenter au Conseil d'Etat le projet de réglementation d'après la loi d'août 1905 a arrêté la rédaction suivante :

« Le vin est la boisson obtenue par fermentation alcoolique du raisin frais ou du jus de raisin frais.

» Toutes manipulations ou pratiques œnologiques de nature à apporter une modification à la composition du vin sont interdites. »

En lisant ces définitions, on ne peut que les trouver parfaites. Enfin, se dit le lecteur, on ne pourra plus vendre que des vins naturels, sans danger pour la santé publique... Mais la suite fait vite perdre toute illusion, et l'on retombe une fois de plus dans le maquis de la contradiction, refuge habituel des greffeurs embarrassés.

« Toutefois, continue en effet le projet, on considère exceptionnellement comme *licites* les manipulations et pratiques suivantes, que l'usage a reconnues *nécessaires* :

» *A)*. — A l'égard des moûts :

1. L'addition de l'acide tartrique dans les moûts insuffisamment acides;
2. L'addition de tartrate neutre de potasse dans les moûts trop acides;
3. L'addition de sucre, dans les conditions où cette pratique est autorisée par la loi;
4. L'addition de plâtre non calcaire dans les mêmes conditions;
5. L'addition de biphosphate de chaux, d'acide sulfureux, de bisulfite de potasse et de tanin dans des conditions qui seront déterminées par le règlement.

» *B)*. — A l'égard des vins :

1. Le coupage des vins naturels;
2. Le collage au moyen des clarifiants usuels;
3. L'acide sulfureux pur à la dose maxima de 350 milligrammes par litre;
4. Le bisulfite de potasse pur et l'acide citrique dans des conditions qui seront déterminées par les règlements. »

Que d'*additions*, hélas! Est-ce que, par hasard, elles ne constitueraient pas des pratiques œnologiques de nature à apporter une modification à la composition du vin? Mystère ou contradiction. Si le producteur et le commerçant peuvent se dire qu'ils s'en moquent au point de vue de leur santé, puisque ce ne sont pas eux qui boivent ces produits adultérés ([1]), l'État n'a pas le droit de se désintéresser de la santé publique; et qu'en pensera le consommateur, qui est le premier intéressé dans la question?

Sous le rapport des effets de ces *additions licites* (je ne parle pas des autres), les lignes suivantes donnent singulièrement à réfléchir; elles sont puisées dans les Comptes rendus du Congrès de Lyon et semblent écrites pour les besoins de la cause tant elles sont précises et marquées au coin de la plus saine logique.

« Quel est, disait alors M. Couderc avec une courageuse franchise, le meilleur vin pour la masse des viticulteurs, pour nous tous producteurs? C'est celui qui se vend le plus facilement; celui qu'on vend le plus facilement est celui dont on boit le plus; celui dont on boit le plus est celui qui ne fait pas mal au plus grand nombre d'estomacs; *celui qui ne fait pas de mal est celui qui n'est pas drogué.*

([1]) C'est une réflexion qui m'a été faite en riant par un producteur à qui je parlais de cette question qui, malheureusement, est plus sérieuse qu'elle n'en a l'air. Parmi les plus farouches apôtres des vins, combien ne font pas usage de leurs produits et boivent de l'eau !

12

» Si la viticulture souffre, s'il y a mévente, c'est à la drogue qu'on le doit et, je le dis hautement, à la drogue préventive et *officiellement* inoffensive, à la *drogue autorisée*, à la *drogue légale*, à la drogue patronnée par les stations œnologiques, les professeurs d'agriculture, les journaux agricoles, les chroniques agricoles des journaux politiques, les agendas viticoles, les almanachs, etc., enfin par toutes les voies de la publicité.

» *Ces trois drogues officielles sont l'acide tartrique, le tanin et le sucre.*

» L'acide tartrique existe certes dans les vins naturels; mais même là, quand il reste trop abondant (raisins mal mûris), il *fait mal*, et beaucoup d'estomacs ne peuvent le supporter. Croyez-vous que la pratique, *presque générale dans le Midi depuis vingt ans*, d'en additionner le vin naturel n'a pas été pour quelque chose dans la diminution de la consommation du vin et le discrédit jeté par un grand nombre de médecins sur *une boisson naturellement* saine et salutaire?

» Le tanin (même celui des raisins), quand il est trop abondant, donne des vins excellents, mais auxquels beaucoup d'estomacs sont rebelles. Je possède moi-même le cru de Montfleury, le plus tannifère de France. Parfois, manquant de vin d'ordinaire, il m'est arrivé de boire à mes repas, plusieurs jours de suite, du vin de Montfleury, vin excellent et certes inoffensif bu en petits verres; eh bien! chaque fois que l'expérience s'est trop prolongée, j'ai constaté des crampes et des gonflements d'estomac chez moi-même et chez les membres de ma famille. *Que penser lorsque, au lieu de tanins de raisins, c'est du tanin de chêne qu'on introduit dans le vin?*

» Et le sucre! C'est peut-être des trois drogues la plus mauvaise. Oui, le sucre blanc en pains, introduit dans le moût, ne reste plus l'aliment excellent que nous consommons de tant de manières. La fermentation du sucre de canne produit de l'alcool identique à celui provenant du sucre de raisins, c'est vrai; mais elle produit autre chose que ne produit pas la fermentation du sucre de raisin; cette autre chose, l'*acide succinique*, donne au vin sucré cet arrière-goût amer particulier qui le fait reconnaître par tout dégustateur habile.

» Or, l'acide succinique et ses éthers sont particulièrement nocifs. Ils amènent des céphalalgies particulières, une sorte de cercle douloureux. J'ai signalé depuis longtemps, et M. Henri Marès a signalé de son côté, de nombreux cas de folie chez les gens qui buvaient en excès des vins de seconde cuvée. On voit aussi beaucoup de consommateurs des vins renoncer au bout de quelques années à l'usage du vin parce qu'il leur fait mal, disent-ils. Ce n'est pas le vin qui leur fait mal, mais l'eau sucrée fermentée qu'ils ont bue sous le nom de second vin. Quelle aberration que le sucre destiné au sucrage des vendanges soit encore protégé par l'exemption de l'impôt! La porte est maintenant ainsi grande ouverte à toutes les fraudes, alors que nous regorgeons de vins naturels et hygiéniques! Et je ne protesterais pas! Et nous ne protesterions pas, nous tous, producteurs de vins!

» Nos trois grands ennemis sont donc : l'acide tartrique, les tanins et le sucre. J'y joindrais une nouvelle drogue, le bisulfite de potasse ou de soude, sels essentiellement altérables et d'ailleurs rarement purs dans le commerce. Comme traitement du vin, pourquoi ne pas s'en tenir à la vieille mèche soufrée de nos pères, qui, *dans les proportions en usage,* n'a jamais fait de mal à personne? Elle suffit amplement à assurer la conservation du vin.

» Mais les vins malades, me direz-vous, ne faut-il pas les guérir? Ah! les vins malades, c'est la plaie de la viticulture! On a un vin malade : on va consulter le professeur d'agriculture ou la station œnologique, ou simplement son journal ou son almanach; on le tartrise, on le tannise, on le colle, puis vite on le vend à tout prix, et il trouve acheteur le premier, parce qu'il est à rien. Voilà donc le vin guéri; ce vin guéri fera mal à celui qui le boira; on appellera un médecin qui guérira le malade, je le veux bien, mais lui ordonnera de ne plus boire de vin ; et qui sera malade de cette double guérison? La viticulture, malade de ses prix avilis par le vin guéri, malade des consommateurs perdus peut-être sans retour.

» Si je suis partisan de l'hybridation de la vigne, je ne le suis pas de l'hybridation du vin par des drogues, même permises, même officiellement permises et recommandées. Si vous avez besoin d'hybrider votre vin, faites-le par la vieille méthode des raisins mélangés à la cuve. Pour faire du bon vin, pas besoin ni de chimie, ni de méthodes œnologiques perfectionnées. Il suffit de mettre de bons raisins dans un récipient propre quelconque, ni trop grand ni trop petit, de les laisser fermenter plus ou moins suivant les méthodes locales et de soutirer suivant l'usage du pays. Voilà le dernier cri de celui qui, depuis vingt ans, a tout essayé pour en revenir en fin de compte et tout bêtement, si vous le voulez, aux usages séculaires de sa région. Il ne peut que vous conseiller d'en faire autant.

» En agissant ainsi, nous ferons du vin naturel, du vin qui ne fait pas de mal, même pris en excès ; nous reverrons dans les campagnes les vieux ivrognes de notre jeunesse, ces vieux ivrognes au nez rouge, chancelants et titubants, ces vieux ivrognes que j'aime parce que, vieux et ivrognes à la fois, ils sont un témoignage permanent de l'innocuité du vin. Car l'ivrogne n'est pas le sombre alcoolique qui ne devient jamais vieux, lui et sa descendance... »

Ce brillant réquisitoire de M. Couderc se passe de commentaires. Mais je crois que son auteur s'est rendu compte qu'il prêchait dans le désert. Avec le déséquilibre des raisins causé par le greffage, droguer les moûts est devenu une nécessité. J'ai vu partout, dans les vignobles de quelque importance, le viticulteur muni de petits appareils lui permettant d'apprécier approximativement la composition des moûts, ajouter sucre, acide tartrique, tanin, à ses cuvées et pratiquer ainsi la *fraude légale* dont M. Couderc se plaint à juste raison.

Que faire pour remédier à la situation? Impossible de supprimer la fraude légale sans supprimer le greffage, puisque la plus grande partie du vignoble est greffée. Il faut donc ne jamais se lasser de dénoncer la *cause initiale de la fraude*, la reconstitution, le vrai coupable en la matière.

On m'objectera que les maladies cryptogamiques, les traitements et les engrais causent aussi dans les raisins des déséquilibres de constitution. Je n'en disconviens pas, et ils peuvent d'autant moins diminuer la responsabilité du greffage qu'ils ont d'étroits rapports avec lui, ainsi qu'il sera montré plus loin.

Avant de terminer ce chapitre, il me faut faire une dernière remarque. Puisque les raisins de greffe sont obligatoirement plus ou moins déséquilibrés, comment se fait-il qu'aujourd'hui où l'on semble disposé à atteindre la fraude dans ses plus intimes repaires, on n'ait pas encore obligé producteurs et commerçants à distinguer les vins en deux catégories : les vins de greffe et les vins de vieilles vignes Cela aurait son importance pour les régions qui, comme la Gironde, ont conservé leurs vignes et leurs méthodes séculaires de culture.

En faisant ce classement, tout le monde ne peut manquer d'y trouver son compte. Si l'on est de bonne foi, puisque les greffeurs soutiennent que le greffage améliore le vin, il y a tout intérêt pour eux à ne pas laisser leur marchandise exposée à être confondue avec des produits non améliorés. En laissant s'établir la confusion ils se portent à eux-mêmes un réel préjudice.

Mais si, au contraire, ce sont les vins de greffe qui sont inférieurs, comme le prétendent les consommateurs et comme l'indique l'expérience dans les grands crus, en ne mentionnant pas leur origine, il y a tromperie manifeste sur la qualité de la marchandise vendue, tromperie que prévoit et réprime le Code pénal, tromperie que les possesseurs de vignobles francs de pied et le commerce ont été jusqu'ici bien coupables de tolérer.

Chacun sait que cette confusion est le résultat d'un *mot d'ordre*. On ne saurait trop la flétrir, car le législateur, le viticulteur et le commerçant qui, obéissant à des considérations d'intérêt momentané, de camaraderie ou autres, acceptent par leur silence une sorte de complicité morale, ne risquent rien moins que de discréditer définitivement les vins de France et de tuer à tout jamais la poule aux œufs d'or. *La loyauté est l'âme même du commerce.* Que les intéressés y réfléchissent lorsqu'il en est peut-être temps encore.

TABLE DES DESSINS

Planche hors texte en couleurs : Aubergine décortiquée et aubergine franche de pied.

TABLE DES MATIÈRES

PREMIÈRE PARTIE
La crise phylloxérique et les insecticides

DEUXIÈME PARTIE
Les vignes américaines et la reconstitution

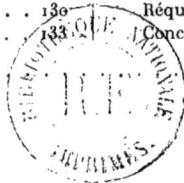

www.ingramcontent.com/pod-product-compliance
Lightning Source LLC
Chambersburg PA
CBHW060542210326
41519CB00014B/3315